Naturwissenschaften im Fokus I

Christian Petersen

Naturwissenschaften im Fokus I

Geschichtliche Entwicklung, Grundbegriffe, Mathematik

Springer Vieweg

Christian Petersen
Ottobrunn, Deutschland

*

ISBN 978-3-658-15189-8   ISBN 978-3-658-15190-4 (eBook)
DOI 10.1007/978-3-658-15190-4
Die Deutsche Nationalbibliothek verzeichnet diese Publikation in der Deutschen Nationalbibliografie; detaillierte bibliografische Daten sind im Internet über http://dnb.d-nb.de abrufbar.

Springer Vieweg

Lektorat: Dipl.-Ing. Ralf Harms

Gedruckt auf säurefreiem und chlorfrei gebleichtem Papier

Springer Vieweg ist Teil von Springer Nature
Die eingetragene Gesellschaft ist Springer Fachmedien Wiesbaden GmbH
Die Anschrift der Gesellschaft ist: Abraham-Lincoln-Strasse 46, 65189 Wiesbaden, Germany

Vorwort zum Gesamtwerk

Die Natur auf Erden ist in ihrer Vielfalt und Schönheit ein großes Wunder, wer wird es leugnen? Erweitert man die Sicht auf den planetarischen, auf den galaktischen und auf den ganzen kosmischen Raum, drängt sich der Begriff eines überwältigenden und gleichzeitig geheimnisvollen Faszinosums auf. Wie konnte das Alles nur werden, wer hat das Werden veranlasst? – Es ist eine große geistige Leistung des Menschen, wie er die Natur im Kleinen und Großen in ihren vielen Einzelheiten inzwischen erforschen konnte. Dabei stößt er zunehmend an Grenzen des Erkennbaren/Erklärbaren. –

Es lohnt sich, in die Naturwissenschaften mit ihren Leitdisziplinen, Physik, Chemie und Biologie, einschließlich ihrer Anwendungsdisziplinen, einzudringen, in der Absicht, die Naturgesetze zu verstehen, die dem Werden und Wandel zugrunde lagen bzw. liegen: Wie ist die Materie aufgebaut, was ist Strahlung, woher bezieht die Sonne ihre Energie, wie ist die Formel $E = m \cdot c^2$ zu verstehen, welche Aussagen erschließen sich aus der Relativitäts- und Quantentheorie, wie funktioniert der genetische Code, wann und wie entwickelte sich der Mensch bis heute als letztes Glied der Homininen? Ist der Mensch, biologisch gesehen, eine mit Geist und Seele ausgestattete Sonderform im Tierreich oder doch mehr? Von göttlicher Einzigartigkeit? Hiermit stößt man die Tür auf, zur Seins- und Gottesfrage.

Für mich war das Motivation genug. Indem ich mich um eine Gesamtschau der Naturwissenschaften mühte, ging es mir um Erkenntnis, um Tiefe. Aber auch über die Dinge, die eher zum Alltag der heutigen Zivilisation gehören, wollte ich besser Bescheid wissen: Was versteht man eigentlich unter Energie, wie funktioniert eine Windkraftanlage, warum kann der Wirkungsgrad eines auf chemischer Verbrennung beruhenden Motors nicht viel mehr als 50 % erreichen, wie entsteht elektrischer Strom, wie lässt er sich speichern, wie sendet das Smart-Phone eine Mail, was ist ein Halbleiter, woraus bestehen Kunststoffe, was passiert beim Klonen, ist Gentechnik wirklich gefährlich? Wodurch entsteht eigentlich die CO_2-Emission, wie viel hat sich davon inzwischen in der Atmosphäre angereichert, wieso verursacht CO_2 den Klimawandel, wie sieht es mit der Verfügbarkeit der noch vorhandenen Ressourcen aus, bei jenen der Energie und jenen der Industrierohstoffe? Wird alles reichen, wenn die Weltbevölkerung von zurzeit 7,5 Milliarden Bewohnern am Ende des Jahrhunderts auf 11 Milliarden angewachsen sein wird? Wird dann noch genügend Wasser und Nahrung zur Verfügung? Viele Fragen, ernste Fragen, Fragen ethischer Dimension.

Kurzum: Es waren zwei dominante Motive, warum ich mich dem Thema Naturwissenschaften gründlicher zugewandt habe, gründlicher als ich darin viele Jahrzehnte zuvor in der Schule unterwiesen worden war:

- Zum einen hoffte ich die in der Natur waltenden Zusammenhänge besser verstehen zu können und wagte den Versuch, von den Quarks und Leptonen über die rätselhafte, alles dominierende Dunkle Materie (von der man nicht weiß, was sie ist), zur Letztbegründung allen Seins vorzustoßen und
- zum anderen wollte ich die stark technologisch geprägten Entwicklungen in der heutigen Zeit sowie den zivilisatorischen Umgang mit ‚meinem' Heimatplaneten und die Folgen daraus besser beurteilen können.

Es liegt auf der Hand: Will man tiefer in die Geheimnisse der Natur, in ihre Gesetze, vordringen, ist es erforderlich, sich in die experimentellen Befunde und hypothetischen Modelle hinein zu denken. So gewinnt man die erforderlichen naturwissenschaftlichen Kenntnisse und Erkenntnisse für ein vertieftes Weltverständnis. Dieses Ziel auf einer vergleichsweise einfachen theoretischen Grundlage zu erreichen, ist durchaus möglich. Mit dem vorliegenden Werk habe ich versucht, dazu den Weg zu ebnen. Man sollte sich darauf einlassen, man sollte es wagen! Wo der Text dem Leser (zunächst) zu schwierig ist, lese er über die Passage hinweg und studiere nur die Folgerungen. Wo es im Text tatsächlich spezieller wird, habe ich eine etwas geringere Schriftgröße gewählt, auch bei diversen Anmerkungen und Beispielen. Vielleicht sind es andererseits gerade diese Teile, die interessierte Schüler und Laien suchen. – Zentral sind die Abbildungen für die Vermittlung des Stoffes, sie wurden von mir überwiegend entworfen und gezeichnet. Sie sollten gemeinsam mit dem Text ‚gelesen' werden, sie tragen keine Unterschrift. – Die am Ende pro Kapitel aufgelistete Literatur verweist auf spezielle Quellen. Sie dient überwiegend dazu, auf weiterführendes Schrifttum hinzuweisen, zunächst meist auf Literatur allgemeinerer populärwissenschaftlicher Art, fortschreitend zu ausgewiesenen Lehr- und Fachbüchern. – Es ist bereichernd und spannend, neben viel Neuem in den Künsten und Geisteswissenschaften, an den Fortschritten auf dem dritten Areal menschlicher Kultur, den Naturwissenschaften, teilhaben zu können, wie sie in den Feuilletons der Zeitungen, in den Artikeln der Wissenszeitschriften und in Sachbüchern regelmäßig publiziert werden. So wird der Blick auf das Ganze erst vollständig.

Das Werk ist in fünf Bände gegliedert, die Zahl der Kapitel in diesen ist unterschiedlich:

Band I: **Geschichtliche Entwicklung, Grundbegriffe, Mathematik**
   1. Naturwissenschaft – Von der Antike bis ins Anthropozän
   2. Grundbegriffe und Grundfakten
   3. Mathematik – Elementare Einführung
Band II: Grundlagen der Mechanik einschl. solarer Astronomie und Thermodynamik
   1. Mechanik I: Grundlagen
   2. Mechanik II: Anwendungen einschl. Astronomie I
   3. Thermodynamik
Band III: Grundlagen der Elektrizität, Strahlung und relativistischen Mechanik, einschließlich stellarer Astronomie und Kosmologie
   1. Elektrizität und Magnetismus – Elektromagnetische Wellen
   2. Strahlung I: Grundlagen
   3. Strahlung II: Anwendungen, einschl. Astronomie II
   4. Relativistische Mechanik, einschl. Kosmologie
Band IV: Grundlagen der Atomistik, Quantenmechanik und Chemie
   1. Atomistik – Quantenmechanik – Elementarteilchenphysik
   2. Chemie
Band V: Grundlagen der Biologie im Kontext mit Evolution und Religion
   1. Biologie
   2. Religion und Naturwissenschaft

Abschließend sei noch angemerkt: Während sich der Inhalt des Bandes II, der mit Mechanik und Thermodynamik (Wärmelehre) für die Grundlagen der klassischen Technik steht und sich dem interessierten Leser eher erschließt, ist das beim Stoff der Bände III und IV nur noch bedingt der Fall. Das liegt nicht am Leser. Die Invarianz der Lichtgeschwindigkeit etwa und die hiermit verbundenen Folgerungen in der Relativitätstheorie, sind vom menschlichen Verstand nicht verstehbar, etwa die daraus folgende Konsequenz, dass die räumliche Ausdehnung, auch Zeit und Masse, von der relativen Geschwindigkeit zwischen den Bezugssystemen abhängig ist. Ähnlich schwierig ist die Massenanziehung und das hiermit verbundene gravitative Feld zu verstehen. Die Gravitation wird auf eine gekrümmte Raumzeit zurückgeführt. Der Feldbegriff ist insgesamt ein schwieriges Konzept. Dennoch, es muss alles seine Richtigkeit haben: Der Mond hält seinen Abstand zur Erde und stürzt nicht auf sie ab, der drahtlose Anruf nach Australien gelingt, die Daten des GPS-Systems und die Anweisungen des Navigators sind exakt. Analog verhält es sich mit den Konzepten der Quantentheorie. Sie sind ebenfalls prinzipiell nicht verstehbar, etwa die Dualität der Strahlung, gar der Ansatz, dass auch alle Materie aus Teilchen besteht und zugleich als Welle gesehen werden kann. Genau betrachtet, ist sie weder Teilchen noch Welle, sie ist schlicht etwas anderes. Wie man sich die Elektronen im Umfeld des Atomkerns als Ladungsorbitale vorstellen soll, ist wiederum nicht möglich, weil unanschaulich und demgemäß unbegreiflich. Man hat es im Makro- und Mikrokosmos mit Dingen zu tun, die aus der vertrauten Welt heraus fallen, sie sind gänzlich verschieden von den Dingen der gängigen Erfahrung. Im Kleinen werden sie gar unbestimmt, für ihren jeweiligen Zustand lässt sich nur eine Wahrscheinlichkeitsaussage machen. Für alle diese Verhaltensweisen ist unser Denk- und Sprachvermögen nicht konzipiert: In der Evolution haben sich Denken und Sprechen zur Bewältigung der täglichen Aufgaben entwickelt, für das vor Ort Erfahr- und Denkbare. Nur mit den Mitteln einer abgehobenen Kunstsprache, der Mathematik, sind die Konzepte der modernen Physik in Form abstrakter Modelle darstellbar. Unanschaulich bleiben sie dennoch, auch für jene Forscher, die mit ihnen arbeiten, in der Abstraktion werden sie ihnen vertraut. Damit stellt sich die Frage: Wie soll es möglich sein, solche Dinge dennoch verständlich (populärwissenschaftlich) darzustellen? Die Erfahrung zeigt, dass es möglich ist, auch ohne höhere Mathematik. Man muss mit modellmäßigen Annäherungen arbeiten. Dabei gelingt es, eine Ahnung davon zu entwickeln, wie alles im Großen und Kleinen funktioniert, nicht nur qualitativ, auch quantitativ. Man sollte vielleicht gelegentlich versuchen, die eine und andere Ableitung mit Stift und Papier nachzuvollziehen und mit Hilfe eines Taschenrechners das eine und andere Zahlenbeispiel nachzurechnen. – Themen, die noch ungelöst sind, wie etwa der Versuch, Relativitäts- und Quantentheorie in der Theorie der Quantengravitation zu vereinen, bleiben außen vor: Das Graviton wurde bislang nicht entdeckt, eine quantisierte Raum-Zeit ist ein inkonsistenter Ansatz. Nur was durch messende Beobachtung und Experiment verifiziert werden kann, hat Anspruch, als naturwissenschaftlich gesichert angesehen zu werden. – Der Inhalt des Bandes V ist dem Leser leichter zugänglich. Als erstes geht es um das Gebiet der Biologie. Ihre Fortschritte sind faszinierend und in Verbindung mit Genetik und Biomedizin für die Zukunft von großer Bedeutung – Die Evolutionstheorie ist inzwischen zweifelsfrei fundiert. Ihre Aussagen berühren das Selbstverständnis des Menschen, die Frage nach seiner Herkunft und seiner Bestimmung. Das befördert unvermeidlich einen Konflikt mit den Glaubenswirklichkeiten der Religionen. Denken und Glauben sind zwei unterschiedliche Kategorien des menschlichen Geistes. Indem dieser grundsätzliche Unterschied anerkannt wird, sollten sich alle Partner bei der

Suche nach der Wahrheit mit Respekt begegnen. Was ist wahr? Die Frage bleibt letztlich unbeantwortbar. Das ist des Menschen Los. Jedem stehen das Recht und die Freiheit zu, auf die Frage seine eigene Antwort zu finden.

Der Verfasser dankt dem Verlag Springer-Vieweg und allen Mitarbeitern im Lektorat, in der Setzerei, Druckerei und Binderei für ihr Engagement, insbesondere seinem Lektor Herrn Ralf Harms für seine Unterstützung.

Ottobrunn (München), Februar 2017 Christian Petersen

Vorwort zum vorliegenden Band I

Waren die ersten Naturdeutungen von mythologisch-religiöser Art, überlagerten sich ihnen vor 2500 Jahren im antiken Griechenland erstmals solche, die vom Logos, vom Verstand, getragen wurden. Diese naturphilosophische Betrachtungsweise, die sich über die Zeit des Römischen Reiches und die Zeit des christlich geprägten Mittelalters fortsetzte, erfuhr ab dem 18. Jahrhundert eine neue Blühte. Bahnbrechend Neues gelang den Forschern im 19. und im zurückliegenden 20. Jahrhundert. Im jetzigen 21. Jahrhundert sieht sich die Menschheit im sogen. Anthropozän einer krisenhaften Entwicklung ausgesetzt. Diese Themen sind Gegenstand des Kap. 1. –

In Kap. 2 wird ein erster Einstieg in die moderne Physik versucht, ausgehend von den Gasgesetzen und der Atomlehre von J. DALTON (1766–1844); es endet mit einer kurzen Darstellung des Atommodells von N. BOHR (1885–1962) und der temperaturabhängigen Aggregatzustände. –

Das letzte Kap. 3 gibt einen Überblick über die Elementarmathematik. Falls nicht vertraut, sollte der Leser das Rechnen mit Potenzen üben. Von den für die Naturwissenschaften so überaus wichtigen Differentialgleichungen werden drei Beispiele behandelt, eines aus der Chaostheorie. Das braucht der Laie nicht im Einzelnen zu verstehen, überfliegen sollte er es schon. Ganz elementar und anschaulich ist zum Schluss ein Blick auf Statistik und Wahrscheinlichkeitstheorie, überaus wichtige „Werkzeuge" für den experimentell arbeitenden Naturforscher.

Inhaltsverzeichnis

Naturwissenschaft – Von der Antike bis ins Anthropozän 1

In der Frühzeit des Altertums schlug sich das Nachdenken des Menschen über den Ursprung der Welt in den Mythen und Religionen der damaligen Kulturen nieder. Einige beeinflussten sich gegenseitig und sind zum Teil noch heute Glaubensinhalt. Sie enthalten die unterschiedlichsten Deutungen zur Entstehung des Kosmos in all' seinen Formen, zur Natur mit ihren Pflanzen und Tieren und in Sonderheit zum Menschen selbst, zu seiner Existenz in unterschiedlichen Welten und Zeitaltern, vielfach mit Auf- und Abstieg, mit Erlöschen und Wiedergeburt einhergehend. – Die rein mythologisch-religiöse Deutung wurde im antiken Griechenland durch eine naturphilosophische ergänzt, sie beinhaltete bereits erste Ansätze naturwissenschaftlichen Denkens und Tuns im heutigen Verständnis. – Inzwischen sind zweieinhalbtausend Jahre vergangen. Die Menschheit lebt in der Jetztzeit auf einem sehr hohen zivilisatorischen Niveau (zumindest in Teilen), steht aber im neuen Erdzeitalter, dem Anthropozän, als Folge der hohen Weltbevölkerung vor großen Problemen. Zu deren Bewältigung werden von den Naturwissenschaften und ihren Anwendungsdisziplinen entscheidende Beiträge erwartet.

1.1 Mythologische und religiöse Deutung der Naturerscheinungen im Altertum

1.1.1 Fernöstlicher Kulturraum (Asien)

Der älteste Mythos Asiens ist der Brahmanismus, im Nordwesten **Indiens** um 2000 v. Chr. bei der Einwanderung der Äryas (Arier) entstanden. Geglaubt wurde bzw. wird an viele Gottheiten, insbesondere an ‚Brahma', die göttliche Kraft. Viel später setzt sich der Name **Hinduismus** durch. Nach der Rig-Veda, um 1500 v. Chr. in

© Springer Fachmedien Wiesbaden GmbH 2017
C. Petersen, *Naturwissenschaften im Fokus I*, DOI 10.1007/978-3-658-15190-4_1

einer Frühform des Sanskrit verfasst, entstand das Universum aus dem Chaos: Als Indra-Vishnu, der König der Götter, Himmel und Erde trennte, setzte er zwischen beide eine Säule. Das war die Achse der Welt. Damit waren drei Welten entstanden: Himmel, Erde und dazwischen der Äther. Diese Deutung wurde später durch andere Mythen überlagert und ersetzt. In einer dieser Mythen war es der Schöpfergott Prajapati, der eine blutschänderische Verbindung mit seiner Tochter, der Morgenröte, einging: Sein goldener Same tropfte in die kosmischen Fluten, woraus sich das Universum als goldenes Ei entwickelte. Es spaltete sich in zwei Teile, in die obere Schale als Himmel mit der Sonne auf der Innenseite, und in die untere Schale mit dem Ozean, auf dem die Erde schwimmt. Unendlich setzt sich diese Geschichte und Deutung im Hinduismus fort, inzwischen über mehr als 3000 Jahre [1, 2]. In vielen anderen Mythen finden sich ähnliche, aus einem Ei entstandene kosmologische Deutungen zur Weltentstehung und zum Werden und Vergehen der Welt in Zyklen, die Millionen Jahre dauern können. – Allen Lebewesen, den Tieren und Pflanzen, ist im Hinduismus eine unsterbliche Seele eigen. Die Seele befindet sich in einem ständigen Kreislauf der Wiedergeburt. Sie vermag in vielen Formen (wieder-)erstehen, auch in tierischen oder pflanzlichen. – Glück und Leid sind für den Menschen auf Erden vom erreichten ‚Karma' abhängig, auch seine Erlösung aus dem ewigen Kreislauf (Samsara). Das vom Menschen anzustrebende Karma ist einerseits von seinen sittlichen Taten abhängig, von seinem Willen und seinem Antrieb zu gutem oder bösem Tun, aber auch vom erreichten Karma des ihm Vorangegangenen, es bestimmt sein Schicksal in der Abfolge von Wiederverkörperung und Seelenwanderung. Diese Lehre vom gebundenen Schicksal festigte in Indien eine Gesellschaftsordnung mit starrem Kastenwesen und strengen Riten. In der höchsten Kaste erklären die Priester, die Brahmanen, die heiligen Schriften und besorgen die Opferriten. Ihnen folgen die Kasten der Krieger (der Adel), dann die nichtadligen Freien, die Unfreien und als niedrigste Kaste die Unreinen und Unberührbaren. Das Kastenwesen ist streng abgrenzend und von hierarchischer Struktur (zwar offiziell abgeschafft, besteht es faktisch fort, letztlich gibt es wohl tausend Unterkasten oder mehr). In dieser Form ist der Hinduismus im Wesentlichen auf Indien beschränkt. Wohl 90 % der 1,3 Milliarden Einwohner dieses Landes bekennen sich zu der Religion. Neben den Göttern gehört die Kuh als Sinnbild des Lebens und seines Erhalts zu jenen Heiligen, die der Hindu verehrt. Bei Pilgerreisen und Waschungen müht er sich um Reinigung von seinen Sünden.

Aus dem Hinduismus ist der **Buddhismus** in Nordindien hervorgegangen. Es war SIDDHARTHA GAUTAMA, um 500 v. Chr. lebend, der als Buddha, als Erleuchteter, die Leidhaftigkeit, ja Sinnlosigkeit des Lebens erkannte. Ziel des Lebens müsse es sein, aus dem ewigen Kreislauf des sich wiederholenden Lebens, das nur Leiden sei, erlöst zu werden und ins Nirwana einzugehen und dort zu verlöschen. Das sei erreichbar vermöge spiritueller Versenkung auf dem ‚mittleren Weg' zwischen strenger Askese gegen den eigenen Körper auf der einen Seite und dem üppigen Wohlleben auf der anderen: Vergeistigung, Innehalten, Verzicht, Gleichmut gegen jedermann und gegenüber allem auf Erden. Der Urbuddhismus hat in dieser Form viele Wandlungen erfahren, in **Myanmar** und **Thailand** ist er Staatsreligion. – In **Tibet** hat er sich zum **Lamaismus**, einem Mönchs- und Priesterstaat, entwickelt, der Dalai Lama gilt neben einem großen Pantheon von Göttern und Dämonen als ‚lebender Gott'. – Insgesamt kennt der Buddhismus für den Gläubigen keine Dogmen, keinen Weltenschöpfer, keine letzte Autorität, weder im Himmel noch auf Erden. Das erklärt seine Duldsamkeit, Friedfertigkeit und Toleranz [3–5].

In **China** war die Religion über die Jahrhunderte von diversen magischen Geister-, Gespenster- und Dämonenmysterien geprägt, begleitet von Festen im Jahreslauf, bis heute auch in Form von Kulten der Ahnenverehrung mit Opfergaben und Gebeten. – In dem kleinen Büchlein ‚Daodejing' lehrte LAO TSE (4.–3. Jh. v. Chr.) dem Menschen und der Gemeinschaft duldsame Selbstlosigkeit, Friedfertigkeit und Liebe, das Nichtstun bis zur Selbstentleerung, um mittels Versenkung das ‚Dao' (den Welturgrund) zu erkennen. Später entartete diese Form des **Daoismus** zu einem Orakel- und Zauberglauben, der heute keine Bedeutung mehr hat. – Im Gegensatz dazu ging es KONFUZIUS (551–479 v. Chr.) um das Tun, um die Tat nach sittlichen Grundsätzen, um Treue zur Familie, zu den Ahnen, zur Gesellschaft, zum Gesetz, zum Staat. Dieses Daseinsideal des Pflichtgemäßen galt gleichermaßen als Gebot für den Herrscher wie für den Untertanen, es wurde zum ethisch-politischen Lehrsystem und etwa ab der Zeitenwende zum Fundament der chinesischen Reichsverfassung, mit dem Kaiser als Sohn des Himmels an der Spitze [6, 7]. Der **Konfuzianismus** galt in China bis zur Ausrufung der Republik im Jahre 1911. Seither bestimmte der Marxismus das Leben in Rotchina. Inzwischen erlebt das Riesenreich eine Rückbesinnung. In **Nationalchina** (Taiwan) blieb der Konfuzianismus Religion des Landes, über die Wirren des 20. Jahrhunderts hinweg.

Vom Festland getrennt entwickelte sich in **Japan** mit dem **Shintoismus** eine eigenständige Nationalreligion [8, 9]. Der einzelne ist in der Familie, in der Sippe, in der Volksgemeinschaft des japanischen Staates aufgehoben, er übt sich im Toten- und Ahnenkult. Die Sonnengöttin Amaterasu ist die Ahnmutter des Kaisers, des Tenno. Von ihm als Himmelssohn geht die höchste sakrale Macht aus, nach seinem Tod wird er zur Gottheit erhoben. Daneben gab es, bzw. gibt es weitere Götter, so den Sturm- und Meeresgott, als Drache dargestellt. Nach nahezu zweitausend Jahren shintoistischer Staatsreligion legte am 01.01.1946 der damalige Tenno seine Göttlichkeit ab, die künftige Entwicklung liegt im Ungewissen. – Schon früh breitete sich neben dem Shintoismus der **Zen-Buddhismus** in Japan mit zahlreichen Sekten aus. Er erlebte eine hohe Blühte und besteht noch heute neben dem eher dem Diesseits zugewandten Shintoismus als Form höherer religiöser Verinnerlichung. – Festzuhalten bleibt, dass die asiatischen Religionen eher in Selbsterkenntnis und Seinsbeschränkung das Heil sehen und suchen. Bekehrung anderer kennen sie nicht.

Erkenntnislehre mit Metaphysik und Logik, wie sie sich in der Zeit der antiken Philosophie Griechenlands entwickelte und die die abendländisch-westliche Kultur prägen sollte, war in den zuvor behandelten Kulturen des fernen Asiens nicht Gegenstand des Denkens. Eine gegenseitige Beeinflussung der Kulturkreise, des europäischen auf der einen Seite und des fernöstlichen auf der anderen, fand nur vereinzelt statt, sie waren sich fremd und sind es in religiösen Glaubensfragen wohl auch heute noch. Indessen, es gibt Ausnahmen: In der Yoga-Disziplin und in den Judo- und Jiu Jitsu-Kampfsportarten, die ein hohes Maß an physischer und psychischer Konzentration und Selbstbeherrschung erfordern, üben sich viele Menschen des westlichen Kulturkreises. Hier kann der Suchende inzwischen in Zentren buddhistischer Prägung Ausgeglichenheit und Selbsterfahrung durch Meditation üben und erreichen. – Verschiedene Formen der Esoterik fußen auch auf fernöstlicher Gemütshaltung. –

Eine weitere Ausnahme bildet die von R. STEINER (1861–1925) gespendete **Anthroposophie**. In seinem Werk ‚Die Geheimwissenschaften im Umriss‘ (1913) unternimmt er den Versuch, die indisch-buddhistische Weisheitslehre mit der christlichen zu vereinen, wie die Reinkarnation des Menschen in regelmäßiger, wohl auch Jahrhunderte überdauernder Folge seiner Wiedergeburt zwecks Vergeistigung und Entfaltung der im Menschen angelegten Göttlichkeit [10].

1.1.2 Nahöstlicher Kulturraum (Räume Euphrat und Tigris und Nil)

Die Entwicklungen in Religion und Wissenschaft im nahöstlichen Raum wirkten sich über die griechisch-hellenistische Kultur im Vergleich zur fernöstlichen unmittelbarer auf das Abendland aus. Gemeint ist vorrangig, neben dem ägyptischen, der assyrisch-babylonische Kulturkreis im Zweistromland von Euphrat und Tigris, das Land des ‚Fruchtbaren Halbmonds‘. Dieser Raum wird zu Recht als Wiege der Zivilisation bezeichnet, der Mensch domestizierte Getreide und Tiere. Neuere Forschungen haben kreisförmige Steintempel mit über 200 mittels Feuersteinklin-

Abb. 1.1

gen aus Kalkstein geschlagenen Stelen in Göbekli-Tepe, in Südanatolien nahe der Stadt Urfa, aufgedeckt, die 12.000 Jahre vor heute entstanden sind (Abb. 1.1, [11]).

Die spätere Geschichte dieses Raumes (mit Wanderungswellen verschiedener Völker, der Sumerer, der Nordsemiten), also die Geschichte des Neuassyrischen Reiches im Norden (Mesopotamien) und des späteren Neubabylonischen Reiches im Süden, beginnend etwa 4 Jh. v. Chr., ist dank der auf hinterlassenen Tontafeln in Keilschrift enthaltenen Texte gut erkundet. Die Geschichte dieser Kulturkreise (Uruk-Kultur um 3000 v. Chr., Ninive-Kultur um 2700 v. Chr.) gilt mit der Unterwerfung durch den Perser KYROS II (559–530) im Jahre 539 v. Chr. und mit der Eroberung Babylons durch den Makedonier ALEXANDER d. G. (356–323 v. Chr.) um das Jahr 330 v. Chr. als endgültig beendet, ähnlich jener Ägyptens im Jahre 332 v. Chr.

Zuvor gab es im **assyrisch-babylonischen Raum** unter den diversen Dynastien mit ihrem Auf und Ab über alle Zeiten hinweg keine einheitliche Religion, vielmehr unzählige Götter und Götterdynastien, jenen auf Erden nachempfunden; neben den Göttern gab es Dämonen und das Totenreich in grausamer Ausmalung [12]. Besondere Verehrung galt dem Schöpfer- und Sonnengott Schamach bzw. Utu bzw. Atu (je nach Kulturraum), dem ägyptischen Gott Atum ähnlich, als dem Spender allen Lebens und aller Kräfte auf Erden. Die Mythen der Weltschöpfung, der Erschaffung des Menschen aus Lehm und der Sintflut sind jenen im später entstandenen Alten Testament ähnlich. Von den ausgestorbenen Religionen des nahöstlichen Raumes und damit ihrer Kulturen zeugen in beeindruckender Weise eine Vielzahl hinterlassener Kult- und Tempelbezirke; den Kulturraum zeigt Abb. 1.2.

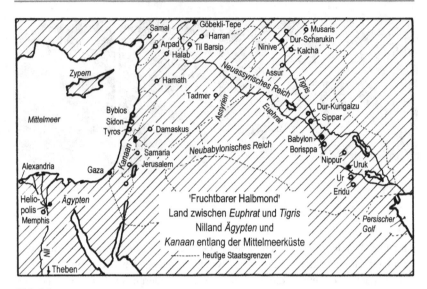

Abb. 1.2

In dem von den Westsemiten besiedelten **Kanaan** an der Mittelmeerküste lassen sich seit dem 14. Jh. v. Chr. erste Kulte nachweisen. Von den Stämmen mit agrarischer Wirtschaftsstruktur wurden der Wetter- und Fruchtbarkeitsgott Baal und weitere Götter und Göttinnen verehrt, mit Opferriten, wohl auch von Menschen, einhergehend. Zwischen den Gottheiten bestand zum Teil unversöhnliche Feindschaft, wohl den Erfahrungen unter dem Menschen nachempfunden.

Die Besiedelung **Ägyptens** setzte 3300 v. Chr. ein, es folgten ab 2800 v. Chr. drei große Reiche, dreißig Dynastien mit unterschiedlichem Hauptsitz in den Städten Memphis, Theben und Heliopolis. Die Geschichte endete 525 v. Chr. mit der Statthalterschaft durch den Perser KAMBYSES II (550–522 v. Chr.), endgültig 332 v. Chr. durch Einverleibung in das Weltreich ALEXANDER d. G., schließlich 30 v. Chr. als römische Provinz. – Urvater aller Götter, Gottkönig, war Atum (Atom). Neben bzw. unter ihm gab es unzählige weitere Götter, auch weibliche, meist als Tierzwitter gedacht, verehrt und dargestellt [13]. Bevorzugt war die Stellung von Re, dem Sonnengott, er wurde später mit Atum zum Reichsgott Atum-Re vereinigt. Eine große Priesterschar diente ihm mit Opfern. Die Könige der Reiche, die Pharaonen, waren leibhaftige Abkommen des Gottkönigs, zwecks Erhalts der göttlichen Abfolge zur Geschwisterehe verpflichtet. Der Staat war zentralistisch ausgerichtet, mit den Priestern als Beamtenschaft. Die Untertanen errichteten für die Pharaonen gewaltige Grabkammern, seit der 3. Dynastie in der Frühzeit in Form von Pyramiden, um den jeweiligen Pharao mit kostbarsten Beigaben für die Reise ins Jenseits auszustatten. Über die Jahrhunderte hinweg übte man eher einen primitiven Götter-Dämonen-Tier-Toten-Kultus ohne erkennbare Tiefenethik. Davon zeugen die in die Millionen gehenden Hunde- und Katzenmumien, die bei den großen religiösen Festen geopfert und in ausgedehnten Grabkammern abgelegt wurden. Stiere, Affen, Krokodile sowie Ibisse, Falken und weitere Tiere wurden bestimmten Göttern als Opfergabe dargeboten und mumifiziert, so z. B. Thot, dem Gott des Wissens und der Magie, Horus, dem Gott des Lebens und des Lichts, Anubis, dem Gott des Todes und der Todesriten. Die ägyptische Mythologie kannte wohl 220 Götter, viele wurden mit Tieren in Verbindung gebracht. Nur für wenige Götter gab es eine starre, ‚reichsweit' gültige Genealogie.

König AMENOPHIS IV (1353–1336 v. Chr.) versuchte, das Götterwesen zu reformieren, indem er nur noch Atom, die Sonnenscheibe, als Gott gelten ließ. Er nannte sich Echnaton, seine Frau hieß Nofretete (‚die Schöne, die aus der Ferne kommt'). In seiner Residenz Tell el-Amarna erlebte die Kunst eine hohe Blüte. Auf Druck der Priesterschaft kehrte sein Nachfolger, sein Schwiegersohn (Sohn, Halbbruder?) TUTANCHAMUN (1348–1323 v. Chr.), zur Vielgöttertradition zurück. Sein Schwiegervater ging wegen des auf ihn zugeschnittenen Monotheismus als Ketzer-Echnaton in die Geschichte ein. In der Mythologie danach gab es drei Hauptgötter, Atum, Re und Ptach; Atum als der höchste, jetzt Sonnengott. Wie schon seit 2300 v. Chr. pries man das Götterpaar Schu (Luftgott) und Tefnut (Feuchtigkeitsgöttin) als aus dem Atem Atums geschaffen. Aus ihnen gingen Geb (Erdgott) und Nut (Himmelsgöttin) hervor, deren Kinder waren Osiris, Isis, Seth und Nephthys. Aus der Verbindung von Osiris und Isis nahm deren Sohn Horus als Pharao menschliche Gestalt an. Auch wohnte wohl Atom stets der Frau des jeweiligen Pharao bei und zeugte so den Nachfolger. Seth, Gott der Wüste und des Unwetters, später Gott des Bösen, erschlug seinen Bruder Osiris. Dank seiner Schwester Isis wurde er wieder zum Leben erweckt und zum Richter im Totenreich. Später führte er das Totenbuch, in welchem einem Verstorbenen nach Richterspruch bestätigt wurde, frei von Sünden zu sein, anderenfalls verschwand seine Seele in einem Krokodilsrachen des Totengottes; die letztgenannten Glaubensformen galten wohl erst ab 1250 v. Chr., wahrhaftig, ein komplizierter, rätselhafter Mythos [14, 15]. – Religion, Kult und Kunst des alten Ägyptens sind dank der Denkmäler, der Hieroglyphen-Bilderschriften und der aufgefundenen Papyri gut bekannt und reich dokumentiert.

1.2 Naturphilosophie in ionisch-griechisch-hellenistischer Zeit

1.2.1 Die Anfänge und ihre Denker – Die Vorsokratiker

Wie ausgeführt, war das frühzeitliche Nachdenken des Menschen über die Welt im Kleinen und Großen und über seine eigene Stellung und Bestimmung, durch mythologisch-religiöse Deutungen geprägt. Man glaubte, es seien die Götter, die alles richten würden, das Schicksal des Einzelnen und das des ganzen Volkes. Um das Wohlwollen der Götter zu erhalten, galt es zu beten und zu opfern. Man opferte das, was einem selbst mit am wichtigsten war, Tiere, Opfertiere. –

Entlang der kleinasiatischen Küste, wo die Ionier lebten und der Handel florierte, traten erstmals Männer auf, die versuchten, die Welt neu zu deuten, was letztlich die Abkehr von Mythologie und Aberglaube bedeutete. Man nannte sie Philosophen, ‚Freunde der Weisheit'. Von der Ostküste des Ägäischen Meeres breitete sich die neue Art des Denkens im Laufe der Zeit über alle Küstenländer des Mittelmeeres aus (Abb. 1.3). Es ist die Zeit der antiken Philosophie. Sie sollte für die Entwicklung des Abendlandes bestimmend werden. Sie lässt sich in vier Epochen gliedern, die **ionische**, sie dauerte bis etwa 500 v. Chr., eine Zeit des rein naturalistisch-atheistischen Denkens ohne Inanspruchnahme der Götterwelt, die **athenische** mit den Klassikern bis 330 v. Chr., die **hellenistisch-alexandrinische**

Abb. 1.3

mit dem Museum in Alexandria als Zentrum, Höhepunkt der frühen Naturphilosophie, und die **römische**, in welcher das Überlieferte weiter entwickelt wurde, ohne
dass wirklich genuin Neues hinzutrat.

Mit den Vorsokratikern setzte sich die neue Denkrichtung erstmals durch. Sie
ging vom Logos aus, d. h. von dem durch Vernunft geprägten Denken. Es geht
um Antworten auf die Frage nach dem Wesen und dem Stoff der Welt, also um
Welterklärung [16–19].

Der erste in einer Reihe bedeutender ionisch-griechischer Denker war THA-
LES von MILET (624–546 v. Chr.), Urvater der Philosophie. Er und viele andere
befassten sich neben der ‚Physic' gleichzeitig mit Mathematik und Astronomie.
Die mythologischen Deutungen des Weltgeschehens wurden durch rationale ab-
gelöst. Die denkerischen Begründungen stützten sich dabei auf Beobachtung und
Erfahrung (noch nicht auf das Experiment wie in der Moderne), sie führen zum
Erkennen. So glaubte THALES, das Wasser sei der lebensschaffende und lebenser-
haltende Stoff, von Anfang an vorhanden, Urgrund und Ursprung aller Dinge. Für
seinen Schüler, ANAXIMANDROS von MILET (611–546 v. Chr.), bestand die
Welt aus ‚Apeiron', einem Urprinzip, nichtstofflich, grenzenlos, von unbestimmter
Art und in ständiger Wandlung. Aus ihm sei allmählich der Kosmos entstanden,
einschl. der Erde und der Sphären des kugelförmigen Weltenbaues. Sein Schüler
wiederum, ANAXIMENES von MILET (586–526 v. Chr.), sah in der Luft, dem
‚Aër', den Urstoff, aus dem sich alles in der Welt durch Verdichtung und Verdün-
nung bilden würde, in ihr schwebe die scheibenförmige Erde, auch alle anderen
Gestirne, einschließlich Sonne und Mond. – Für PYTHAGORAS aus SAMOS
(580–496 v. Chr.) und seinen Bund kam der numerischen Zahl als gestaltendes
Prinzip und mit ihr der Mathematik und Musik besondere Bedeutung zu, auf der
Zahl beruhe die Harmonie auf Erden und im Himmel mit ihren Sphären. Sie lehrten
die Kugelgestalt der Erde und deren Umdrehung um ihre eigene Achse. Asketisch
lebend, friedliebend und mitfühlend gegenüber ihren Mitmenschen widmeten sie
sich der Heilkunde. Die von PYTHAGORAS gegründete Schule wurde am Ende seines Lebens vom Mob zerstört. – In HERAKLIT von EPHESOS (550–480
v. Chr.) hatten die Pythagoreer einen schroffen Gegner, ärztliche Kunst wurde von
ihm kritisiert. Die den Göttern dargebotenen Kulte kritisierte er ohnehin. Er sah
nur einen Gott, einen einzigen Allgott in Form des göttlichen Logos, denn in Allem sei nur das Eine. Im Feuer sah HERAKLIT den Urgrund der Welt: Alles sei
wie das lodernde Feuer der ewigen Veränderung und Wandlung unterworfen. –
Ähnlich sah es XENOPHANES (570–480). Alle Dinge befänden sich in einem
ewigen, unvergänglichen Fluss (‚panta rhei', alles fließt), alles Geschehen habe
seine Ursache in den Gegensätzen, aus dieser Beständigkeit erwachse Ruhe und
Gewissheit. – PARMENIDES aus ELEA (515–445) verwarf die Urstofflehren als

zu einfach gedacht. Das Empirische, das Sinnliche, führe nicht zur Wahrheit, das vermöge allein das Denken. Die Sinne seien verführerisch, nur über die Vernunft sei die Wahrheit erkennbar. Im Denken erschließe sich dem Geist das Seiende, das unveränderliche und unveränderbare Sein. PARMENIDES Ansatz bedeutete eine erste Abkehr von der reinen Naturphilosophie und eine Hinwendung zum Idealismus. – Demgegenüber schloss sich EMPEDOKLES (490–430 v. Chr.) wieder stärker der milesischen Denkschule an. In seinem Hauptwerk ‚Physico' vertrat er die These, es seien die vier Elemente Feuer, Erde, Wasser und Luft, aus denen alle Materie bestehe und es seien Liebe und Hass, die als aktive Kräfte diese Elemente durch Vereinigung verbinden bzw. durch Uneinigkeit trennen, i. Allg. seien sie im Zustand der Vermischung, Ausdruck von Werden und Vergehen. Seine Welterklärungsansätze für alles im All ringsum sind (aus der Sicht eines heute Lebenden) extrem spekulativ-diffus. Von den Pythagoreern übernahm er die Lehre von der Seelenwanderung, er forderte einen Lebensstil der Entsühnung. –

Mit DEMOKRITOS von ABDERA (460–370 v. Chr.) setzte sich eine fortschrittlichere Denkrichtung durch. Nach ihm bestand die Materie aus unendlich vielen winzigen Partikeln, die unteilbar (griech. ‚atomos'), unzerstörbar und unveränderbar, somit ewig, seien. Ihre Form gäbe dem jeweiligen Stoff seine Eigenschaften. Die Summe der Materie sei konstant. Gleiches füge sich zu Gleichem. Neben den Atomen gab es für ihn nur die Leere. Fügen sich die Elemente zusammen, bedeute das Entstehen, lösen sie sich, bedeute das Vergehen. Alles sei von Ewigkeit her und vollziehe sich in ungezählten Welten. Die Kausalthese ‚Kein Ding entsteht ohne Ursache, nie planlos, vielmehr hat alles einen Sinn, eine Notwendigkeit, einen Grund', wird seinem Lehrer LEUKIPPOS von MILET (480–420 v. Chr.) zugeschrieben. DEMOKRIT erklärt alles auf Erden und im Himmel atomistisch, auch Geist und Seele und demgemäß Denken und Empfinden. –

Bei den Sophisten des 5./4. Jhs. v. Chr. standen Weltschau und Welterkenntnis nicht im Zentrum ihres Denkens, vielmehr das Diesseits: Rhetorik, Ästhetik, weltliche Affekte.

1.2.2 Die Klassiker: SOKRATES, PLATON und ARISTOTELES

Mit SOKRATES (470–399 v. Chr.), PLATON (427–347 v. Chr.) und ARISTOTELES (384–322 v. Chr.). erreichte die griechische Philosophie ihre höchste Blüte, die athenische Epoche, die Zeit der klassischen Philosophie schlechthin [18–22]. Ihr Denken ist eher auf den Menschen und die menschliche Gesellschaft ausgerichtet, Abkehr von der bisher rein naturalistischen Betrachtung, Ausrichtung auf ethische und moralische Fragestellungen, es geht um Erkenntnis und Urteilskraft.

Platonische Körper

Hexaeder	Tetraeder	Oktaeder	Ikosaeder	Dodekaeder
Erde	Feuer	Luft	Wasser	Äther, Weltganzes
Kalt	warm	trocken	feucht	

Abb. 1.4

Es geht um Wertebegriffe, wie das Vernünftige, das Wahre, das Gute, das Gerechte, das Schöne, die Glückseligkeit, es geht um sittliche Ertüchtigung, um rechtes, tugendhaftes und besonnenes Handeln; sie alle bilden die ethische Grundlage und Verpflichtung humanistischer Bildung und Haltung. Auch geht es um Urbilder, Ideen, Abbilder.

Zur Natur äußerte sich SOKRATES nicht (*mit dem Sternenhimmel wollen wir uns nicht weiter abgeben*). Im Gespräch mit seinen Mitmenschen, insbesondere mit seinen Schülern, versuchte er, ihnen das Streben nach seelischem inneren Frieden als Ziel des menschlichen Lebens zu vermitteln und vorzuleben, erwerbbar durch tüchtiges, rechtschaffenes und wahrhaftiges Tun und Denken. Die Sätze *Erkenne dich selbst* und *Ich weiß, dass ich nichts weiß*, werden ihm zugeschrieben. Die Neugier des Menschen als Streben zum Wissen wohne ihm inne, dieses Streben gelte es zu wecken, Wissen führe zur Tugend.

In der Philosophie PLATONs, Schüler von SOKRATES, dominieren die gesellschaftpolitischen und ethischen Themen. Gleichwohl, in seiner Naturtheorie ‚Timaios' ‚Über die Erschaffung der Welt', setzt er sich in grundlegender Weise mit dem Wesen der Natur auseinander. – Die Vierelementtheorie übernahm er von EMPEDOKLES und verband sie mit den Polyederformen. Sie waren schon von den Pythagoreern gedacht worden: Hexaeder: Erde, Tetraeder: Feuer, Oktaeder: Luft, Ikosaeder: Wasser. Der fünfte Gleichflächner, der Dodekaeder, stand für den Äther (‚quinta essentia') und wohl auch für das Weltganze (Abb. 1.4). Auch die Lehre von der Achsdrehung der kugelförmigen Erde übernahm PLATON von seinen Vorgängern und Vieles mehr.

Die Natur wird nach ihm von mathematischen Prinzipien beherrscht, von Arithmetik und Geometrie, sie gelten in einem Axiomsystem. Der Systembegriff geht auf ihn zurück. – Wirklich neu war die Unterscheidung der Natur in eine realmaterielle, wahrnehmbare und eine ideelle, intelligible, formale Welt, in eine Sinnenwelt und eine Seinswelt. Im Timaios sagt PLATON [23]:

> Ich meine nun, wir sollten vor allem folgendes unterscheiden: was ist das immer Seiende, das kein Werden hat, und was ist das immer Werdende, aber niemals Seiende? Das eine ist doch durch das Denken, mit Hilfe der vernünftigen Überlegung fassbar, indem es immer mit sich identisch ist, das andere ist durch die Meinung, mit Hilfe der vernunftlosen Wahrnehmung meinbar, indem es wird und vergeht, aber niemals wirklich ist. Im Weiteren muss jedes Werdende notwendig infolge eines Ursächlichen werden, denn es ist unmöglich, dass irgendetwas ohne Ursache eine Entstehung hat.

Auch wenn dem Wesen seines Meisters ungleich, fühlte und dachte PLATON im sokratischen Sinne idealistisch: Die wahre Welt ist die Welt der ewigen, vollkommenen, urgründigen Ideen. Was als Bild wahrgenommen wird, ist hiervon nur ein schattenhaftes Abbild. Es ist der ewig unbeweglich sich Gleichbleibende, der Unvergängliche, der Bildner, der Vater, der göttliche Demiurg, der in Nachahmung des Urbildes die Natur in ihrer bestmöglichen Form schuf, und dabei mit dem Weltall die Zeit, auch Sonne und Mond, die vier Wandelsterne und die Gestirne in sieben Sphären zur Bewahrung des Zeitmaßes. In der Sonne zündete der Bildner das Licht. Er schuf vier Formen: Die Götter mit der Erde als göttlichem Körper sowie die Tiere auf dem Boden, in der Luft und im Wasser. *Den Schöpfer und Vater dieses Alls zu finden, das ist nun freilich schwierig, ...* Das philosophische Werk dieses Denkers ist wahrlich epochal. –

Nicht minder bedeutend ist das Werk seines Schülers ARISTOTELES, der sich, ähnlich wie vor ihm DEMOKRIT, mit allem Denkbaren seiner Zeit befasste, auch mit den Naturerscheinungen rundum. Sein Denken wirkte weit über das Mittelalter bis in die Neuzeit hinein, man kann von einem zweitausend Jahre währenden Aristotelismus sprechen. ARISTOTELES hatte 17 Jahre der von PLATON gegründeten ‚Akademie' nahe Athen angehört. Im Jahre 335 v. Chr. gründete er seine eigene Schule, ‚Peripatos'. Der Ideenlehre seines Lehrers folgte er nicht, weil unbeweisbar, unnötig, unmöglich. Er widmete sich der Erforschung des Konkreten in Gesellschaft und Natur, dem Praktischen, dem Zweckmäßigen, dem Vernünftigen, dem Zielgerichteten. Seine Naturphilosophie, in mehreren Büchern niedergelegt u. a. in seiner ‚Dynamik', baute auf der von seinen vorsokratischen Vorgängern überkommenen und von ihm weiter entwickelten Logik auf [24–27]. Im Gegensatz zu LEUKIPP und DEMOKRIT, für die es keinen Zufall gab, alles gehorche dem Ursache-Wirkungs-Prinzip, postulierte ARISTOTELES ein anderes Prinzip, das des grundsätzlich Möglichen, das dem Wirklichen vorangehe, in dem Sinne, dass jede wirkliche Form eine dem Stoff innewohnende Anlage voraussetzt. Den Grad der Vollkommenheit erreicht indessen keine Form, kein Wesen. Das sei allein dem Göttlichen vorbehalten. Von allen Formen ist der Kreis die vollkommenste, nur auf dem Kreis vollzieht sich die Bewegung der Gestirne, weil göttlich.

ARISTOTELES führte den Begriff der Substanz ein, als einer von zehn Kategorien mit vier unterschiedlichen Gattungen von Ursachen, die Materialursache, die Formursache, die Wirkursache und die Zweck- oder Zielursache. In seiner ‚Physikvorlesung' werden sie ausführlich erörtert; es gibt Fälle in denen Notwendigkeit und Zweckmäßigkeit gemeinsam wirken [23]:

> Was soll demnach die Annahme unmöglich machen, dass die Dinge auch bei der Gestaltung der Organe in der Natur ebenso liegen, dass z. B. die zum Schneiden der Nahrung tauglichen Vorderzähne aus reiner Notwendigkeit als scharfe Zähne, die Backenzähne aus gleicher Notwendigkeit als breite und zum Mahlen der Nahrung zweckmäßige Zähne hervorgekommen seien? Denn dies sei ja nicht etwa mit solcher Zwecksetzung geschehen, sondern es habe sich beides ebenso zusammengefunden und nicht anders lägen die Dinge bei allen Organen, bei denen zunächst eine Zweckbestimmung (der Gestaltung) vorzuliegen scheine. Alle Gebilde, bei deren Entstehen sich alles gerade so ergeben habe, wie es auch ein zweckbestimmtes Werden hervor gebracht haben würde, hätten sich nun am Leben erhalten können, da sie dank dem blinden Zufall einen lebensdienlichen Aufbau besessen hätten. Das Übrige aber sei zugrunde gegangen und gehe stets zugrunde. Gebilde also wie die, von denen EMPEDOKLES spricht: Rinder mit dem Vorderleib eines Menschen.

Das sind sicher richtige Gedanken, die an C. DARWIN erinnern. Wenn als Beispiel *für die lebensdienlichen Organe der Pflanzen die Ausbildung der Blätter dem Schutz der Früchte als zweckdienlicher* Grund angeführt wird, so ist das zwar irrig, als Beleg für die Gedankentiefe des Philosophen aber ohne Belang.

Den vier Elementen, Feuer, Luft, Erde und Wasser, fügte er als fünftes, die Quintessenz hinzu, den göttlichen Äther, der ewig im Kreis herum eilt und aus dem die Planeten bestehen. Die Vorstellungen des Philosophen von Ursache, Ort und Gang der Bewegung, demgemäß von der Lage und Bewegung der schweren und leichten Naturkörper, folgten nur zum Teil den seiner Zeit vorangegangenen Kenntnissen und Erkenntnissen. So bewegen sich nach ihm alle Himmelskörper, die Fixsterne, die Planeten, Sonne und Mond, auf unterschiedlichen kugelförmigen, kristallenen Sphären, in deren Mittelpunkt die Erde ruht. Die äußere Sphäre ist jene der Fixsterne, von Gott bewegt, von Ewigkeit zu Ewigkeit. Der Kosmos ist vollkommen, seine unerschöpfliche Kraft altert nimmer und ist immer. Gott setzt durch seine Bewegung allen Wesen auf Erden Maß und Ziel. Der Raum ist stoffgefüllt, bildet ein Kontinuum, Leere kann es hierin nicht geben, vielmehr eine unbegrenzte Teilbarkeit der Materie, damit kann es auch keine Atome als unteilbare Urkörper geben. Auch die Zeit ist ein unbegrenztes Kontinuum, demgemäß ohne Anfang und ohne Ende. Wenn alles Wirken ziel- und zweckgerichtet ist, wie soll es da Leere, ein Vakuum, einen unendlichen Kosmos geben, fehlt ihnen doch jeder Bezugspunkt, jeder Zielpunkt, jede Bestimmtheit?

Ursache aller Bewegung, allen Seins, ist das Göttliche, Gott als unbewegter, einziger Erster Beweger. Der Lauf der Ereignisse in der Natur, im Kleinen wie im Großen, ist zwar zielgerichtet (teleologisch), gleichwohl gibt es keinen göttlichen Schöpfungsplan, keinen Anfang, kein Ende, kein Eingreifen Gottes in die welthaften Abläufe. Diese Gotteslehre wurde später von den jüdischen, arabischen und insbesondere von den christlich-lateinischen Kommentatoren des Mittelalters umgedeutet, insbesondere von THOMAS von AQUIN. Nach ihm ist Gott nicht nur Beweger, sondern zuvörderst Schöpfer und Lenker der Welt. In dieser Umdeutung wirkte der Aristotelismus bis in die Neuzeit hinein. Indessen, so sehr das Denken des Philosophen alles bis dahin und auch spätere überragt, das Ergebnis seiner naturwissenschaftlichen Anstrengungen war (aus heutiger Sicht), insbesondere seine Physik betreffend, insgesamt spekulativ und im Einzelnen in fast allem schlichtweg falsch. Es war eben noch keine Experimentalphysik. Dennoch, dass es hier erstmals einen Denker gab, der wirklich über alles nachdachte und es zu deuten versuchte, war gleichwohl erst- und einmalig. Viele der aristotelischen Naturdeutungen blieben vermittelst der sich über nahezu 2000 Jahre erstreckenden Rezeption einschließlich diverser Umdeutungen als Welterklärung in späterer Zeit erhalten, sie waren quasi sakrosankt. Man denke an das geozentrische Weltbild des CLAUDIUS PTOLEMAIOS.

1.2.3 Die auf SOKRATES, PLATON und ARISTOTELES folgenden Denker

Nach ARISTOTLES folgten die Denker der von PLATON im Jahre 387 v. Chr. und von ARISTOTELES im Jahre 335 v. Chr. gegründeten Schulen.

Erwähnung verdient HERAKLEIDES am PONTOS (390–322 v. Chr.), der eine modifizierte Atomlehre schuf. Er vertrat die Hypothese von der Bewegung der Planeten einschließlich der Erde um die Sonne sowie die Drehung der Erde um ihre eigene Achse, ebenso ARISTARCHOS von SAMOS (310–230 v. Chr.), der als Astronom ein vollständiges heliozentrisches Weltbild entwarf (vgl. Bd. II, Abschn. 2.8.1) [28]. Dieses Bild war schon früher von PHILOLAOS von KROTON (530–475 v. Chr.), aus der Schule der Pythagoreer, gemutmaßt worden: Er hatte die Bewegung der Erde gemeinsam mit einer Gegenerde um ein Zentralfeuer gesehen und das einschließlich aller anderen Gestirne.

Zeitlich gesehen folgten die Philosophen der kynekischen und stoischen Schule und jene der epikureischen. Es war die Zeit des Hellenismus, also die Zeit zwischen dem Großreich ALEXANDER d. G. (356–323 v. Chr.) und dem Reich der römischen Kaiser, eine Zeit hoher kultureller Blüte. Griechisch war in der hellenistischen Staatenwelt Weltsprache, Sprache aller Gelehrten ohnehin, auch hinfort. Im Jahr 310 v. Chr. wurde von ZENON von KITION (335–262 v. Chr.) in Athen die Schule der Stoa ins Leben gerufen. Die Stoiker prägten den Begriff des Humanismus, sie widmeten sich der weiteren Ausformung der Rechts- und Staatslehre.

In der Lehre des vom Philosophen EPIKUROS (341–271 v. Chr.) im Jahre 306 v. Chr. gegründeten Schule und jener seiner späteren Anhänger ging es um das Leben des Menschen in Glück, in Selbstverwirklichung und Selbstbestimmung, erreichbar durch Gemütsruhe, Sinnenfreude, durch Selbstbeschränkung und Vernunfterkenntnis. Naturphilosophisch interpretierten die Epikuräer vieles, wie bei DEMOKRIT, atomistisch, indessen differenzierter bezüglich Gestalt, Größe, Schwere und Funktion der Atome und ihres Zusammenwirkens in Allem im All.

Erwähnung verdient an dieser Stelle der vom Epikurismus stark beeinflusste und ihn weiter führende spätere römische Philosoph LUCREZ (TITUS LUCRETIUS, 95–54 v. Chr.). In den ersten beiden Büchern seines siebenunddreißigbändigen Werkes ‚De rerum natura‘, ‚Über die Natur der Dinge‘, erneuert er die Atomlehre [29, 30]. Wie bei DEMOKRIT sind die Atome und die Leere Grundbestandteile aller weltlichen Stoffe. Sie sind unsichtbar und unvergänglich. Die Dinge selbst vermögen sich zu trennen, ihre Existenz ist endlich, alles ist endlich. Neues fügt sich neu, kein Ding entsteht aus Nichts, Nichts vergeht zu Nichts. Die Atome haben für LUCREZ unterschiedliche Gestalt, hierauf beruhen die unterschiedlichen Eigenschaften der Stoffe und Dinge, auch die des Menschen und seiner Seele. Entstehung und Entwicklung der Erde, des Himmels, des Meeres und des Äthers, alles, was es in der kosmischen Unendlichkeit gibt, erklärt er atomistisch. – Sofern der Mensch die Phänomene begreift, ist er aufgeklärt. Mythos, Aberglaube und Glaube an die Götter sind dann entbehrlich und damit auch die Furcht vor ihnen und vor dem Tod, danach kommt nichts mehr, wovor sollte man sich fürchten. Schlimmes ist jenem beschieden, dem es am Willen und an der Fähigkeit zum Erkennen mangelt, dessen Leben verhetzt, unfrei, unzufrieden, leer, tot verstreicht, der nicht selber bei sich war, er wird schwer loslassen. – Seine Philosophie vermittelt LUCREZ in Versform in einem großen Lehrgedicht (ca. 7500 Zeilen!). Im 1. Buch schreibt er unter ‚Poetische Einlage, Dichterbekenntnis‘ (in der Übersetzung von H. DIELS):

Denn mein Gesang gilt erstlich erhabenen Dingen: Ich strebe,
Weiter den Geist aus den Banden der Religion zu befreien.
Ferner erleuchtet mein Dichten die Dunkelheit dieses Gebietes,
Hell, weil über das Ganze der Zauber der Musen sich breitet.

Zeitgenosse von LUCREZ war der Denker MARCUS TULLIUS CICERO (106–43 v. Chr.). Nach ihm folgten in der ausgehenden römischen Antike weitere Denker. CICERO orientierte sich an den griechischen Vorgängern, wie die vorangegangenen und späteren römischen Philosophen auch, so GAIUS PLINIUS SECUNDUS (PLINIUS der ÄLTERE, 23–79 n. Chr.): Er verfasste neben Büchern zur Geschichte Roms eine 37 Bände umfassende Naturgeschichte ('Naturalis Historia') [31], in welcher er in enzyklopädischer Weise das bis dahin überlieferte naturwissenschaftliche Wissen zusammenfasste, u. a. zur Kosmologie, zur Zoologie und Botanik, zur Gesteins- und Metallkunde. Die vollständig erhaltenen Schriften dienten über das Mittelalter hinaus bis in die Neuzeit als Lehrbuch, ab dem Jahre 1469 auch in gedruckter Fassung. Indessen, wirklich neue, eigenständige naturphilosophische Ansätze traten in römischer Zeit eher nicht hinzu. Auch wurde das Weltbild in der Folge durch jenes bestimmt, das CLAUDIUS PTOLEMAIOS (100–160 n. Chr.) postulierte, das geozentrische Weltsystem: Die Erde als Zentrum der Welt, als Mittelpunkt des Universums. Es war zwar mathematisch untermauert, gleichwohl falsch (Bd. II, Abschn. 2.8.2). Der Erdkreis wurde als Scheibe mit den Erdteilen Europa, Asien und Afrika gesehen, umflossen vom Ozean, mit der Stadt Jerusalem als Mittelpunkt. Die wissenschaftliche kosmologische Sicht der Welt verband PTOLEMAIOS mit angestrengter astrologischer Deutung aller Lebensfragen; nicht anders sollte es in den folgenden Jahrhunderten sein, vielfach in Verbindung mit Alchemie und Quacksalberei. Relikte davon sind bis heute in Mode.

Mit dem Niedergang und Ende des römischen Reiches setzte sich zunehmend jene Intoleranz durch, die die kommenden Jahrhunderte prägen sollte: Im Jahre 381 erklärte der letzte Kaiser des römischen Gesamtreiches, THEODOSIUS I (347–395), das Christentum zur Staatsreligion. Er verbot alle anderen Kulte. Das Museion in Alexandria, das größte Archiv der Antike (das schon in den Jahrhunderten zuvor durch römische Eingriffe gelitten hatte) ließ er schließen. Im Jahre 529 verbot der byzantinische Kaiser JUSTINIAN I (482–565) endgültig jeden weiteren Unterricht in den seit Jahrhunderten bestehenden griechisch-hellenistischen Philosophenschulen. Ihre Lehren und Stätten wurden als 'heidnisch' betrachtet, was den Sonnenuntergang der griechisch-hellenistischen Philosophie auf Jahrhunderte bedeutete. Die Auseinandersetzung mit der im Mittelalter ab dem 12. Jh. im Abendland bekannt gewordenen aristotelischen Philosophie zwang die christlichen Kleriker, sich mit dem hierin so gänzlich anderen Welt- und Menschenbild auseinander zu setzen, was nicht ohne Folgen bleiben sollte. In der Renaissance erlebte die griechisch-hellenistischen Philosophie einen Sonnenaufgang, dann mit neuen Denkern.

1.3 Naturphilosophie im Mittelalter

Das Römische Reich teilte sich bekanntlich im Jahre 395 in ein West- und Ostreich. Erstgenanntes zerbrach endgültig 476 nach Einfall und Plünderung Roms durch die Westgoten, Zweitgenanntes 1453 durch den Einfall der Türken in Konstantinopel (Byzanz). Dieser Zeitrahmen kennzeichnet etwa die Epoche des Mittelalters. Anfang des 5. Jhs. hatte sich das Christentum durchgesetzt, die römische Religion im Westen, die byzantinische im Osten. Das mit der Religion aufs engste verbundene byzantinische (oströmische) Reich erlebte bis zum Untergang wechselvolle Zeiten, auch solche hoher kultureller Blüte unter Wahrung und Weiterentwicklung der griechisch-hellenistischen Kultur. Ab dem 8. Jh. verstärkten sich die politischen und theologischen Gegensätze zwischen Konstantinopel und Rom, sie führten 1054 zum großen Schisma der Ost- und Westkirche. Vorwand war der Streit, ob für die Eucharistie Brot aus gesäuertem Teig (Byzanz) oder aus Weizenmehl und Wasser (Rom) zu verwenden sei.

Als erster Philosoph des Mittelalters versuchte AURELIUS AUGUSTINUS (354–430), dem Neuplatonismus zugewandt, später zum Christentum bekehrt, durch Übernahme der Ideenlehre PLATONs eine Verbindung zwischen dem antiken und dem christlichen Gedankengut herzustellen. In der Schrift des Philosophen ,Über den Gottesstaat' (413–428) heißt es [23]:

> Denn was sonst sollten wir darunter verstehen, wenn es jedesmal heißt, ,Gott sah. dass es gut war', als die Anerkennung des Werkes, das der göttlichen Kunst, nämlich der Weisheit Gottes, entsprach? ... Ja, Plato wagte noch mehr zu sagen, nämlich, Gott sei nach Vollendung des Weltalls entzückt vor Freude gewesen. Auch er war sicher nicht so töricht zu meinen, Gottes Glückseligkeit sei durch die Neuheit seines Werkes vermehrt worden, sondern wollte auf diese Weise nur zum Ausdruck bringen, dass ihm das Werk in seiner künstlerischen Vollendung ebenso gefallen habe wie vorher in der künstlerischen Intuition.

Nach AUGUSTINUS sind die Ideen von Gott gedachte Urbilder aller Dinge (hier folgt er wiederum PLATON), hierauf beruht die göttliche Schöpfung, sie erfolgte aus dem Nichts; den Menschen schuf Gott nach seinem Bilde. Die Ethik PLATONs ergänzte er durch die Werte ,Glaube, Liebe, Hoffnung', sein Credo: *Glaube, um zu erkennen, erkenne, um zu glauben.* Er argumentierte gegen die Astrologen:

> Wo bliebe denn die Gewalt Gottes, über die Taten der Menschen zu richten, wenn diese Taten unter dem Zwang der Himmelskörper stehen? Eine ausnehmende Torheit!

JOHANNES PHILOPONES (490–560) fand kritische Worte gegen die Annahmen, dass sich die Gestirne ausschließlich auf Kreisen bewegen würden, dass sie in Sphären angeordnet und beseelt seien, wohl glaubte er, dass die Stellung der Planeten und Fixsterne zueinander bei der Geburt des Einzelnen für dessen Lebensschicksal sich auswirken würde. –

Dem christianisierten Neuplatonismus des AUGUSTINUS folgte in großem zeitlichen Abstand die Scholastik, eine eher trockene Klerikerkultur: In der Scholastik versuchte die Philosophie (nunmehr der Theologie untergeordnet) eine Synthese von Glaube und Vernunft. Das erwies sich als notwendig, da über Sizilien und mit der muslimischen Landnahme und Besiedelung weiter Teile Spaniens, die aristotelische und arabische Philosophie nach Übersetzung ins Lateinische Ende des 12. Jhs. und Anfang des 13. Jhs. in Europa bekannt wurde. Erwähnung verdienen an dieser Stelle eine Reihe arabischer Gelehrter, die Wichtiges zur Naturlehre, zur Medizin und Pharmazie, zur Astronomie und Mathematik, beigetragen hatten (9. bis 12. Jh.) [32, 33]. Diese vermehrten Kenntnisse des Orients erreichten, wie ausgeführt, nunmehr das mittelalterliche Europa. Als Vertreter der Frühscholastik kam PETER ABÄLARD (1079–1142) mit seiner Kirche mehrfach in Konflikt (*ich verstehe, um zu glauben*). – ALBERTUS MAGNUS (1193–1280) vermittelte erstmals einen zusammenfassenden Überblick über die griechische und arabische Philosophie: Indessen, auch bei Würdigung dieser Philosophie verfüge der Mensch über kein ausreichendes Erkenntnisvermögen, so seine Meinung. Nur im Glauben vermag er die Wahrheit zu finden. Das Denken von ALBERTUS MAGNUS folgte seiner Zeit, es war christlich-aristotelisch geprägt. –

Die Ansätze von THOMAS von AQUIN (1225–1272) setzten sich später durch, er interpretierte die Auffassungen ARISTOTELES und AUGUSTINUS neu. Er hinterließ ein umfangreiches Werk, das in der päpstlichen Kirche bis in die Gegenwart Geltung hat. – Zur Physikvorlesung von ARISTOTELES verfasste er einen ausführlichen Kommentar (1269–1272) und machte damit dessen Naturphilosophie bekannt [23].

Da es sich um ein Buch der Physik, dessen Auslegung wir beabsichtigen, um das erste Buch der Naturwissenschaften handelt, ist es zu Beginn erforderlich, den Inhalt und den Gegenstand der Naturwissenschaft zu bestimmen. ...

Später zur Definition der *sinnlichen Materie*:

Das Stumpfnasige ist nämlich eine gekrümmte Nase. Und von solcher Art sind alle natürlichen Gegenstände, wie Mensch und Stein. ... Schließlich gibt es gewisse Gegenstände, ... wie die Substanz, Potenz und Akt sowie das Seiende selbst. Von diesen handelt die Metaphysik. Von jenen Gegenständen aber, die von der sinnlichen Materie dem Sein nach, aber nicht dem Begriff nach abhängen, handelt die Mathematik. Von jenen Gegenständen schließlich, die von der Materie nicht nur dem Sein, sondern auch dem Begriff nach abhängen, handelt die Naturwissenschaft, die Physik genannt wird. ... So wie in den Naturdingen nichts vollkommen ist, solange es nur der Möglichkeit nach besteht, sondern erst dann schlechthin vollkommen ist, wenn es sich im letzten Akt befindet, so verhält es sich auch in Bezug auf die Wissenschaft. ... Er sagt ‚fast‘, da ja nicht alle Naturdinge vom Menschen erkannt werden können.

Nach THOMAS von AQUIN wird der Aufbau alles Seienden und der Prozess des Werdens und Vergehens allein von Gott als Erstem Beweger und Schöpfer bewirkt, das aristotelische Prinzip von Möglichkeit und Wirklichkeit wird als Ausdruck göttlicher Vernunft interpretiert. Auf letzte Fragen vermag nur die Offenbarung eine Antwort zu geben. Zum Beweis und zur Widerlegung genügt das Ansehen der Heiligen Schrift.

Am ersten Tag ist die allgemeine Zeiteinteilung nach Nacht und Tag erfolgt, ... die Bewegung der Sterne begann am vierten Tage.

Auch nach JOHANNES DUNS SCOTUS (1266–1308) ist die Wahrheit über Gott nur über den Glauben zu finden, die Offenbarung steht über dem intellektuellen Erkennen, Philosophie und Theologie sind getrennte Wege. – Mit WILHELM von OCKHAM (1285–1347), Vertreter der Spätscholastik, setzten sich erstmals kritische und skeptische Denkansätze im Spätmittelalter durch. Nach ihm manifestiert sich die Einzigkeit Gottes im individuellen Glauben. Er verfocht logisches Denken, freien Willen, empirisches Philosophieren als Wege zur Erkenntnis, auch in Dingen der Natur. Seine Ansätze wurden von der Kirche als Irrlehre verworfen. – Gleichwohl, die Auseinandersetzungen nahmen zu, zum neuen Denken trugen auch die neu gegründeten Klosterschulen und Universitäten bei. – Das mehr als hundert Jahre während innerkirchliche Schisma der Papst-Kirche von 1305 bis 1417, teilweise mit drei Päpsten gleichzeitig, bewirkte deren Schwächung und die Infragestellung des Papsttums in theologischen Fragen überhaupt. – Zusammenfassend lässt sich feststellen: Naturphilosophische Ansätze grundsätzlich neuer Art konnten sich im gesamten Mittelalter nicht entwickeln, auch nicht wirklich Neues in den Naturwissenschaften, in manchen technischen Abläufen indessen eine Menge.

1.4 Naturphilosophie in der Neuzeit

Mit dem Ende des Schismas waren die Auseinandersetzungen in der katholischen Kirche im ausgehenden Mittelalter keineswegs beendet. JOHN WYCLIFFE (1329–1384) hatte von den Vertretern seiner Kirche mehr tugendhaftes und bescheidenes Verhalten verlangt. Diese Forderung wurde später von JAN HUS (1375–1415) in Prag aufgegriffen; er endete während des Konstanzer Konzils

(1414–1418) am 6. Juli 1415 auf dem Scheiterhaufen [34], ebenso sein Freund HIERONYMUS von PRAG (1370–1416) am 30. Mai 1416. GIROLAMO SAVO-NAROLA (1452–1498), der gegen Unglauben, Unzucht, Habsucht und Simonie (Ämterhäufung) der Kleriker in der Kurie und in den Klöstern gepredigt hatte, musste seinen Eifer für eine Erneuerung der Kirche ('renovatio ecclesiae') ebenfalls, am 23. Mai 1498 in Florenz, mit dem Tod durch Strang und Feuer büßen, gemeinsam mit zwei Brüdern seines Ordens [35]. – Diese Entwicklung mündete schließlich in die Reformation ein; am 31. Oktober 1517 verkündete MARTIN LUTHER (1483–1546) seine 95 Kirchenthesen. Es war eine Zeit des Umbruchs, hundert Jahre später wurde Deutschland in der Zeit von 1618 bis 1648 vom Dreißigjährigen Krieg überzogen.

Der Beginn der Neuzeit wird i. Allg. in die Zeit zwischen 1450 bis 1500 gelegt. Reformation, Humanismus, Renaissance ('Wiedergeburt') kennzeichnen den Anfang dieser neuen Epoche in Europa. Die Entdeckung Amerikas im Jahre 1492 durch CHRISTOPH COLUMBUS (1451–1506) und das Auffinden weiterer Seewege um die Welt leiteten die Zeitenwende ein, eine Zeitenwende im Denken der Menschen. Die Erforschung der Natur in ihrer Mannigfaltigkeit, auch des praktischen Nutzens willen, mit Fortschritten in der Geographie und Mathematik, in der astronomischen Beobachtung, erweiterten den geistigen Horizont.

GEORGIUS ACRICOLA (1494–1555), gleichzeitig Kundiger im Montanwesen ('De re metallica') und in der Medizin, Humanist und Bildungsreformer, forderte in seinen Werken und durch sein Tun ein Abrücken von allen theologischen und pantheistischen (alchemistisch-astrologischen) Naturdeutungen und Hinwendung zur Erkenntnisgewinnung durch Bemühen des Verstandes und durch erlebte Erfahrung. Er beschäftigte sich mit praktischen Fragen der Chemie und Mineralogie; die Vierelemente-Hypothese früherer Zeiten und verwandte Naturauffassungen verwarf er endgültig. Er kann als früher Vertreter der sogen. 'Wissenschaftlichen Revolution' gesehen werden, die in die Zeit von 1500 bis 1650 gelegt wird und die mit einer langsamen Ablösung des Aristotelismus einherging [36].

NICOLAUS COPERNICUS (1473–1543) war nach seinen Studien an verschiedenen europäischen Universitäten Arzt, Propst und Domherr [37, 38]. Mit der Kalenderreform jener Zeit beauftragt, befasste er sich mit Astronomie und Mathematik. Aus den Jahren 1510 bis 1514 stammt die erste Fassung des von ihm erkannten heliozentrischen Weltsystems ('Commentariolus'), mit der Sonne im Mittelpunkt (helios, griech. Sonne). 1543 erläuterte er seinem Papst (PAUL III, Papst von 1543–1549) in einem Brief in vorsichtiger Form seine Sichtweise (*Aber meine Freunde brachten mich trotz meines langen Zögerns und sogar Sträubens wieder darauf zurück*). Erst in seinem Todesjahr wurde sein Hauptwerk 'De revolutionibus orbium coelestium, libri sex' ('Von der Umdrehung der Himmelssphären, sechs Bücher'), nach heutigen Maßen 300 Seiten stark, in Nürnberg gedruckt und veröffentlicht. Das von ihm postulierte System beinhaltete noch Elemente des ptolemäischen: Die Planeten (die ‚Irrsterne') bewegen sich nach ihm nach wie vor auf kugeligen Sphären, die Fixsterne auf der äußersten Sphäre. Die Sonne liegt nach ihm nicht genau im Weltmittelpunkt, vielmehr um $1/25$ des Erdbahnradius daneben. Alle Planetenkreise haben demnach einen exzentrischen Mittelpunkt, sie bewegen sich auf ihren Bahnen mit konstanter Geschwindigkeit. Das kopernikanische System wurde von den Zeitgenossen zunächst als nicht einfacher und genauer als das ptolemäische angesehen und fand daher zunächst nur wenige Anhänger (eigentlich später nur einen, JOHANN KEPLER, vielleicht weil er die Mathematik in den ‚Sechs Büchern' verstand).

MARTIN LUTHER nannte NICOLAUS COPERNICUS einen Narren, sein protestantischer Mitstreiter, PHILIPP MELANCHTON (1497–1560), gar einen neuerungssüchtigen, gewitzten Aufschneider. Tatsächlich findet sich in der ca. 1200 Seiten starken Luther-Bibel nur an einer Stelle (und nur an dieser!) die entscheidende, alleinige ‚Wahrheit' über den gestirnten Himmel und zwar im Buch Josua 10.12–13:

> Damals redete Josua mit dem HERRN an dem Tage, da der Herr die Amoriter vor den Kindern Israels dahingab, und er sprach in Gegenwart Israels: Sonne stehe still zu Gibeon, und Mond, im Tal Ajalon! Da stand die Sonne still und der Mond blieb stehen, bis sich das Volk an seinen Feinden gerächt hatte. So blieb die Sonne stehen mitten am Himmel und beeilte sich nicht unterzugehen fast einen ganzen Tag.

Zunächst skeptisch, lobte TYCHO de BRAHE (1546–1601) zwanzig Jahre nach dem Tod von NICOLAUS COPERNICUS *dessen Genie und Geschick, er habe die Wissenschaft von den himmlischen Bewegungen erneuert, niemand vor ihm habe Genaueres über den Lauf der Gestirne gelehrt.*

Wie bekannt, verbrachte de BRAHE sein Leben an verschiedenen Sternwarten mit immer genaueren Sternvermessungen. Von diesen ausgehend gelang es JOHANN KEPLER (1571–1630) in der Zeit von 1601 bis 1619 den genauen kinematischen Verlauf der Planetenbahnen als Ellipsen zu erkennen und mathematisch zu beschreiben. vgl. Bd. II, Abschn. 2.8.5.

Anmerkung

Die Vermutung, de BRAHE sei an einer Quecksilbervergiftung gestorben, die ein Verwandter ihm auf Geheiß der damaligen dänischen Königin heimlich verabreicht habe oder gar von seinem von Ehrgeiz getriebenen Scholar und Assistenten JOHANN KEPLER, gilt nach neuesten Forschungen als widerlegt. De BRAHE starb wohl an den Folgen einer übermäßigen Völlerei nach dem Gastmahl bei einem Fürsten. Wohl ist belegt, dass JOHANN KEPLER die umfangreichen Aufzeichnungen seines Meisters nach dessen Tod sofort an sich nahm und nicht wieder herausgab.

Von den Ergebnissen JOHANN KEPLERs ausgehend, leitete ISAAC NEW-TON (1642–1727) das Gravitationsgesetz ab, was er im Jahre 1687 in seinem Hauptwerk ‚Philosophiae naturalis principia mathematica' („Mathematische Prin-zipien der Naturphilosophie') veröffentlichte. Er formulierte:

> Die absolute, wirkliche und mathematische Zeit fließt in sich und in ihrer Natur gleichförmig, ohne Beziehung zu irgendetwas außerhalb ihrer Liegendem, …

und:

> Der absolute Raum, der aufgrund seiner Natur ohne Beziehung zu irgendetwas außer ihm existiert, bleibt sich immer gleich und unbeweglich.

Diese Postulate wurden erst durch die Relativitätstheorien ALBERT EINSTEINs abgelöst. Der von ISAAC NEWTON geforderte Leitsatz für das Arbeiten in der Naturphilosophie gilt unverändert:

> In der auf Erfahrung gegründeten Philosophie müssen die durch Induktion aus den Er-scheinungen gewonnenen Lehrsätze, ungeachtet entgegengesetzter Hypothesen, ent-weder genau oder so nahe wie möglich für wahr gehalten werden, solange bis andere Erscheinungen aufgetreten sind, durch die sie entweder genauer gemacht oder Ein-schränkungen ausgesetzt werden.

Der Formulierung der Bewegungsgesetze durch ISAAC NEWTON gingen die Ar-beiten GALILEO GALILEIs (1564–1642) zu Fragen der Mechanik voraus (Bd. II, Abschn. 1.5). Sein Bekenntnis zum neuen Weltbild verbarg GALILEI im Jahre 1620 in seinem Werk ‚Dialogo' („Dialog über die beiden hauptsächlichen Weltsys-teme, das Ptolemäische und das Copernikanische'). Nachdem er sich schon einmal, im Jahre 1616, dem Tribunal der Inquisition hatte stellen müssen, musste er sich 1633 erneut in einem Prozess vor der Inquisition verteidigen. Sein Vortrag vor dem Tribunal war vergeblich, er wurde verurteilt, musste seine Überlegungen widerru-fen, um dem Feuertod als Ketzer zu entgehen und das Büßerhemd anlegen. Auf Lebenszeit wurde er zu Hausarrest verbannt. Beim Verlassen des Gerichtssaales soll er gesagt haben *Eppur si muove = und sie bewegt sich doch*, wohl eher ei-ne Legende. Verbreitung und Lehre des copernikanischen Systems wurden nach dem Prozess verboten. – Obwohl isoliert, publizierte GALILEI im Jahre 1638 sein Hauptwerk ‚Discorsi', Studien zur Mechanik und Materialfestigkeit, zur Fall- und Wurfbewegung. Im Jahre 1983 wurde GALILEI vom damaligen Papst JOHAN-NES PAUL II (1920–2005) rehabilitiert, zu einem wirklichen Schuldbekenntnis konnte sich der Papst indessen nicht durchringen. Im Jahre 2009 widmete der ‚Heilige Stuhl' GALILEI zu seinem 445sten Geburtstag eine Messfeier. Sein ‚Discorsi' war schon 1835 vom Index genommen worden. Im Jahre 1965 wurde der ‚Index librorum prohibitorum' endgültig eingestellt.

In dem vorliegenden Werk wird an vielen Stellen der Gang der Naturwissenschaften weiter nachgezeichnet, hierauf wird verwiesen; an einen Gelehrten sei noch erinnert:

GIORDANO BRUNO (1548–1600) hatte Schwierigkeiten im Umgang mit seinen Mitmenschen und den kirchlichen Oberen seines Dominikanerordens, man warf ihm vor, antiklerikal und antischolastisch zu sein, was er wohl auch war [39, 40]. Er vertrat extreme Positionen, u. a. lehnte er die Marien- und Heiligenverehrung ab. Im Alter von 28 Jahren begann seine philosophische Fluchtexistenz von Rom aus durch Frankreich, England und Deutschland. Umfangreiche Schriften, vielfach in Dialogform, entstanden. Seine Bewerbung auf den Lehrstuhl für Mathematik in Pisa blieb erfolglos, der Lehrstuhl fiel an GALILEI. Nach Venedig zurückgekehrt, wurde er denunziert, im Jahre 1593 verhaftet, sieben Jahre von der Inquisition eingekerkert, gefoltert, verurteilt und am 17. Februar 1600 auf dem Campo dei Fiori öffentlich verbrannt. Eines seiner Sonette lautet:

Nicht fürcht' ich ein Gewölbe von Kristall,
wenn ich des Äthers blauen Duft zerteile.
Und nun empor zu Sternenwelten eile,
tief unten lassend diesen Erdenball
und all' die nied'ren Triebe, die hier walten.

Für GIORDANO BRUNO war das All alles in Einem ohne Unterschied, jegliches Sein überhaupt, unbeweglich, unbegrenzt, nicht messbar nach Maß, nicht teilbar, ohne Zentrum und Umfang, das Vollkommenste, das Unbegreiflichste. Die aristotelische Hypothese der kugelschaligen Sphären mit der ruhenden Erde lehnte er als grundfalsch ab.

Über solche Ansichten müsse jeder gesunde Verstand, jedes geregelte Denken und jede entwickelte Intelligenz sich empören.

BRUNO:

Es gibt zahllose Sonnen, zahllose Erden, die gleichermaßen ihre Sonne umkreisen, wie wir es an unseren sieben Planeten sehen, von diesen mag es noch mal weitere geben, die Monde werden von ihnen mitgeführt. ... Ein geweckter Verstand wird sich nicht einbilden, dass die fernen Erden nicht auch bewohnt sind.

Neben solchen Aussagen finden sich andere:

> Die Weltseele ist also das constituierende Formalprinzip des Universums und dessen, was es enthält ...

Es ist nachvollziehbar, dass derartige befremdliche Gedanken für die Kirche eine ungeheuerliche Häresie bedeuteten. BRUNOs Schriften standen von 1603 bis 1965 auf dem Index der verbotenen Bücher, wie die vieler späterer Gelehrter auch, z. B. ab dem Jahre 1616 die sechs Bücher des NICOLAUS COPERNICUS. (In dem genannten Jahr wurde das Werk des COPERNICUS als ketzerisch erklärt und das geozentrische System als das einzig richtige postuliert; 1835 wurde das Verbot der copernikanischen Lehre aufgehoben, 1922 bekannte sich die katholische Kirche zu ihrem Irrtum.)

Von jenen Schriften GIORDANO BRUNOs, die mystisch-spekulativ ausgerichtet waren (sein ganzes Denken war eigentlich von dieser Art) fühlten sich mehr als hundert Jahre später F.W.J. SCHELLING (1775–1854) und weitere Vertreter der deutschen Romantik angesprochen. *Geist als Prinzip des Lebens gedacht, heißt Seele*. Nach dieser Prämisse wurde philosophiert, was, genau besehen, eher fruchtlos blieb und Rückschritt bedeutete. – Die von G.W.F. HEGEL (1770–1831) vorgetragenen Gedanken zur Naturphilosophie waren von Vorbehalten gegenüber dem Empirischen geprägt; ihr gegenüber steht die Philosophie des absoluten Geistes als Selbstbestätigung Gottes, seines Seins und seiner Schöpfung. In seiner Naturphilosophie (1830) heißt es zum Begriff der Natur [23] in § 247:

> Die Natur hat sich als die Idee in der Form des ‚Andersseins‘ ergeben. Da die Idee so als das Negative ihrer selbst oder ‚sich äußerlich‘ ist, so ist die Natur nicht äußerlich nur relativ gegen diese Idee (und gegen die subjektive Existenz derselben, den Geist), sondern die ‚Äußerlichkeit‘ macht die Bestimmung aus, in welcher sie Natur ist.

In § 249 steht:

> ... Solcher nebuloser, im Grunde sinnlicher Vorstellungen, wie insbesondere das sogenannte ‚Hervorgehen‘ z. B. der Pflanzen und Tiere aus dem Wasser und dann das ‚Hervorgehen‘ der entwickelten Tierorganisationen aus den niedrigeren u. s. w. ist, muss sich die denkende Betrachtung entschlagen.

Diese Aussage ist wohl als Ablehnung der Evolutionstheorie zu deuten, die um diese Zeit entstand. – Auf das Schelling'sche Naturrauschen folgte das Hegel'sche Naturgeraune, Wortgetöse, ohne Ende. Wussten sie überhaupt, worüber sie nachdachten?

Mit den oben Genannten, COPERNICUS, KEPLER, GALILEI, NEWTON, war das Zeitalter der Naturwissenschaften angebrochen. Forschung beruhte nunmehr auf Beobachtung und Experiment und mathematischer Beweisführung und nicht mehr auf metaphysischer Spekulation. Eine naturwissenschaftliche Entdeckung gilt nur dann als gesichert, wenn sie durch mindestens eine unabhängige Messung von anderer Seite bestätigt werden kann. Ein gewichtiges Kriterium, um das objektiv Wahre und Wirkliche zu erkennen. Einen Nachweis in dieser Form gibt es in der Theologie nicht, kann es nicht geben. Das bedeutet, Gott ist naturwissenschaftlich nicht beweisbar und damit auch nicht jene Wahrheit, die sich auf Gott beruft, sie ist auf den Glauben angewiesen.

Die Neuzeit ging später in die Epoche der Aufklärung über, das betraf alle Gebiete der Kultur. Es waren zunächst vorrangig französische, dann deutsche Philosophen, allen voran IMMANUEL KANT (1724–1804), die ein Denken und Handeln im Geist der Freiheit und des Fortschritts anmahnten, es gleichzeitig einer Kritik unterzogen. Vorbereitet und getragen wurde diese Epoche von Philosophen wie RENE DESCARTES (1596–1650), B. de SPINOZA (1632–1677), BLAISE PASCAL (1623–1662), THOMAS HOBBES (1588–1679), später von JOHN LOCKE (1632–1704), GOTTFRIED WILHELM LEIBNIZ (1646–1716), CHRISTIAN THOMASIUS (1655–1728), nochmals später von DENIS DIDEROT (1713–1784) mit seiner ,Enzyklopädie' und J.-J. ROUSSEAU (1712–1778), der im materiellen Fortschritt bereits die Gefahr eines Sittenverfalls sah und Rückkehr zur natürlichen Empfindung empfahl. Im Einzelnen vgl. [41–45].

Großen Einfluss auf die geistesgeschichtliche Entwicklung hatte R. DESCARTES: Der denkerische Zweifel befähige den Menschen selbstbewusst und selbstgewiss Glaube und Wissen, Vernunft und Offenbarung zu trennen (*cogito, ergo sum*). Der gottbewirkte Geist sei zur Erklärung und Bewältigung der weltlichen Dinge rational in der Lage. Von Gott sei das Weltganze wie ein Uhrwerk in Gang gesetzt, das nunmehr selbsttätig ablaufe. – Im Gefolge übte B. de SPINOZA Kritik an der Art der Bibeldeutung aus pantheistischer Sicht (das Göttliche sei in der Natur, nicht als etwas Personifiziertes zu sehen). – G.W. LEIBNIZ bewegte das Problem der Theodizee, die Frage, wie Gott, der allgütigste Schöpfer der besten aller möglichen Welten in dieser seiner Schöpfung so viel Übel und Böses zulassen kann (vgl. Bd. V, Abschn. 2.6.2). – Alle neuen Denker standen in einem prinzipiellen Gegensatz zu der bis dahin allein geltenden Tradition des Christentums. Sie standen überwiegend für einen Erkenntnisweg vermittels empirischer und praxisbezogener Forschung, für Erziehung und Lehre (auch in der Muttersprache) als gesellschaftliche Aufgabe sowie für eine allgemeine Verbreitung und Teilhabe der Bürger an den Wissenschaften, den Künsten und des Handwerks und der sich hieraus entwickelnden Technik. – Aufklärung bedeutet Klären, heller und klarer Sehen, Mehrung des Wissens, selbstständiges Denken, Erkenntnis mittels des Verstandes. I. KANT definierte den Begriff ‚Aufklärung' in seiner ‚Kritik der praktischen Vernunft':

> Aufklärung ist der Ausgang des Menschen aus seiner selbstverschuldeten Unmündigkeit. Unmündigkeit ist das Unvermögen, sich seines Verstandes ohne Leitung eines anderen zu bedienen. Selbstverschuldet ist diese Unmündigkeit, wenn die Ursache desselben nicht am Mangel des Verstandes, sondern der Entschließung und des Mutes liegt, sich seiner ohne Anleitung eines anderen zu bedienen. Sapere aude! habe Mut, dich deines eigenen Verstandes zu bedienen! ist also der Wahlspruch der Aufklärung.

I. KANT sah die Grenzen der Vernunft, endgültige Einsichten über die Natur und ihre Zweckbestimmung zu gewinnen. Voraussetzung für ein Gelingen sei die Annahme einer der gesamten Natur innewohnenden (göttlichen) Einheit und Gesetzmäßigkeit. – Er warnte in seiner ‚Kritik der Urteilskraft' (1790) in § 78:

> … dass da, wo wir uns mit dieser Erklärungsart ins Überschwängliche verlieren, wohin uns die Naturerkenntnis nicht folgen kann, die Vernunft dichterisch zu schwärmen verletzt wird, welches zu verhüten eben ihre vorzüglichste Bestimmung ist.

1.5   Die Zeit des 19. und 20. Jahrhunderts

In der Zeit Ende des 18. und im Übergang zum 19. Jahrhundert und in den Jahrzehnten danach gelangen den Forschern in der Physik, der damaligen naturwissenschaftlichen Leitwissenschaft, eine Reihe bedeutender Fortschritte [46–50]:

In der **Mechanik**: Ausgehend von der Newton'schen Mechanik baute L. EULER (1707–1783) die Mechanik der starren Körper aus, J.L. LAGRANGE (1736–1813), P.S. LAPLACE (1749–1827) u. a. die Himmelsmechanik; D. BERNOULLI (1700–1784) legte die Grundlagen zur Hydromechanik; J.R. MAYER (1814–1878), H. HELMHOLTZ (1821–1894) und J.P. JOULE (1818–1889) lehrten den Satz von der Erhaltung der Energie, auch bei deren Umwandlung in andere Energieformen.

In der **Kalorik**: A. LAVOISIER (1743–1794) klärte die chemischen Verbrennungsvorgänge; L. BOLTZMANN (1844–1906) baute die Atom- und Molekulartheorie und Wärmelehre aus; R. CLAUSIUS (1822–1888) postulierte die Hauptsätze der Thermodynamik und führte den Entropiebegriff ein.

In der **Optik**: C. HUYGENS (1629–1695) hatte die Lichtwellentheorie als Modell vorgeschlagen, hierauf aufbauend konnte A.J. FRESNEL (1788–1827) Beugung und Polarisation des Lichts deuten; T. YOUNG (1773–1829) erkannte den Dreifarbensatz.

In der **Elektrik und Magnetik**: A. VOLTA (1745–1827) erfand die Batterie; C.A. COULOMB (1736–1806) formulierte das elektrische Kraftgesetz; M. FARADAY (1791–1867) führte den Feldbegriff ein; A.M. AMPÈRE (1775–1836) erkannte die Wechselbeziehung zwischen Elektrizität und Magnetismus; J.C. MAXWELL (1831–1879) gelang die Herleitung der elektromagnetischen Feldgleichungen; H. HERTZ (1857–1894) konnte die Existenz der elektromagnetischen Wellen experimentell bestätigen; W.C. RÖNTGEN (1854–1923) entdeckte die nach ihm benannten Strahlen; R.A. MILLIKAN (1868–1953) bestimmte die Elektronenladung.

Unzählige weitere Forscher wären hier zu nennen; sie drangen immer tiefer in die Geheimnisse der Physik ein. Zu erwähnen sind hier auch jene, denen neue Erkenntnisse und Einsichten in der Chemie und in der Biologie gelangen [50, 51].

Zu den Themen Naturforscher, Mathematik, Physik, Astronomie, Optik, Chemie, Biologie, Geowissenschaften, Geographie, Psychologie, Arzneipflanzen und Drogen wurden vom Verlag [51] und anderen Verlagen Lexika herausgebracht.

Die Fortschritte gingen mit der Entwicklung der Mathematik einher, eines monumentalen Werkes menschlichen Geistes, in ihrer Tiefe für die meisten Erdenbürger unbegreiflich, unergründlich. Im Kap. 3 dieses Bandes wird ein elementarer Einstieg versucht.

Es konnte nicht ausbleiben, dass sich mit den Fortschritten in Physik, Chemie und Biologie ein neues, säkulares Weltbild im allgemeinen Bewusstsein durchzusetzen begann. Theologie und Naturwissenschaften gerieten in Konflikt. Die Erkenntnisse aus fernen religiösen Offenbarungen auf der einen Seite und jene, die nach strengen Kriterien mittels Experiment, Beobachtung und Messung auf der anderen Seite gewonnen wurden, schienen unvereinbar. Ausgehend von der Philosophie des Kritischen Denkens nach I. KANT, setzte mit L. FEUERBACH (1804–1872), K. MARX (1818–1883), S. FREUD (1856–1939) und F. NIETZSCHE (1844–1900) eine heftige Religionskritik ein. Letztgenannter verstieg sich, vom ‚Tod Gottes' zu sprechen. Ein Dialog zwischen Theologie und Naturwissenschaft wurde zunehmend schwierig und war teils nicht mehr möglich, weil (vermeintlich) beide in einem unüberwindlichen Widerspruch stehen würden. Schwierig ist das Miteinander bis heute geblieben. Über die Schwierigkeiten wird in Bd. V, Kap. 2 erneut nachgedacht.

An der Wende vom 19. zum 20. Jahrhundert verkündete W. THOMSON (1824–1907):

Man kann heute durchweg behaupten, dass das großartige Gebäude der Physik – der Wissenschaft vom Aufbau und den allgemeinen Eigenschaften der anorganischen Materie und den Hauptformen der Bewegung – in seinen Grundzügen errichtet ist; es sind nur noch kleine Verputzarbeiten nötig.

Welch' ein Irrtum! Mit der von A. EINSTEIN (1879–1955) entwickelten **Speziellen Relativitätstheorie** (1905) und **Allgemeinen Relativitätstheorie** (1916) erfuhr die Physik ab Anfang des 20. Jahrhunderts in Verbindung mit der von M. PLANCK (1858–1947) im Jahre 1900 postulierten Quantennatur der Materie und Strahlung und der hierauf aufbauenden **Quantenmechanik** eine gänzlich neue Breite und Tiefe. Das zwang auch in den naturwissenschaftlichen Disziplinen der Chemie und Biologie zu einem völlig neuen Naturverständnis. Es ermöglichte unzählige neue Entwicklungen in den Angewandten Wissenschaften, in der Medizin, in der Technik usw. Als Beispiele seien erwähnt: Atomtheorie mit Kernspaltung und Kernfusion, Radioaktivität, Elementarteilchenphysik, Halbleiter- und Computertechnik, Kommunikationstechnik, Astrophysik und Kosmologie. – Die Entwicklung hatte auch eine Schattenseite: Mit der Relativitäts- und Quantentheorie wuchs der ohnehin bis dato vorhandene Abstraktionsgrad der Physik bis zur Unverständlichkeit (die notwendige Mathematisierung trug das Ihrige dazu bei). Man denke etwa an die Äquivalenz von Masse und Energie ($E = m \cdot c^2$), die Dualität von Strahlung und Materie als Korpuskel und Welle (beim Licht trägt das Photon als Korpuskel die Energie $E = h \cdot v$, wobei v die Frequenz der Welle ist). Im Kleinen sind die Vorgänge gequantelt, die Abläufe nicht mehr wirklich, sondern unbestimmt, nur mehr wahrscheinlich. Die Unschärferelation nach W. HEISENBERG (1901–1976) steht seither stellvertretend für diese neue Einsicht. – Bezüglich der Anschaulichkeit (besser der Unanschaulichkeit) denke man auch an die Gebiete der Molekulargenetik, Genom- und Stammzellenforschung, usf.

Sein Buch über die Kraftgesetze hatte I. NEWTON (1643–1727) im Jahre 1687 noch mit ‚Philosophiae Naturalis‘ betitelt. Auch J. DALTON (1766–1844) nannte seine Arbeit über den atomaren Aufbau der Materie ‚A New System of Chemical Philosophy‘, das war im Jahre 1808. Gehörten Mathematik und Physik im Altertum und Mittelalter noch zu den philosophischen Disziplinen, vollzog sich deren Ausgliederung aus der Philosophie mit dem weiteren Ausbau der Naturwissenschaften. Philosophie definiert sich seither durch Ontologie, Logik, Ethik, Ästhetik, Weisheit und Erkenntnis, auch mit dem Ziel nach einem ‚gelungenen Leben‘. Die Abkopplung der Philosophie von der Naturphilosophie war insofern unverständlich und unbegründet, weil es in den Naturwissenschaften immer auch um Antworten auf letzte Fragen ging und geht. Bei deren Suche stützt sich der Naturwissenschaftler allerdings nicht auf metaphysisches Sinnieren, sondern auf Experiment und Theorie. In dieser Zweiheit, die er als Einheit begreift und lebt, sieht der Naturwissenschaftler seinen Weg zur Erkenntnis, keinesfalls den alleinigen, gefragt sind auch Intuition und Phantasie im Wechsel von Hypothese und Synthese. Das Sammeln zählt selbstredend auch dazu, doch nie allein und nie als Selbstzweck. Gleichwohl, immer wieder tun sich Barrieren auf: Bei allem

Fortschritt lebt der Naturwissenschaftler mit der Einsicht, dass dem vollständigen Verstehen der Naturvorgänge prinzipiell Grenzen gesetzt sind, bei wem könnte diese Einsicht am ehesten keimen, wenn nicht bei ihm, wie könnte es anders sein. Das im Weltgefüge verborgene Wissen ist grenzenlos. Nur schrittweise können Kenntnisse und Erkenntnisse gemehrt werden. Ein abgeschlossenes Wissen kann es bei der Unendlichkeit und Unerschöpflichkeit der Welt niemals geben. Das bedeutet: Die im fragenden Menschen angelegte Neugier wird seinen Forscherdrang weiter beflügeln, es gibt noch viel zu erforschen, im Verstehen scheinen sich indessen Grenzen aufzutun.

Um das Vorhandene zu verstehen, um in Neues, Unerforschtes einzudringen, steht das Lernen am Anfang des Bemühens. Will man eine Wissenschaft erlernen, hat es sich als zweckmäßig erwiesen, vom Einfachen zum Komplexen vorzudringen, in derselben Weise, wie die Wissenschaft sich selbst erschaffen hat. Der Näherung folgt die Annäherung an das Wahre, das vielfach Wunderbare, Seltsame, Unbegreifliche, letztlich Unergründliche.

Wie ausgeführt, versucht der Naturwissenschaftler im Verständnis der Moderne die Gesetze von Ursache und Wirkung der Naturerscheinungen durch Beobachten und Experimentieren, durch Messen und Deuten systematisch zu erschließen und schließlich durch Verdichtung und Darstellung des Erkundeten und Erdachten mit den Mitteln der Mathematik, soweit dieses möglich, notwendig und angebracht ist, zu beschreiben, um die Kenntnisse zu mehren und diese in einen allgemeinen Erkenntnisrahmen einzufügen. Für den in der Physik, in der Chemie, in der Biologie tätigen Wissenschaftler gilt das Gesagte in gleicher Weise. In den Methoden mag es Unterschiede geben. Letztlich sind alle Erscheinungen in den Naturwissenschaften in einem höheren Sinne miteinander verbunden.

Neben diesem Streben der reinen Naturwissenschaften nach grundsätzlichem Erkenntnisgewinn, sind es Aufgabe und Ziel der angewandten Wissenschaften, das in der Physik, in der Chemie, in der Biologie Erforschte einer Nutzanwendung zuzuführen, z. B. im Ingenieurwesen, in der Materialkunde, in der Geologie, in der Meteorologie, in der Medizin, im Agrar- und Forstwesen usf., um die Wohlfahrt des Gemeinwesens und des Einzelnen zu mehren und deren Zukunft zu sichern. Grundlagenforschung und Anwendungsforschung sind gleichfalls in einem höheren Sinne miteinander verknüpft, ein Streit über ihre Wertigkeit entbehrt jedes Sinns.

Die Lösung neuer Probleme gelingt i. Allg. nur, wenn man sich (zunächst) auf das zugehörige Teilgebiet konzentriert. Man spricht von einem abgeschlossenen System, speziell in der Physik von einem abgeschlossenen physikalischen System. Das ist ein solches, das mit keinem anderen in Wechselbeziehung steht oder eine solche Wechselbeziehung nur schwach vorhanden und damit vernachlässigbar

Abb. 1.5

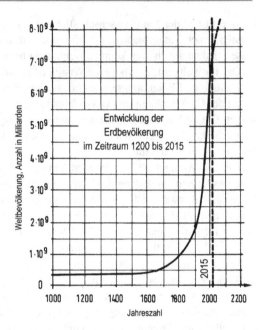

ist, z. B. das Geschehen im Planetensystem der Sonne einerseits und jenes in der Elektronenhülle eines Atoms andererseits. Innerhalb des Systems werden, aufbauend auf den experimentell ermittelten Erfahrungssätzen, Axiome formuliert. Sie sind theoretisch nicht ableitbar und ursächlich nicht erklärbar. Das führt auf ein Axiomsystem, das so lange gültig bleibt, wie alle Folgerungen hieraus mit den weiteren experimentellen Befunden in Einklang stehen.

Ein wichtiges Hilfsmittel in den Naturwissenschaften ist das Arbeiten mit einem Modell als gedachtem Ersatz für die komplexe Realität, also eine Abstraktion, eine Idealisierung. Sie sollte möglichst mathematisch fassbar und darstellbar sein, wobei der gewählte Abstraktionsgrad sehr unterschiedlich sein kann. Ein solches Vorgehen ist auch für die meisten Bereiche der angewandten Wissenschaften typisch, eigentlich für alle, wenn es darum geht, naturwissenschaftliche Gesetze in die Praxis umzusetzen, z. B. in der Technik.

Wissenschaft bedingt Forschung. Wissenschaft und Forschung sind für das Gemeinwesen mit Kosten verbunden. Hierbei handelt es sich um einen bedeutenden Beitrag der jeweils lebenden Generation zur eigenen Kultur. Der Mensch ist zuvörderst ein kulturelles Wesen, hierin liegt seine höhere Bestimmung. Möglichst viele sollten an den zivilisatorischen und kulturellen Fortschritten teilnehmen können, möglichst alle. Konkret lassen sich Wissenschaft und Forschung an zwei Zielen festmachen:

- Nur durch Forschung gelingt eine quantitative Erweiterung und qualitative Vertiefung des Wissens über das Sein in all' seinen Formen.
- Die heutige und künftige Sicherstellung des Lebens auf Erden erfordert enorme Anstrengungen seitens der naturwissenschaftlichen Forschung und ihrer Anwender. Es gilt, die wachsende Weltbevölkerung (vgl. Abb. 1.5) wirksam und ausreichend zu versorgen,
    - mit Boden und Wasser,
    - mit Nahrung und Medizin,
    - mit Energie,
    - mit Rohstoffen aller Art, und das alles mit dem Ziel
    - eines nachhaltigen Klimaerhalts und
    - eines dauerhaften Erhalts der Natur mit ihrem Reichtum an Tier- und Pflanzenarten.

1.6 Die Jetztzeit

Wie bekannt und noch weiter auszuführen sein wird (Bd. V, Abschn. 1.2), setzte ca. vier Milliarden Jahre (= 4000 Millionen Jahre) *nach* Entstehung des Erdkörpers, die kambrische Revolution ein: Aus den vorangegangenen mikrobiellen gingen die höheren Lebensformen, die Tiere und Pflanzen, hervor. Die weitere Entwicklung führte in sehr, sehr langen Zeiträumen über die verschiedenen Erdzeitalter zum Jetztmenschen. – Die Zeit nach Abschmelzen der an den Polen bis zu 500 m dicken Eiskappen und dem damit einhergehenden Auffüllen der um 100 m abgesunkenen Meere währte etwa 12.000 Jahre. Es ist die Zeitspanne seit der letzten Eiszeit bis heute, man spricht vom Erdzeitalter des **Holozäns**. Die Epoche war durch ein sehr stabiles Klima gekennzeichnet, die Temperatur lag bzw. liegt vergleichsweise hoch, es herrscht Warmzeit (sie wird wohl nochmals 12.000 Jahre dauern). In diese Zeit fiel die Entwicklung des Jetztmenschen, des homo sapiens, was so viel bedeutet, wie ,vernunftbegabter, vernünftiger Mensch'.

Im Zuge der zunehmenden Erderwärmung breitete sich der Mensch über alle Weltgegenden aus, zunächst sehr langsam, dann immer zügiger, dabei erreichte er in einer relativ kurzen Zeitspanne ein hohes zivilisatorisches und kulturelles Niveau. Mit Beginn des 20. Jahrhunderts verlief die Entwicklung dank der

Fortschritte in den Naturwissenschaften und ihrer Anwendungsdisziplinen, wie Technik, Agrarwesen, Medizin, geradezu sprunghaft. Mit der Erfindung des Verbrennungsmotors und seines Einsatzes für den Land-, See- und Luftverkehr sowie mit der elektrischen Stromversorgung in allen Lebensbereichen, ging gleichzeitig ein stetiger Abbau der Rohstoffe aus dem Erdkörper einher. Die Stoffe dienen dem Menschen als Werkmaterial und als Brennstoff. Das Aussehen der Erde veränderte sich allüberall in einem nicht gekannten Ausmaß, auf dem Festland, in den Meeren und in der Atmosphäre gleichermaßen. Der Eingriff dauert unvermindert an.

1.7 Die Zukunft – Das Anthropozän

1.7.1 Vorbemerkung

Es macht Sinn, den Begriff **Anthropozän** über die Bedeutung eines geologischen Zeitalters hinaus als einen eher geographischen und zivilisatorischen zu begreifen, um bei den Menschen das Bewusstsein für die Entwicklung, die auf sie zukommt, zu schärfen, eine Entwicklung, die allein auf ihrem bisherigen und künftigen Wirken beruht. Der Mensch ist Verursacher und gleichzeitig von den Veränderungen unmittelbar Betroffener. Zu unübersehbar sind inzwischen seine Eingriffe in die unbelebte und belebte Natur der Erde. Dabei ist zu unterscheiden zwischen den Eingriffen in die Erdsubstanz, die mit der Ressourcenausbeute mineralischer, metallischer und energetischer Rohstoffe in Verbindung steht, und jenen Veränderungen, die mit dem Klimawandel eher schleichend einhergehen. Sie beruhen letztlich auch auf der Energienutzung durch die Erdbevölkerung, auch auf ihrer Ernährungsweise. Das Kardinalproblem der Zukunft wird die sich abzeichnende Überbevölkerung des Planeten sein. Die hiermit verbundenen Sorgen werden alle anderen Probleme im 21. Jahrhundert dominieren.

In unterschiedlichen Teilen dieses Werkes werden die Themen Rohstoffe, Energie, und Klima behandelt. Unter Hinweis hierauf kann das Thema Anthropozän im Folgenden in gebotener Kürze behandelt werden, auf [53, 54] wird verwiesen. –

Es war P. CRUTZEN (*1933), der den Begriff Anthropozän im Jahre 2002 prägte. Ob der Begriff zur Kennzeichnung eines eigenständigen Erdzeitalters, einer neuen erdgeschichtlichen Zeitskala, Verwendung finden wird, steht noch nicht fest, auch nicht, von welchem Datum an das Zeitalter beginnt, vielleicht ab dem Jahr 1769 mit der Erfindung der Dampfmaschine, vielleicht mit dem Jahr 1945, in welchem die erste Atombombe gezündet wurde. Vielleicht verzichtet man ganz darauf.

In der Bibel heißt es im 1. Buch Mose, der Schöpfungsgeschichte, nachdem Gott den Menschen am 6. Tag erschaffen hatte:

Und Gott segnete sie und sprach zu ihnen: Seid fruchtbar und mehret euch und füllet die Erde und machet sie euch untertan und herrschet über die Fische im Meer und über die Vögel des Himmels und über alles Lebendige, was auf Erden kriecht!

Wie fällt das Resümee heute aus und wie die Prognose?

1.7.2 Wie hoch ist die Anzahl der Menschen, wie füllten sie die Erde?

Die Anzahl der Menschen, die in der Zeit 10.000 Jahre vor heute lebten, wird auf 4 bis 5 Millionen geschätzt [55]. In jener fernen Zeit waren die Menschen sesshaft geworden. Die fortgeschrittene Agrarwirtschaft ließ die Bevölkerung im Vergleich zu den vorangegangenen Zeiten der ‚Jäger und Sammler' deutlich anwachsen. Man spricht von der ‚Landwirtschaftlichen', auch ‚Neolithischen Revolution'. In den folgenden Epochen mit ihrer weiter entwickelten Bau-, Metall-, Keramik- und Webtechnik setzte sich der Wachstumstrend fort. Die Römer schufen erstmals eine beachtliche Bautechnik im Straßen-, Brücken- und Städtebau einschließlich Wasserversorgung und Abwasserentsorgung. Bis zur Zeitenwende wuchs die Bevölkerung auf ca. 170 Millionen Menschen an. In den folgenden Jahrhunderten änderte sich an dieser Zahl wenig. Die mittlere Lebenserwartung lag bei 35 Jahren. Die Zuwachsraten waren und blieben in den einzelnen Weltregionen gering. In den teilweise beengten, schnell wachsenden städtischen Siedlungen führten die hygienischen Verhältnisse immer wieder zu Krankheiten und Seuchen: Cholera, Pocken und Pest. Auch die Schinderei der Menschen um das tägliche Brot trug zu manch' frühzeitigem Gebrechen und zu einer hohen Sterberate bei, ebenso die Kriege in den unruhigen Zeiten des Mittelalters. Das führte teilweise sogar zu einem Rückgang der Bevölkerungszahlen.

Um 1650 dürfte die Weltbevölkerung bei 550 Millionen gelegen haben. Die jährliche Zuwachsrate lag zwischen 0,1 bis 0,2 %. Anschließend wuchs die Bevölkerung zunehmend schneller, die Rate stieg an, bis auf 0,4 % zur Zeit der ‚Industriellen Revolution', auf 0,5 % im Jahre 1900. Als Folge der ‚Technisch-Wissenschaftlichen Revolution' im 20. Jahrhundert nahm die Rate sprunghaft zu.

Im Jahre 1950 betrug die Wachstumsrate der Weltbevölkerung 1,8 %, um das Jahr 1970 stieg sie gar auf 2,0 %, seither sinkt sie und beträgt derzeit (2015) ca. 1,1 %, was einen jährlichen Zuwachs von ca. 80 Millionen Menschen bedeutet. –

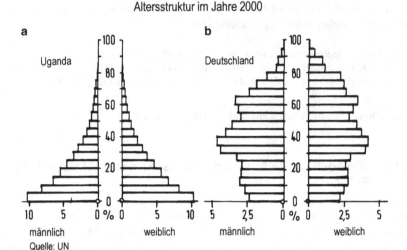

Abb. 1.6

Die Raten sind in den einzelnen Ländern sehr unterschiedlich, in den Entwicklungs- und Schwellenländern sind sie (von einem hohen Niveau aus) immer noch hoch, z. B. in Indien mit derzeit (2015) 1320 Mio. Menschen: 1,5 %. In China ist die Rate bei derzeit 1370 Mio. Menschen auf 0,5 % gesunken. In Nigeria beträgt sie 2,5 %, in Äthiopien 2,1 %, auf den Philippinen 1,8 %. – Insgesamt ist die Weltbevölkerung jung, die Anzahl der Menschen zwischen 0 und 14 Jahren beträgt 1900 Mio., zwischen 15 und 64 Jahren 4800 Mio. und darüber 600 Millionen, in der Summe sind es 7300 Mio. gleich 7,3 Milliarden Menschen (2015). – In Europa werden im Schnitt 1,6 Kinder pro Frau geboren. Hier sinkt die Bevölkerung. Auf der anderen Seite wird sie hier immer älter, was die Kosten für die Renten- und Gesundheitssysteme anwachsen lässt. Abb. 1.6 zeigt die Altersstruktur in Uganda im Vergleich zu Deutschland.

In Abb. 1.7 sind die Zuwächse der Weltbevölkerung alle fünf Jahre seit dem Jahre 1950 dargestellt und in Teilabbildung b die sich daraus ergebende Bevölkerungsanzahl bis zum Jahre 2100, ab dem Jahre 2015 nach Schätzung der UNO [56, 57]. Mit 11 bis 12 Milliarden Menschen wird im Jahre 2200 wohl der Höhepunkt erreicht sein. Es gibt durchaus modifizierte Prognosen. Inzwischen liegt eine neue Schätzung der UNO vor (2015), sie rechnet damit, dass die Marke 11 Milliarden schon im Jahre 2100 erreicht sein wird (warum sollten die Geburtenraten ab 2020

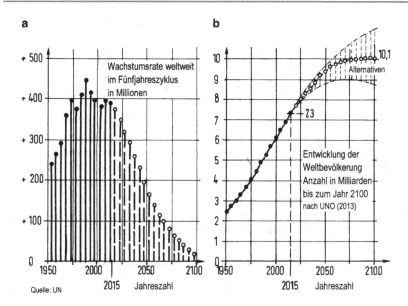

Abb. 1.7

auch so stark sinken, wie es die Grafik ausweist, wächst doch die junge Weltbevölkerung erst dann in das Erwachsenenalter hinein?) Eine länger währende stabile Existenz der Erdbevölkerung auf einem Niveau von 10 bis 11 Milliarden Menschen ist kaum vorstellbar und dürfte ausgeschlossen sein. Gegenteilige, verharmlosende Meinungen sind unverständlich und unverantwortlich, etwa nach dem Motto:

Man übe sich in Gelassenheit, Demut und Schicksalsergebenheit, es kommt (sowieso), wie es kommt.

Inzwischen lebt die Hälfte der Weltbevölkerung in Städten. In Europa sind es 74 %, in Nordamerika 82 % und in Süd- und Mittelamerika 80 %. In Asien leben nur 48 % in Städten, in Afrika 40 %. 2030 werden auch hier in beiden Fällen 50 % aller Bewohner in der Stadt leben. Im Jahre 2050 dürften die Prozentsätze Stadt/Land 66 %/34 % betragen. Beispiele für Stadtbevölkerungen in Millionen Einwohner: Tokio: 38, New York: 20, São Paulo: 28, Mexiko City: 20, Delhi: 24, Mumbai: 22, Kairo: 12, Osaka-Kobe: 11, Istanbul 13, Moskau: 11, Paris: 11, Ruhrgebiet: 7.

In vielen Megaregionen hinken Wohn- und Erwerbsverhältnisse sowie Infrastruktur dem rasanten Aufbau hinterher, zum Teil gravierend, mit den bekannten

Folgen: Verwahrloste Slums mit Verelendung, Seuchen, Kinderarbeit und Kriminalität.

Der medizinische Fortschritt mit Impfung, Früherkennung bösartiger Tumore und wirksamer Bekämpfung der Infektionskrankheiten führte in den Industrieländern frühzeitig zu einer Reduzierung der Sterblichkeit, insbesondere der Kindersterblichkeit. Warme, trockene und hygienische Wohnverhältnisse, geordnete Schadstoffreduzierung und Abfallentsorgung sowie eine insgesamt gesunde Ernährung mit kühler Lagerung der Lebensmittel im Handel und im Heim waren gleichrangig beteiligt. Diese Fortschritte wurden ganz wesentlich in der zweiten Hälfte des 20. Jh. erreicht. Ob von den Fortschritten in der Biomedizin und Gentechnik eine weitere Steigerung des Lebensalters ausgehen wird, bleibt abzuwarten.

Auch in den Entwicklungs- und Schwellenländern steigt dank der medizinischen Fortschritte das erreichbare Lebensalter, auch sinken hier Säuglings- und Müttersterblichkeit. Die Zukunft der Entwicklungsländer ist dennoch extrem schwierig, weil die Zunahme der Bevölkerung nicht mit einer entsprechend gesteigerten Nahrungs- und Wasserversorgung und Produktivität insgesamt einhergeht. Eine weitere Verschlimmerung der derzeitigen Situation ist in diversen Regionen zu befürchten. Es herrscht schon heute in vielen Fällen, gemessen am Lebensstandard in den entwickelten Ländern, unvorstellbare Armut und Trostlosigkeit. Durch Infektionen (HIV/Aids, Malaria, Ebola) sind diese Gesellschaften zusätzlich gefährdet, vielfach sind sie ihnen hilflos ausgeliefert. Große Teile der Bevölkerung hungern, weltweit sind es etwa 800 Millionen Menschen, davon viele Kinder. – Der Armut und Arbeitslosigkeit überlagern sich Analphabetismus, Unterdrückung der Frau bei gleichzeitigem ‚Kindersegen'. Große Teile der hungernden Bevölkerung werden inzwischen durch übernationale Ernährungshilfsprogramme (UNHCR, UNICEF, Welthungerhilfe) und solche privater Stiftungen und Hilfefonds, versorgt. Hilfe zur Selbsthilfe, Unterstützung beim Auf- und Ausbau der Bildungsstätten und des Gesundheitswesens, Stärkung der Rechte der Frauen und Mädchen sowie Aufklärung zur Eindämmung des Kinderreichtums sind angestrebte Hilfsziele. Das Prügeln von Frauen und Sex durch Gewalt sind vielerorts immer noch beklagenswerte Fakten. Familienplanung mit Hilfe von Kontrazeption (Schwangerschaftsverhütung) ist vielfach unbekannt, wird abgelehnt oder wird von den Betroffenen als zu teuer empfunden, vielfach fehlt schlicht der Zugang zu Verhütungsmitteln. Fakt ist: Familien mit nur ein oder zwei Kindern erfreuen sich eines höheren Wohlstands und eines besseren Zugangs der Kinder zum Schulbesuch.

In umfangreicher Weise wird versucht zu helfen. Klimatische, zivilisatorische, religiöse und politische Verhältnisse, auch traditionelle Mentalitäten der

Bevölkerung, erschweren vielerorts eine wirkungsvollere Unterstützung. Bei aller Sorge um die Lebensverhältnisse ist gleichwohl anzuerkennen, dass in den Entwicklungsländern in den zurückliegenden Jahrzehnten sichtbare Fortschritte im Gesundheits- und Bildungswesen und im Lebensstandard erreicht worden sind. Viel bleibt noch zu tun. Die Fortschritte wären größer, wenn nicht durch macht- und stammespolitische sowie religiöse Auseinandersetzungen die gesellschaftliche Stabilität in diesen Staaten immer wieder untergraben würde, teils in Form reinen Terrors. Schwere humanitäre Krisen waren und sind die Folge, begleitet von Vertreibung und Flucht. Gezählt werden zur Zeit, im Jahre 2015, 65 Millionen Flüchtlinge, davon 41 Millionen im eigenen Land. Unterschieden werden Kriegsflüchtlinge, Armutsflüchtlinge und Klimaflüchtlinge. Nur die zuerst genannte Gruppe genießt den Schutz der Genfer Flüchtlingskonvention. Es bleibt abzuwarten, wie die Weltregionen die bestehenden und noch zu erwartenden Fluchtbewegungen werden bewältigen können.

1.7.3 Wie machten sich die Menschen die Erde zum Untertan?

Seit der ‚Neolithischen Revolution' ist bis heute viel passiert: Der Mensch entwickelte sich vom Wildbeuter zum Quantenmechaniker. Was er brauchte, war Nahrung, eine Behausung, ein Vehikel und einen Priester. Er nutze das Angebot der unbelebten und belebten Natur erfinderisch. Für viele ist die Lebenssituation inzwischen recht komfortabel, für die meisten ist sie eher schwierig bis sehr schwierig.

Es ist ernüchternd, wie der Mensch auf ‚seinem Planeten' mit der Natur umgegangen ist, eigentlich seit er Landwirtschaft und Handwerk betreibt. Wie sollte es auch anders gewesen sein? Zurzeit ist er dabei, die Erde vollständig und rasch nach seinen Vorstellungen umzugestalten. Die Umstände zwingen ihn dazu. Der Mensch tut das, was er muss, wollen er und seine Schutzbefohlenen doch überleben. Der Planet ist voll, vielmehr ist eigentlich nicht möglich. –
Was ist geschehen, was wird folgen?

- Die Wälder, die einst das Land überzogen, hat der Mensch gerodet. Große Teile der Erde wurden als Folge davon zu Karst und Wüste. Das Meiste, was sich in den ‚entwickelten' Regionen dem Heutigen in der ‚Kulturlandschaft' zeigt, ist monokulturelles, artenarmes ‚Hochleistungsgrün' und ‚Hochleistungsvieh'. Auf die ursprüngliche Vielfalt und Vielfarbigkeit auf den Feldern und Höfen folgten Vereinheitlichung und Monotonie im Ackerbau und in der Viehhaltung. Dem Schlachtvieh im hiesigen Standstall bleibt zeitlebens das Sonnenlicht verwehrt. Das ist alles beklagenswert, hinsichtlich der heutigen und künftigen Welt-Ernährungslage wohl unvermeidlich. Hierzu gehört auch die weitere Optimierung der Nutzpflanzen und -tiere hinsichtlich Ertrag und Resistenz mittels klassischer Züchtung und künftig vermehrt mittels gentechnischer Eingriffe. Da keine ethischen Bedenken bestehen, wird in China inzwischen Rindfleisch von geklonten Tieren gewonnen, um den mit dem gestiegenen Wohlstand einhergehenden größeren Bedarf zu decken. Diesbezüglich sind große Projekte geplant (zum künstlichen Klonen vgl. Bd. V, Abschn. 1.5.6).

- Weltweit werden ca. 1,5 Milliarden Rinder gehalten, ca. 1 Milliarde Schweine und eine astronomische Menge an Geflügel. Vom Mastgeflügel werden im Jahr ca. 45 Milliarden Tiere roboterisiert geschlachtet, ihr Leben dauert einen Monat. – Die Wiederkäuer steigern den Methangehalt der Atmosphäre in bedeutendem Umfang (vgl. Bd. III, Abschn. 3.8.2). – Auf 30 % der Ackerfläche werden Pflanzen (Weizen etc.) für die unmittelbare Nahrung der Menschen angebaut, auf dem Rest Tierfutter; Soja ist dabei wegen seines hohen Proteingehalts am stärksten beteiligt. Es dient dem Menschen mittelbar als Nahrung in Form von Fleisch. Würde man den Fleischverzehr drosseln, gewänne man viel Ackerfläche für den künftigen Nahrungsbedarf. Man bedenke: Im Jahre 2050 müssen 2 Milliarden Menschen zusätzlich ernährt werden (vgl. Abb. 1.7b). Wie ausgeführt, hungern schon heute viele. Viele verhungern gar, vor allem Kinder. Weit über eine Million von ihnen erleiden jährlich den Hungertod, so in Indien und in den Ländern am Horn von Afrika. Ein furchtbarer Gedanke. Gleichzeitig hat sich die Zahl der Übergewichtigen seit dem Jahr 1980 auf 2,1 Milliarden Menschen verdoppelt.... – Der Ertrag pro Hektar von Weizen, Mais und anderen Pflanzen konnte in den vergangenen fünfzig Jahren um das 2- bis 3-fache gesteigert werden, vielmehr ist nicht möglich. – Für Biosprit geht ein Teil an Ackerfläche für die Ernährung verloren. – Im Handel und in den Haushalten wird eine große Menge Nahrungsmittel unverzehrt als Müll entsorgt. – Der Ernährungsbedarf der weltweit anwachsenden Bevölkerung wird die angedeuteten Trends der Monowirtschaft, der Überdüngung sowie des Einsatzes von Unkraut- und Ungezieferpestiziden und damit Verödung und Artenschwund weiter verstärken, ebenso den CO_2- und Methan-Ausstoß mit den bekannten Folgen. Das ist alles nicht zu verhindern, denn es werden immer mehr, die ernährt werden müssen und ein Leben in höherem Wohlstand einfordern.

- Fisch ist ein wichtiges Nahrungsmittel. Zurzeit (2015) werden ca. 120 Mio. Tonnen Fisch durch Fang gewonnen, ca. 60 Mio. Tonnen durch Zucht in Aquakulturen. Wegen Überfischung sinkt die Fangmenge mancher Arten. Nur durch Quoten und Schonzeiten lässt sich der natürliche Bestand erhalten. Durch Zucht wird immer mehr gewonnen; sie ist sehr wirtschaftlich: Mit Fischfutter (Soja,

Weizen, Fischabfälle) lässt sich im Vergleich zu Hühnerfleisch die 3-fache und zu Schweinefleisch die 5-fache Menge an Fischfleisch, z. B. Lachsfilet, gewinnen. – Probleme bereiten bei der Massenfischhaltung die lokale Verschmutzung der Gewässer und die Gefährdung durch Seuchen. Dem wird, wie bei der Massentierhaltung auf dem Land, medikamentös mit Antibiotika vorbeugend begegnet. – In den USA wurde aus dem Atlantiklachs ein Gentech-Lachs gezüchtet und inzwischen zugelassen, der sein Marktgewicht bei geringerer Nahrungsaufnahme schneller erreicht.

- Das Meer ist für Milliarden Anrainer die wichtigste Lebensgrundlage. Die Verschmutzung durch Müll, Abwässer, Industrierückstände schränkt die Nutzung ein, auch durch Ölverklappung auf See. Die Länder mit langen Küsten sind am stärksten betroffen (China, Indonesien, Philippinen), sie sind allerdings auch die stärksten Verursacher der Vermüllung. Der inzwischen in den Meeren in großer Menge angefallene Plastikmüll belastet zudem die dortige Tierwelt, die Fische und Meeresvögel.

- Inlandseen sind vielfach durch Abwässer, Klärschlamm, Chemieabfälle, Müll und Schwermetalle benachbarter Städte und Industrien belastet bis verseucht. Das gilt auch für stehende Gewässer und Grundwasserspeicher, verursacht durch Eintrag von Gülle, Kunstdünger (auf Stickstoff- und Phosphorbasis = Nitrate) und Agrochemie. Auch in einem entwickelten Land, wie Deutschland, ist die Trinkwasserbeschaffenheit, insbesondere in den Viehhaltungszentren, ungenügend, gemessen an der EU-Wasserrahmenrichtlinie. Wegen des zu hohen Nitrateintrags wirken sich die Verunreinigungen hier bis zu den Küsten von Nord- und Ostsee aus.

- Die Verfügbarkeit von Wasser ist naturbedingt unterschiedlich. Trink- und Brauchwasser ist für Mensch und Tier unverzichtbar. Durch übermäßigen Verbrauch in Ballungsräumen, Bewässerung von Plantagen, Nutzung in der Industrie (z. B. Papierindustrie) besteht inzwischen vielfach Wassermangel, verstärkt durch vom Klimawandel geförderte Dürren (z. B. in Kalifornien, auch in Brasilien) oder beim Ausbleiben des Monsuns. In sonnenreichen, trockenen Ländern wird in der Landwirtschaft für die Produktion der Lebensmittel, wie Gemüse, viel Wasser eingesetzt. Besonders hoch ist der Verbrauch von Wasser beim Anbau von Baumwolle, dem wichtigsten Textilrohstoff (für ein T-Shirt werden 2500 Liter verbraucht). – Bei Überwässerung besteht in Trockengebieten die Gefahr der Versalzung, der Ausschwemmung und Bodenerosion. Es gibt Flüsse, die das Meer nicht mehr erreichen (Colorado, Indus). – Die Grundwasserreservoire sinken weltweit stärker als sie sich wieder auffüllen. – Das Abschmelzen der Gletscher beginnt die Situation in manchen Regionen zu verschärfen (in den Anden, im Himalaja, in den Alpen). Das betrifft dort nicht nur die Trinkwasserversorgung sondern auch die Wasserversorgung in den Staubecken für die Stromgewinnung.

• Das Artensterben ist im Bewusstsein der Gesellschaft allgegenwärtig. Die Politik reagiert mit gesetzlichen Maßnahmen, nationalen und internationalen Artenschutzabkommen. Der Naturschutz bemüht sich um Erhalt ökologischer Systeme und Nischen. Forst- und Landwirtschaft leisten ihren Beitrag. Ehemalige Fehler bei der Flurbereinigung, bei der Trockenlegung von Feuchtmooren und der Kanalisierung von Flüssen, beim Verbau von Wildbächen und der Nutzungserschließung von steilen Hochalmen usf. versucht man durch Maßnahmen der Renaturierung zu heilen. – Letztlich beruht das Artensterben auf der intensiven Landnutzung allüberall, auch auf der Überfischung. Über 22.000 Arten gelten heute als bedroht (2015), viele Arten sind restlos ausgestorben. – Durch die zu beobachtende transglobale Arteninvasion werden viele einheimische Naturbereiche destabilisiert und geschädigt.

• Täglich werden weltweit ca. 35.000 Hektar Wald vernichtet, es ist überwiegend Tropenwald. Betroffen sind Südamerika (Amazonien), Afrika und Asien (Indonesien). Vieles geschieht illegal, wohl 50 % und mehr. Der Zweck des Einschlags der tropischen Hölzer ist unterschiedlich, einerseits Verkauf und Ausfuhr der wertvollen Hölzer, andererseits Anlage von Mais- und Sojaplantagen zur Kraftfutterproduktion für Fleischvieh sowie von Ölpalmenplantagen und Zuckerrohrfeldern zwecks Biospriterzeugung, vgl. [58].

• Jenen Entwicklungsländern, die über Naturreichtum (noch) verfügen, ist nicht zu verdenken, dass sie diese Ressourcen vermarkten und versuchen, daraus Nutzen zu ziehen. Wenn die Erlöse aus diesem Tun nur wenigen Eliten zugutekommen und hieraus keine entwickelten Gesellschaften mit nachhaltiger Wirtschaft und Bildung hervorgehen, verflüchtigt sich der Gewinn alsbald. Die entwickelten Länder wären hier in einer besonderen Pflicht mit Geld und Wissen zu helfen, wohl nochmals nachdrücklicher, als sie es schon heute mit ihrer Entwicklungshilfe tun. Anderenfalls werden die Konflikte in den unterentwickelten und übervölkerten Ländern weiter ansteigen und die Flüchtlingsströme anhalten und sich verstärken (s. o.).

• Neben Nahrung und Wasser bedarf es ausreichender Energie und das mit dem Vorsatz eines nachhaltig deutlich erniedrigten CO_2-Ausstoßes. Das sind zwei sich eigentlich ausschließende Ziele. An der Erschließung und Entwicklung alternativer Energietechniken wird mit Hochdruck gearbeitet. Ein auch nur annähernd ausreichender Ersatz für die versiegenden fossilen Energieträger Erdöl und Erdgas ist mittelfristig nicht erkennbar, auf lange Sicht eine Illusion. Kohle

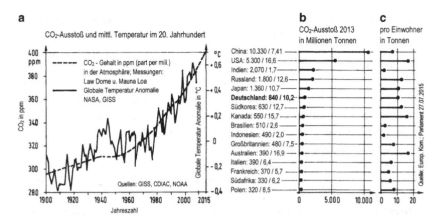

Abb. 1.8

steht noch reichlich zur Verfügung. Der mit der Kohleverbrennung verbundene hohe CO_2-Ausstoß verbietet eigentlich ihre Verwertung. Auch wenn es verstörend ist, man wird noch lange auf Stein- und Braunkohle angewiesen sein.

- Mit dem Anwachsen der Erdbevölkerung und ihrem Streben nach höherem Lebensstandard steigt der Energiebedarf. Für die Schwellenländer, Indien und China, gilt das in besonderer Weise. Beide Länder verfügen über große Vorräte an Steinkohle. Mit ihrer Nutzung ist ein hoher CO_2-Ausstoß verbunden.

- Diese Entwicklung ist auch in anderen Regionen Asiens und in Südamerika zu beobachten. Parallel zur fossilen Energienutzung steigen CO_2-Austoß und dadurch die mittlere Temperatur in der Atmosphäre. In Abb. 1.8a ist dieser Zusammenhang für das 20. Jh. dargestellt. In Teilabbildung b sind jene CO_2-Mengen angegeben, die von den einzelnen Ländern in die Atmosphäre abgegeben werden, absolut und bezogen auf die Einwohneranzahl.

- Die mittlere Erdtemperatur wird weiter ansteigen. Diese globale Erwärmung geht mit einem Klimawandel einher [59, 60]. Die Schätzungen bis zum Jahre 2100 sind unsicher. Bei unvermindert hohem CO_2-Ausstoß oder gar steigendem, wird ein Anstieg um 4 °C für möglich gehalten, das wäre eine Katastrophe, vgl. Bd. III, Abschn. 3.8.5. Mit den auf den internationalen Klimakonferenzen (bis ins Jahr 2015 waren es 20) abgestimmten Maßnahmen, soll ein Anstieg der mittleren Temperatur auf Erden auf 2 °C, besser auf 1,5 °C, beschränkt bleiben, bezogen auf die vorindustrielle Epoche, also auf die Zeit etwa Ende des 19. Jh.

Das Erreichen des Ziels setzt strenge Einschränkungen voraus. Durch das weitere Abschmelzen der Gletscher in Grönland und einem Teil des Antarktiseises wird der Meeresspiegel ansteigen: Die Prognosen sagen bis 2100 einen Anstieg um 0,3 bis 0,8 m voraus. Das wird für Länder auf Meeresniveau gravierende Folgen haben; die Malediven werden untergehen, Bangladesch zur Hälfte, etwa 170 Millionen Menschen werden betroffen sein (die Zahl gilt für 2015). – Sollten die Permafrostböden in den sibirischen und kanadischen Tundren auftauen, würden riesige Mengen an CO_2 und CH_4 (Methan) freigesetzt.

- Mit dem Temperaturanstieg wächst die Waldbrandgefahr.
- Welche alternativen Energietechniken stehen zur Verfügung? Wasserkraft, Windkraft, Geothermie, Solarenergie, Bioenergie. (Mit Wasserstofftechnologie lässt sich keine Energie gewinnen, sie hat den Charakter eines Energiemittlers: In einem energieaufwendigen Verfahren muss Wasserstoff zunächst durch Trennung von Wasser (H_2O) in Wasserstoff und Sauerstoff gewonnen werden; der Wirkungsgrad der Technik ist eher gering). Zur Thematik ‚Erneuerbare Energien‘ vgl. Bd. II, Abschn. 3.5.7. – Der nicht zu behebende Schwachpunkt der Wind- und Solarenergietechnik ist ihr schwankendes Angebot. Dem muss auf Dauer mit einer ausreichend verfügbaren Speicherkapazität für den erzeugten Strom und eine grenzübergreifende Vernetzung begegnet werden. Ein solches Gelingen setzt die Akzeptanz der Bevölkerung für die hiermit verbundenen Eingriffe voraus.
- Durch Einsparung des Verbrauchs und Steigerung der Effizienz beim Energieeinsatz lässt sich viel bewirken, insbesondere bei Gebäuden. Sie sind im Mittel mit 40 % am Energieverbrauch beteiligt (Heizung, Klimatisierung). – Noch entscheidender wird sein, in weit es gelingt, den CO_2- und Schadstoffausstoß des Land-, Luft- und Seeverkehrs zu reduzieren. Diesbezüglich liegen die Hoffnungen in der Elektromobilität, wobei allerdings vielfach übersehen wird, dass der Strom zunächst erzeugt werden muss.
- Für das Auffangen des CO_2-Ausstoßes gibt es bislang keine Technik, die sich in großem Maßstab einsetzen ließe. Einlagerungstechniken in tiefe Erdschichten oder im Tiefmeer werden erprobt (Bd. II, Abschn. 3.5.6.2). Vorschläge, Algenfarmen auf dem Meer durch Eisendüngung zwecks Absorption der Treibhausgase anzulegen oder Schwefeldioxidpartikel in die Atmosphäre zwecks Abschattung der Sonneneinstrahlung einzublasen, sind eher hilflose, abstruse Vorschläge mit unbekannten Nebenwirkungen. Diese Form des sogen. Geoengineering wird zu Recht abgelehnt. Sie führen im Bewusstsein der Allgemeinheit zu einer vermeintlichen Problemschärfung und im Ergebnis bei den Anstrengungen um eine CO_2-Reduzierung zum Nichtstun. – Der natürliche Abbau von CO_2 in der Atmosphäre vollzieht sich nur langsam oder gar nicht,

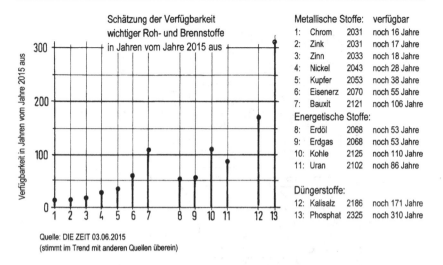

Abb. 1.9

insbesondere, wenn die großen Wälder weiter abgeholzt werden. Der durch CO_2 verursachte Treibhauseffekt wird daher noch lange wirksam bleiben, auch wenn der Ausstoß von CO_2 zügig gedrosselt werden sollte.

• Wie es mit der künftigen Verfügbarkeit der wichtigsten metallischen und energetischen Rohstoffe aussieht, zeigt Abb. 1.9 (vgl. hier auch Bd. II, Abschn. 3.5.6.3 und Bd. IV, Abschnitte 2.4.2/3). Ressourcenvorhersagen dieser Art sind schwierig. Das weiß man seit dem ersten Bericht des ‚Club of Rome‘ aus dem Jahre 1972. Insofern sind auch hier die Angaben in Abb. 1.9 nur als Anhalte zu begreifen. Selbst wenn man die Werte mit einem frei gewählten Faktor multipliziert, gibt es keinen Zweifel: Die Quellen werden auf kurze oder lange Sicht zur Neige gehen.

Je knapper das Gut wird, umso mehr kommen auch aufwendigere Fördertechniken zum Einsatz. Die Erschließung von Schieferöl und -gas mittels Fracking ist dafür ein Beispiel (Bd. II, Abschn. 3.5.6.2). – Unter dem Boden der Tiefsee werden noch größere Ölvorkommen vermutet, auch in der Arktis-Region. Man wird versuchen sie zu erschließen, auch wenn die Risiken groß sind und ihre Nutzung der CO_2-Bilanz schadet. – Strom kann mittels Kernenergie ohne CO_2-Ausstoss gewonnen werden, weltweit sind 435 Reaktorblöcke im Einsatz (2015), ca. 50 sind im Bau und wohl die gleiche Anzahl in der Planung (Bd. IV, Abschn. 1.2.4.4).

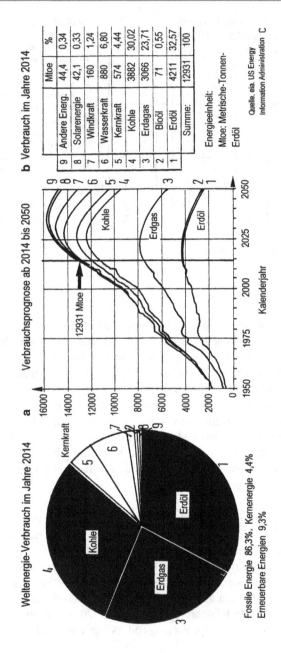

Abb. 1.10

Deutschland wird im Jahre 2022 vollständig aus der Kernenergie aussteigen. Wind- und Solarenergie sind hier mit ca. 4 % am Primärenergieaufkommen beteiligt, zur Bruttostromenergie tragen sie 19,3 % bei (2015, Bd. II, Abschn. 3.5.4). Von einer Energie-Wende ist das Land weit entfernt, es ist eher angebracht, von einer **Stromenergie-Wende** zu sprechen.

Dass die Lage auf dem Energiesektor wirklich dramatisch ist, verdeutlicht Abb. 1.10: Aus Teilabbildung a wird erkennbar, wie gering der Beitrag der Erneuerbaren am Primärenergie-Aufkommen im weltweiten Maßstab ist und wie stark die Fossilen immer noch an der Energieversorgung beteiligt sind (parallel steigt der CO_2-Ausstoss). Es wurde schon erwähnt, Energieprognosen sind unsicher und zudem stark davon abhängig, wer sie erstellt. Das wird deutlich, wenn man die Prognosen der OPEC-Staaten jenen der NOPEC-Staaten oder anderer Organisationen gegenüberstellt (vgl. hier Bd. II, Abschn. 3.5.6.3).

1.7.4 Ausblick

Viele fragen sich: Wie wird es im Erdzeitalter des Anthropozäns weiter gehen, wie wird die Zukunft aussehen? Eines ist gewiss:

Die menschliche Zivilisation wird weiter anwachsen, ihr Bedarf an Nahrung, an Roh- und Brennstoffen wird weiter steigen, die Verfügbarkeit über Letztere wird gleichzeitig sinken.

Das Dilemma, in welchem sich der Homo sapiens inzwischen befindet, ist sehr groß: Lebensraum und Ressourcen sind begrenzt, sie sind weitgehend in Besitz genommen, weitgehend in der Nutzung, weitgehend verbraucht.

Trotz der dem Menschen eigenen hoch entwickelten Intelligenz und sozialen Kompetenz scheint das Gros der Menschen außerstande zu sein, die Herausforderungen und Gefahren seiner Existenz in ihrer globalen und zeitlichen Dimension zu sehen, zu begreifen und darauf rational zu reagieren. Von seiner Entwicklung her beschränkt sich die Sicht des einzelnen Menschen auf das für ihn Überschaubare vor Ort, auf die Zeitspanne des Jetzt. Alles, was darüber hinausgeht, überfordert ihn, ist zu abstrakt, bleibt ohne innere Teilnahme, ohne Konsequenz, ohne freiwillige persönliche Einschränkung der ihm vermeintlich zustehenden, gewohnten Ansprüche.

Und schließlich: Wer kann es den Unterprivilegierten verdenken, jenen Wohlstand und jene Mobilität anzustreben, die den Privilegierten in den entwickelten Industrieländern (bei gleichzeitiger Ausbeutung der vorhandenen Ressourcen, meist nicht der eigenen) bislang vergönnt waren und sind.

Gerne wird argumentiert:

Irgendwie wird's schon weiter gehen. Durch neue Erfindungen, neue Techniken konnten bislang noch alle Krisen bewältigt werden.

Oder:

Dann holen wir uns die Rohstoffe von anderen Planeten.

Was für törichte und leichtfertige Argumente!

Die zu bewältigenden Aufgaben und Herausforderungen sind globaler Natur,
sie lassen sich demgemäß nur global lösen. Es bedarf dazu gewaltiger geistiger, po-
litischer und finanzieller Anstrengungen. Die unterschiedlichen politischen Strukturen und Wertesysteme der verschiedenen Gesellschaften und Regionen erschweren Vereinbarungen mit gegenseitig verbindlichen Absprachen und Verpflichtun-
gen. An Konferenzen guten Willens mangelt es nicht. Es gibt viele richtige Ziel-
setzungen. Was nützen sie, wenn die Menschen sie sich nicht persönlich zu eigen
machen? Wie soll der Einzelne das alles noch überblicken? Wird es gelingen, die
mit den unterschiedlichen Interessen verbundenen Verteilungskonflikte friedlich
zu lösen oder sind eher schwere politische und soziale Verwerfungen in weltwei-
tem Rahmen zu befürchten? Über Wege, wie solchen Entwicklungen zu begegnen
wäre, gibt es viele kluge Gedanken, auch über deren Gefahren [61–72].

Es gehört zu den natürlichsten Bestrebungen von Eltern, ihren Kindern, besse-
re, mindestens gleich gute und gleichsichere, Lebensbedingungen wie die eigenen
zu hinterlassen. Diese familiäre Ethik wird künftig in unterentwickelten Gesellschaften eher gelingen (wenn auch auf einem noch so bescheidenen und unvoll-
kommenen Niveau), in entwickelten eher nicht. Hier wird man sich auf längere
Sicht auf Abstriche einrichten müssen. Das wird in friedlicher Weise nur gelingen,
wenn sich in diesen Gesellschaften ein durchgreifender Bewusstseinswandel bei
den Menschen hinsichtlich ihrer Ansprüche und Bedürfnisse einstellt. Trotz Einschränkung kann das Leben glücklich und erfüllt verlaufen. Es wird anders und
nicht mehr mit der heutigen Zeit vergleichbar sein.

Wegen der demographischen Entwicklung mit einer wachsenden Anzahl ihres gleichen auf der einen Seite und der ökologisch/ökonomischen Entwicklung
mit weniger Ressourcen auf der anderen, wird es den Menschen der kommenden Weltgesellschaften (im Gegensatz zu den bisherigen) nicht möglich sein, ihren
Nachkommen in der jeweils nachfolgenden Generation eine Erde zu hinterlassen,
in der es vergleichbar gut zugeht wie in der momentanen. Das ist eine traurige Einsicht. Dennoch sollte aus Verantwortung für die noch nicht lebenden Menschen

ferner Generationen das Ziel, es möge ihnen gleich gut gehen wie der gegenwärtigen, das allgemeine praktische Tun und Planen bestimmen, eigentlich eine selbstverständliche Forderung, ein Gebot mitmenschlicher Zukunftsethik. Ihr sollten sich alle gemeinsam verpflichtet fühlen. Das sehen offensichtlich nicht alle so, anderenfalls gäbe es nicht so viel Unfrieden auf Erden. Welch' ein Segen wäre es, wenn sich alle Religionen in gegenseitiger Achtung zu einem weltumspannenden Friedenspakt zusammenschließen würden, was nicht Vereinheitlichung ihrer Verkündung bedeutet.

Die Förderung der Bildung sollte weltweit als übergeordnetes Prinzip an erster Stelle stehen. Zum einen, weil Bildung das Leben des Einzelnen bereichert, zum anderen, weil nur in gebildeten Gesellschaften die Bevölkerungszahl sinkt. Ausbildung und Weiterbildung sind in allen Gesellschaften die beste Investition. Nur wenn die Zahl der Menschen langfristig abnimmt, und das deutlich, wird die Menschheit mit den dann noch vorhandenen Ressourcen weiter existieren können.

Literatur

1. SCHLEBERGER, E.: Die indische Götterwelt – Gestalt, Ausdruck und Symbole. Köln: Diederichs 1986

2. MICHAELS, A.: Der Hinduismus – Geschichte und Gegenwart. München: Beck 2006

3. GRUSCHKE, A.: Mythen und Legenden der Tibeter – Von Kriegern, Mönchen, Dämonen und dem Ursprung der Welt. Köln: Diederichs 1996

4. LAMA, D.: Einführung in den Buddhismus. München: Herder Spektrum 2009

5. HANH, T.H.: Wie Siddhartha zum Buddha wurde – Eine Einführung in den Buddhismus. München: dtv Verlag 2006

6. ESS, H. v.: Konfuzianismus. München: Beck 2003

7. ZOTZ, V.: Der Konfuzianismus. Wiesbaden: Marix Verlag 2015

8. LITTLETON, C.: Shintoismus – Religionen verstehen. Köln: Fleurus Idee Verlag 2005

9. NAUMANN, N.: Mythen des alten Japans. Köln: Anakonda Verlag 2011

10. UHLENHOFF, R. (Hrsg.): Anthroposophie in Geschichte und Gegenwart. Berlin. Berliner Wissenschaftsverlag 2011

11. SCHMIDT, K.: Sie bauten die ersten Tempel – Die archäologische Entdeckung von Göbekli-Tepe, 3. Aufl. München: Beck 2007

12. ELIADA, M.: Die Schöpfungsmythen. Düsseldorf: Patmos Verlag 2002

13. SHAW, G.J.: Götter am Nil – Ägyptische Mythologie für Einsteiger. Darmstadt: Wissenschaftliche Buchgesellschaft 2015

14. ASSMANN, J.: Tod im Jenseits im alten Ägypten. München: Beck 2001

15. ASSMANN, J. u. KUCHAREK, A. (Hrsg.): Ägyptische Religion – Totenliteratur. Frankfurt a. M.: Insel Verlag, Verlag der Weltreligionen 2004

16. BUCHHEIM, T.: Die Vorsokratiker – Ein philosophisches Porträt. München: Beck 1994

17. VOLKMANN-SCHLUCK, K.-H.: Die Philosophie der Vorsokratiker – Der Anfang der abendländischen Metaphysik. Würzburg: Königshausen u. Neumann Verlag 1992

18. ANGEHRN, E.: Der Weg zur Metaphysik – Vorsokratik, Platon, Aristoteles. Weilerswist: Velbrück Wissenschaftsverlag 2005

19. VERWEYEN, H.: Philosophie und Theologie – Vom Mythos zum Logos zum Mythos. Darmstadt: Wissenschaftliche Buchgesellschaft 2005

20. SCHULLER, W.: Griechische Geschichte, 5. Aufl. München: Oldenbourg Wissenschaftsverlag 2002

21. KRANZ, W.: Die griechische Philosophie. Köln: Anaconda Verlag 2006 (ursprünglich 1941)

22. RIES, W.: Die Philosophie der Antike. Darmstadt: Wissenschaftliche Buchgesellschaft 2005

23. BREIL, R. (Hrsg.): Naturphilosophische Texte. Freiburg/München: Karl Alber Verlag 2000

24. BUCHHEIM, T.: Aristoteles. Freiburg: Herder Spektrum 2004

25. FLASHAR, H.: Aristoteles – Lehrer des Abendlandes. München: Beck 2013

26. RAPP, C. u. CORCILIUS, K. (Hrsg.): Aristoteles – Handbuch: Leben, Werk, Wirkung. Stuttgart: Metzler 2011

27. WIELAND, W.: Die aristotelische Physik – Untersuchungen über die Grundlegung der Naturwissenschaft und die sprachlichen Bedingungen der Prinzipienforschung bei Aristoteles, 2. Aufl. Göttingen: Vandenhoeck & Ruprecht 1970

28. BÜHRKE, Th.: Die Sonne im Zentrum – Aristoteles von Samos. München: Beck 2009 (als Roman)

29. LUKREZ: De rerum natura – Über die Natur der Dinge, übersetzt von H. DIELS (1924): München: Artemis & Winkler Verlag 1993. – LUKREZ: De rerum natura – Über die Natur der Dinge, übersetzt von K. BINDER: Berlin: Galinai Verlag 2014

30. JÜRSS, F. (Hrsg.): Griechische Atomisten – Texte und Kommentare zum materialistischen Denken in der Antike. Berlin: Verlag das europäische Buch 1984

31. PLINIUS der ÄLTERE; VOGEL, M.: Die Naturgeschichte des Plinius Secundus, 2 Bände: Wiesbaden: Marix Verlag 2007 (ursprünglich 1881)

32. Al-KAALILI, J.: Im Haus der Wahrheit – Die arabischen Wissenschaften als Fundament unserer Kultur. Frankfurt a. M.: Fischer 2011

33. Mercator Gesellschaft (Hrsg.): Häuser der Wahrheit – Wissenschaft im Goldenen Zeitalter des Islam. Mainz: Nünnerich-Asmus Verlag 2015

34. SOUKUP, P.: Jan Hus – Prediger, Reformator, Martyr. Stuttgart: Kohlhammer Verlag 2014

35. ANTONETTI, P.: Savonarola – Die Biographie. Düsseldorf: Patmos Verlag 2007

36. NAUMANN, F.: Georgius Agricola – Berggelehrter, Naturforscher, Humanist: Erfurt: Sutton Verlag 2007

37. SOBEL, D.: Und die Sonne stand still – Wie Kopernikus unser Weltbild revolutionierte. Berlin: Berlin Verlag 2012

38. HAMEl, J.: Nicolaus Copernicus – Werk und Wirkung. Heidelberg: Spektrum Akademischer Verlag 1994

39. SLOTERDIJK, P. (Hrsg.): Giordano Bruno – Ausgewählte Texte. München: Deutscher Taschenbuchverlag 1999

40. BLUM, P.R.: Giordano Bruno, München: Beck 1999

41. SCHUPP, F.: Geschichte der Philosophie im Überblick, 3 Bände. Hamburg: Felix Meiner Verlag 2003

42. HELFERICH, C.: Geschichte der Philosophie – Von den Anfängen bis zur Gegenwart und Östliches Denken, 4. Aufl. Stuttgart: Metzler 2012

43. VOSSENKUHL, W. u. LESCH, H.: Die großen Denker – Philosophie im Dialog, 3. Aufl. München: Verlag Komplett-Media 2012

44. KREIMENDAHL, L. (Hrsg.): Philosophen des 18. Jahrhunderts. Darmstadt: Wissenschaftliche Buchgesellschaft 2000

45. DÜLMEN, R. v. u. RAUSCHENBERG, S. (Hrsg.): Macht des Wissens – Die Entstehung der modernen Wissenschaft. Köln/Weimar: Böhlau Verlag 2004

46. FUCHS, W.R.: Bevor die Erde sich bewegte – Eine Weltgeschichte der Physik. Reinbek: Rowohlt 1978

47. KÜHN, W.: Ideengeschichte der Physik – Eine Analyse der Entwicklung der Physik im historischen Kontext. Wiesbaden: Vieweg 2001

48. SIMONYI, K.: Kulturgeschichte der Physik – Von den Anfängen bis heute, 3. Aufl. Frankfurt a. M.: Wissenschaftsverlag Harri Deutsch 2004

49. SIEROKA, N.: Philosophie der Physik – Eine Einführung. München: Beck 2014

50. MEYENN, K. v. (Hrsg.): Die großen Physiker, 2 Bände. München: Beck 1997 und WUSSING, H.L. et.al. (Hrsg.): Fachlexikon Forscher und Erfinder, 2. Aufl. Hamburg: Nikol Verlag 2005

51. HOFFMANN, D., LAITKO, H. u. MÜLLER-WILLE, S.: Lexikon der bedeutendsten Naturwissenschaftler. Heidelberg: Spektrum Akademischer Verlag 2006

52. Fachlexika der Naturwissenschaften, jeweils einzeln für Mathematik, Physik, Biologie, Geowissenschaften, Geographie, Psychologie, Arzneipflanzen und Drogen, Naturforscher: Darmstadt: Spektrum Akademischer Verlag

53. MÖLLER, N., SCHWÄGERL, C. u. TRISCHLER, H. (Hrsg.): Willkommen im Anthropozän – Unsere Verantwortung für die Zukunft der Erde. Katalog zur Ausstellung Deutsches Museum München. München: Deutsches Museum Verlag 2015

54. GDCh (Hrsg.): Der Menschen Planet – Aufbruch ins Anthropozän. Beilage in: Spektrum der Wissenschaft, Oktober-Heft 2015

55. Bundeszentrale für politische Entwicklung – Bevölkerungsentwicklung: www.bdb.de/wissen/bevoelkerungswachstum.html, siehe auch: www.worldhistorysite.com/population.html

56. United Nations Population Information Network (Popin): www.undp.org/popin/popin.html

57. Deutsche Stiftung Weltbevölkerung: www.dsw-online.de

58. MARTIN, C.: Endspiel – Wie wir das Schicksal der tropischen Regenwälder noch wenden können. München: oekom Verlag 2015

59. RAHMSDORF, S. u. SCHELLNHUBER, H.-J.: Der Klimawandel: Diagnose, Prognose, Therapie. München Beck 2012

60. LATIF, M.: Globale Erwärmung. Stuttgart: Utb GmbH Verlag 2012

61. HAHLBROCK, K.: Kann unsere Erde die Menschen noch ernähren? – Bevölkerungsexplosion, Umwelt, Gentechnik. Frankfurt a. M.: Fischer 2008

62. SCHMIDT-BLEECK, F.: Nutzen wir die Erde richtig? – Die Leistungen der Natur und die Arbeit des Menschen. Frankfurt a. M.: Fischer 2008

63. SCHWÄGERL, C.: Menschenzeit – Zerstören oder gestalten? Die entscheidende Epoche unseres Planeten. München: Riemann Verlag 2010

64. CRUTZEN, P.J., DAVIS, M., MASTRANDREA, M.D., SCHEIDER, S.H. u. SLOTERDIJK, P.: Das Raumschiff Erde hat keinen Notausgang. Frankfurt a. M.: Edition Unseld Verlag 2011

65. SMITH, L.C.: Die Welt im Jahre 2050 – Die Zukunft unserer Zivilisation. München: Deutsche Verlagsanstalt 2011

66. RELLER, A. u. HOLDINGHAUSEN, H.: Wir konsumieren uns zu Tode. Frankfurt a. M.: Westend Verlag 2013

67. WELSER, H. u. WIEGANDT, K.: Wege aus der Wachstumsgesellschaft. Frankfurt a. M.: Fischer 2013

68. SCHNEIDER, W.: Der Mensch – Eine Karriere. Hamburg: Rowohlt 2008

69. HAMPE, M.: Tunguska oder das Ende der Natur. München: Hanser 2011

70. SCHMIDBAUER, W.: Das Floß der Medusa – Was wir zum Überleben brauchen. Hamburg: Murrmann Verlag 2012

71. LATOUR, B.: Existenzweisen. Eine Anthropologie der Moderne. Berlin: Suhrkamp 2014

72. HABER, W., HELD, M., VOGT, M. (Hrsg.): Die Welt im Anthropozän. Erkundungen im Spannungsfeld zwischen Ökologie und Humanität. München: Oekom Verlag 2016

Grundbegriffe und Grundfakten

2

In diesem Kapitel werden eine Reihe naturwissenschaftlicher Begriffe, Befunde und Fakten zusammengestellt. Sie bilden die Grundlage für die Ausführungen in den Kapiteln der folgenden Bände. Dort werden sie erweitert, vertieft und durch Anwendungen ergänzt.

2.1 Größen (Skalare und Vektoren) und ihre Größenordnung

In den Naturwissenschaften hat man es mit materiellen und nichtmateriellen Objekten zu tun, z. B. mit Körpern aus unterschiedlichen Stoffen und mit Strahlen unterschiedlicher Beschaffenheit. Sie befinden sich in Raum und Zeit. Sie ruhen oder bewegen sich, sie wandeln sich und gehen ineinander über.

Ihre Größe und ihre Wechselwirkung mit anderen Erscheinungen bedürfen einer korrekten Beschreibung. Unterschieden werden:

- ungerichtete Größen = Skalare und
- gerichtete Größen = Vektoren.

Skalare werden durch die Angabe ihrer Maßzahl und Einheit, Vektoren durch die Angabe ihrer Maßzahl, Einheit und Richtung in Bezug auf ein vereinbartes Koordinatensystem beschrieben.

Beispiele für Skalare sind: Zeit t, Temperatur ϑ, T, Masse m, elektrische Ladung Q, Energie E.

Beispiele für Vektoren sind: Weg $\vec{s}$, Geschwindigkeit $\vec{v}$, Beschleunigung $\vec{a}$, Impuls $\vec{p}$, Kraft $\vec{F}$.

Die Schreibweise der Vektoren ist unterschiedlich: $\vec{F}$ (hier gewählt), $\underline{F}$ oder $\boldsymbol{F}$.

Abb. 2.1

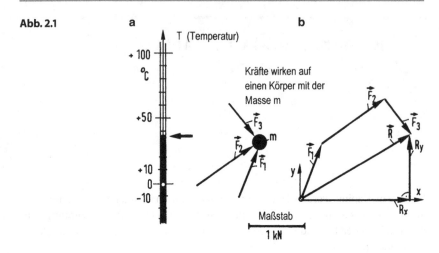

Ein Skalar ist geometrisch als Strecke beliebiger Orientierung vorstellbar. Die Länge der Strecke ist proportional zum Zahlenwert des Skalars.

Vektoren werden als gerichtete Pfeile dargestellt. Deren Länge gibt den Betrag des Vektors an. Abb. 2.1 zeigt Beispiele: Teilabbildung a ist ein Beispiel für die Darstellung eines Skalars, Teilabbildung b für die Darstellung von Vektoren. In Teilabbildung a ist ein Thermometer mit einer Temperaturskala in °C (Grad Celsius) dargestellt. Teilabbildung b zeigt einen Körper der Masse m, auf den drei Kräfte, $\vec{F}_1$, $\vec{F}_2$, $\vec{F}_3$, einwirken. Sie bauen in einem separaten Krafteck (durch Parallelverschiebung erzeugt) die Resultierende $\vec{R}$ auf; diese hat die Komponenten R_x und R_y. Der Maßstab für die Kräfte ist in der Abbildung angegeben.

Die Werte der Maßzahlen, mit denen die Größen auftreten, unterscheiden sich erheblich, etwa in der Atomtheorie oder in der Astronomie. Die Abmessungen eines Quarks liegen im Bereich 10^{-18} m, jene des Kosmos erreichen 10^{+26} m und mehr. Es ist in solchen Fällen zweckmäßig, von der Exponentialdarstellung der Zahlen Gebrauch zu machen (zum Rechnen mit Potenzen, vgl. Abschn. 3.3.2). Für die Vorsätze gibt es (im SI) die in Abb. 2.2 zusammengefassten Zeichen und Namen.

Benennungen des alltäglichen Gebrauchs sind neben Million für 10^6 und Milliarde für 10^9: Billion: 10^{12}, Billiarde: 10^{15}, Trillion: 10^{18}, Trilliarde: 10^{21}. Man beachte: In den USA bedeuten: billion: 10^9 = Milliarde, trillion: 10^{12} = Billion, usf.

Abb. 2.2

y	Yocto	10^{-24}	0,000 000 000 000 000 000 000 001
z	Zepto	10^{-21}	0,000 000 000 000 000 000 001
a	Atto	10^{-18}	0,000 000 000 000 000 001
f	Femto	10^{-15}	0,000 000 000 000 001
p	Piko	10^{-12}	0,000 000 000 001
n	Nano	10^{-9}	0,000 000 001
µ	Mikro	10^{-6}	0,000 001
m	Milli	10^{-3}	0,001
c	Zenti	10^{-2}	0,01
d	Dezi	10^{-1}	0,1
-	-	10^{0}	1
da	Deka	10^{1}	10
h	Hekto	10^{2}	100
k	Kilo	10^{3}	1 000
M	Mega	10^{6}	1 000 000
G	Giga	10^{9}	1 000 000 000
T	Tera	10^{12}	1 000 000 000 000
P	Peta	10^{15}	1 000 000 000 000 000
E	Exa	10^{18}	1 000 000 000 000 000 000
Z	Zeta	10^{21}	1 000 000 000 000 000 000 000
Y	Yotta	10^{24}	1 000 000 000 000 000 000 000 000

2.2 System International (SI) – SI-Basiseinheiten – Naturkonstanten

Unter Messen versteht man die Prüfung, wie oft eine Größe in einer anderen, die als **Maßeinheit** (als ‚Normal‘ international) vereinbart ist, aufgeht. Die quantitative Beschreibung erfolgt durch die **Maßzahl**. Beispiel: Bei einer Länge von 3,0 m ist 3,0 die Maßzahl und m (Meter) die Maßeinheit. – Im Laufe der historischen Entwicklung der Naturwissenschaften, Technik und Ökonomie hatten sich aus den sachlichen Bedürfnissen und Genauigkeitsanforderungen heraus unterschiedliche Maßsysteme und Einheiten (physikalische und technische Maßsysteme, metrische und nichtmetrische Einheiten) entwickelt. Dieser Zustand konnte inzwischen international bereinigt werden: Der Gesetzgeber der Bundesrepublik Deutschland verfügte mit dem Bundesgesetz v. 02.07.1969 ‚Gesetz über Einheiten im Messwesen‘ nebst den dazu gehörigen Ausführungsbestimmungen v. 26.06.1970 eine Umstellung der Einheiten nach dem ‚Internationalen Einheitensystem‘ (SI = Le System International d'Unites), in der auf der Generalversammlung für Maß und Gewicht 1954 verabschiedeten Fassung. Das SI ist kohärent, d. h., sämtliche Einheiten sind durch Einheitengleichungen miteinander verbunden; in diesen kommt kein von Eins verschiedener Zahlenfaktor vor (z. B.: $N = kg \cdot m \cdot s^{-2}$, Einheit für die Kraft).

Die folgende Zusammenstellung zeigt die verbindlichen SI-Basiseinheiten:

Masse: Kilogramm kg	Das Kilogramm ist die Einheit der Masse; es ist gleich der Masse des Internationalen Kilogrammprototyps
Länge: Meter m	Das Meter ist die Länge jener Strecke, die Licht im Vakuum während der Dauer von ($1/299.792.458$) Sekunden zurücklegt
Zeit: Sekunde s	Die Sekunde ist das $9.192.631.770$-fache der Periodendauer der dem Übergang zwischen den beiden Hyperfeinstruktur-niveaus des Grundzustandes von Atomen des Nuklids ^{133}Cs entsprechenden Strahlung
Elektrische Stromstärke: Ampere A	Das Ampere ist die Stärke eines konstanten elektrischen Stromes, der, durch zwei parallele, geradlinige, unendlich lange und im Vakuum im Abstand von einem Meter voneinander angeordnete Leiter von vernachlässigbar kleinem, kreisförmigem Querschnitt fließend, zwischen diesen Leitern von je einem Meter Leiterlänge die Kraft $2 \cdot 10^{-7}$ Newton hervorrufen würde
Temperatur: Kelvin K	Das Kelvin ist die Einheit der thermodynamischen Temperatur; es ist der $273,16$te Teil der thermodynamischen Temperatur des Tripelpunktes des Wassers (dieser liegt $0,01$ K über dem absoluten Nullpunkt)
Stoffmenge: Mol mol	Das Mol ist die Stoffmenge eines Systems, das aus ebenso vielen Einzelteilchen besteht, wie Atome in $0,012$ Kilogramm des Kohlenstoffnuklids ^{12}C enthalten sind. Bei Benutzung des Mol müssen die Einzelteilchen spezifiziert sein und können Atome, Moleküle, Ionen, Elektronen sowie andere Teilchen oder Gruppen solcher Teilchen genau angegebener Zusammensetzung sein
Lichtstärke: Candela cd	Die Candela ist die Lichtstärke in einer bestimmten Richtung einer Strahlungsquelle, die monochromatische Strahlung der Frequenz $540 \cdot 10^{12}$ Hertz aussendet und deren Strahlstärke in dieser Richtung ($1/683$) Watt durch Steradiant beträgt

Ausgehend von den Basiseinheiten wurden sogen. ,abgeleitete' Einheiten (gesetzlich) eingeführt; sie werden an späterer Stelle erklärt.

Hinweis

Es empfiehlt sich, bei den Zahlenrechnungen alle Größen mit ihren Basiseinheiten anzusetzen. Dann ergibt sich das Ergebnis kohärent mit der für die Ergebnisgröße richtigen Einheit! Außerdem sollte man sich der (wissenschaftlichen) Potenzschreibweise bedienen (vgl. Abschn. 3.3.2 und Abb. 2.2) und hierbei die beteiligten Zahlen so umformen, dass sich jeweils

Abb. 2.3

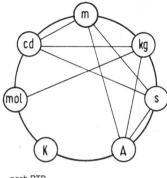

nach PTB

ein einzahliger Wert vor der Basiszahl 10 ergibt! Beispiel: $431,20 \cdot 10^{-4}$ sollte man zweckmäßig in $4,3120 \cdot 10^{-2}$ umformen; dazu multipliziert man die umzuformende Zahl mit der Identität: $10^{-2} \cdot 10^{+2} = 0,01 \cdot 10^{+2}(= 1)$. – Soll eine quadratische Wurzel gezogen werden, muss die Zahl so umgeformt werden, dass der Exponent durch 2 teilbar ist, bei einer kubischen Wurzel muss der Exponent durch 3 teilbar sein, usf.

Abb. 2.3 zeigt, dass zwischen den sieben Basisgrößen des SI gewisse Verknüpfungen bestehen, Quelle: PTB. PTB steht für Physikalisch-Technische Bundesanstalt Braunschweig, Bundesallee 100, D-38116 Braunschweig. Von den Internetseiten dieser Behörde können interessante Informationen zur Metrologie (Maß- und Gewichtskunde) bezogen werden.

Im 20. Jahrhundert ist es der Physik gelungen, tiefe Einsichten in den atomaren Aufbau der Materie zu gewinnen. Durch eine große Zahl erfolgreicher Versuche mit Teilchen-Beschleunigern an unterschiedlichen Instituten konnten die Einblicke und das Verständnis zur Atomistik grundlegend erweitert werden. Zu nennen sind hier u. a.:

- TEVATRON am FNAL (Fermi National Accelerator Laboratory), Chicago
- HERA am DESY (Deutsches Elektronen Synchrotron), Hamburg
- LEP am CERN (Conseil Europén pour la Recherche Nucléaire), Genf

Weitere Einsichten erwarten die Teilchenphysiker von den Versuchen mit dem Beschleuniger

- LHC am CERN.

1. Anmerkung

Der Beschleuniger TEVATRON ist seit 1974 in Betrieb, Ringumfang 6,5 km. – HERA steht für ‚Hadron-Elektronen-Ring-Anlage', Umfang 6,3 km. Die Anlage war am DESY von 1990 bis 2007 im Einsatz. – Das LEP (‚Large-Electron-Positron-Collider'), Umfang 27 km, war von 1989 bis 2000 in Betrieb. CERN steht eingedeutscht für ‚Europäische Organisation für Kernforschung'.

2. Anmerkung

Der LHC (‚Large-Hadron-Collider') besteht aus einer 27 km langen, hoch evakuierten Ringröhre, in welcher Protonen gegenläufig auf nahezu Lichtgeschwindigkeit beschleunigt werden können. Die Kollisionstrümmer werden in vier unterschiedlichen Detektoren über ein neu eingerichtetes, weltweit reichendes Computernetz nach komplexen Algorithmen ausgewertet. Der Rechner vor Ort ‚World Wide Grid' ist eine Weiterentwicklung des 1989 am CERN eingerichteten ‚World Wide Web'. – Die Kollisionsteile werden auf 7 Billionen eV beschleunigt. Bei der Kollision werden 14 Tera eV frei. Dazu bedarf es eines hohen Stromflusses, um in den 9600 Magneten die notwendige Feldstärke zu erzeugen. Die stromführenden Kabel liegen in flüssigem Helium, welches auf $-271,3\,°C$ gekühlt wird. Es handelt sich um die größte Experimentieranlage, die je gebaut worden ist, sie wurde am 10.09.2008 in Betrieb genommen. Nach kurzer Betriebsdauer musste die Anlage wegen eines Schadens am Kühlmittelsystem stillgelegt werden. Ab 2010 liefen die Versuche zunächst mit verringerter Leistung, dabei wurde im Jahre 2012 das Higgs-Teilchen entdeckt. Seit 2015 wird die Leistung sukzessiv gesteigert. In [1, 2] wird über die Vorbereitung und den Betrieb der Anlage sowie über Erfolge und Ziele der Forschung mit dem LHC berichtet.

Die Forschung in der Teilchenphysik hat im Ergebnis zu der Erkenntnis geführt, dass im Gegensatz zum Makrokosmos mit seinen vielfältigen, unterschiedlichen Erscheinungsformen, jene im Mikrokosmos von einer einzigartigen Einheitlichkeit sind:

- Alle 92 Elemente, aus denen die Materie hier auf Erden und im gesamten Universum besteht, haben einen gleichartigen Aufbau nach Art und Anzahl ihrer Atome und Elementarteilchen und das für jedes Element in einer für das Element typischen Weise.
- Alle Atome haben eine innere Struktur und bestehen in ihrem Kern aus gleichen Bausteinen, den Protonen und Neutronen, und in der Hülle aus Elektronen. Deren Anzahl ist von Element zu Element verschieden.
- Alle diese Teile, also Protonen, Neutronen und Elektronen, sind jeweils identisch, d. h., sie haben jeweils eine bestimmte Masse und tragen eine bestimmte elektrische Ladung, gleichgültig um welches Atom bzw. um welches Element es sich handelt.
- Protonen und Neutronen haben ihrerseits eine innere Struktur und bestehen aus Elementarteilchen, den Quarks, die gemeinsam mit den Leptonen (Elektro-

nen und Neutrinos) eine Familie bilden. Die Quarks haben bestimmte Massen und bestimmte Ladungen, die wiederum für alle Protonen und Neutronen identisch sind. – Alle Teilchen sind durch gleichartige Wechselwirkungen (Kräfte) untereinander gebunden, worauf der atomare Zusammenhalt beruht. Die Wechselwirkungen beruhen ihrerseits auf Elementarteilchen. Daneben gibt es weitere Elementarteilchen, mit jeweils für sie typischen einheitlichen Eigenschaften.

Zusammenfassung Sämtliche Teilchen, aus denen die Atome in den unterschiedlichen atomaren Ebenen bestehen, sind hinsichtlich Masse und Ladung jeweils gleichartig. Aus den Atomen fügen sich die Moleküle in millionenfacher Vielfalt. Für den jeweiligen Stoff haben die Moleküle einen bestimmten gleichartigen Aufbau. Aus ihnen besteht die Materie der Makrowelt.

Die aufgezeigte Einheitlichkeit ist wunderbar und geheimnisvoll zugleich. Die Gründe hierfür sind nicht bekannt. Fügte sich alles aus einem Zufall heraus, der sich aus den spezifischen Umständen des Urknalls ergab und genau so ergeben musste? War der Bauplan schon vorher dezidiert angelegt? Die Antwort hierauf ist Ansichts- und Glaubenssache.

Nicht weniger erstaunlich sind die Naturgesetze und Prinzipe, nach denen sich alles fügt und abläuft. Auch sie haben kosmische Gültigkeit.

In den Naturgesetzen treten Naturkonstanten auf, wohl zwanzig unterschiedliche. Sie lassen sich theoretisch nicht ableiten, sie lassen sich nur im Experiment bestimmen. Sie sind fundamental, sie gelten universell! Immer wieder aufgetauchte Vermutungen, die Naturkonstanten könnten sich seit dem Urknall verändert haben, konnten stets durch Versuche mit gesteigerter Messgenauigkeit widerlegt werden. Warum ist das so? Nun, gäbe es die Einheitlichkeit in all ihren Formen nicht, hätten sich keine Strukturen bilden können, alles wäre formloses Chaos ohne Sinn und Ziel geblieben.

Es gibt Naturwissenschaftler, die überzeugt sind, die Einheitlichkeit und Unveränderlichkeit der Naturgesetze und Naturkonstanten würde sich eines Tages aus einer vereinheitlichten Theorie begründen lassen; an ihr wird an vielen Stellen gearbeitet.

In Abb. 2.4 sind die Naturkonstanten zusammengestellt. Auf sie wird im Verlaufe der Darstellungen in diesem Werk mehrfach zurückgegriffen. Die ihnen jeweils zugrunde liegende Bedeutung wird dabei erklärt. – Der jeweils aktuelle exakte Wert einer Naturkonstante kann von der Web-Seite der Physikalisch-Technischen Bundesanstalt (PTB) und von jener des Committee on Data for Science and Technology (CODATA) abgerufen werden.

Benennung	Wert
Avogadro-Konstante	$N_A = 6,022\,1415\,(10)\cdot 10^{23}\,\text{mol}^{-1}$
Boltzmann-Konstante	$k = 1,380\,6505(24)\cdot 10^{-23}\,\text{J}\cdot\text{K}^{-1}$
Elementarladung	$e = 1,602\,176\,53\,(14)\cdot 10^{-19}\,\text{C}$
Faraday-Konstante	$F = 96\,485,3383\,(83)\,\text{C}\cdot\text{mol}^{-1}$
Feinstruktur-Konstante (Inverse)	$\alpha^{-1} = 137,035\,999\,11(46)$
Feldkonstante, Elektrische	$\varepsilon_0 = 1/(\mu_0 \cdot c_0^2) = 8,854\,187\,817\,63...\cdot 10^{-12}\,\text{F}\cdot\text{m}^{-1}$ ♦
Feldkonstante, Magnetische	$\mu_0 = 4\pi\cdot 10^{-7} = 12,566\,370\,614...\cdot 10^{-7}\text{N}\cdot\text{A}^{-2}$ ♦
Flussquant, Magnetisches	$\Theta_0 = 2,067\,833\,72\,(18)\cdot 10^{-15}\,\text{Wb}$
Gravitationskonstante	$G = 6,6742\,(10)\cdot 10^{-11}\,\text{m}^3\cdot\text{kg}^{-1}\cdot\text{s}^{-2}$
Josephson-Konstante	$Kj = 483\,597,879\,(41)\cdot 10^9\,\text{Hz}\cdot\text{V}^{-1}$
Lichtgeschwindigkeit (Vakuum)	$c = 2,997\,924\,58\cdot 10^8\,\text{m/s}$ ♦
Masseneinheit, Atomare	$u = 1,660\,538\,86\,(28)\cdot 10^{-27}\,\text{kg}$
Plancksches Wirkungsquantum	$h = 6,626\,0693\,(11)\cdot 10^{-34}\,\text{J}\cdot\text{s}$
Ruhemasse des Elektrons	$m_0 = 9,109\,3826\,(16)\cdot 10^{-31}\,\text{kg}$
Ruhemasse des Protons	$m_p = 1,672\,621\,71(29)\cdot 10^{-27}\,\text{kg}$
Rydberg-Konstante	$R_\infty = 1,097\,373\,156\,8525\,(73)\cdot 10^7\,\text{m}^{-1}$
Stefan-Boltzmann-Konstante	$\sigma = 5,670\,400\,(40)\cdot 10^{-8}\,\text{W}\cdot\text{m}^{-2}\cdot\text{K}^{-4}$
Universelle Gaskonstante	$R = 8,314\,472\,(15)\,\text{J}\cdot\text{mol}^{-1}\cdot\text{K}^{-1}$
von-Klitzing-Konstante	$R_K = 25\,812,807\,449\,(86)\,\Omega$
Quelle: Physikalisch-Technische Bundesanstalt; ♦: exakt; Klammerwert: Unsicherheit	

Abb. 2.4

Das Plancksche Wirkungsquantum h, welches die kleinste energetische Wirkung beschreibt, wird vielfach in der Version $\hbar = h/2\pi$ geschrieben, gesprochen
‚h quer‘.

Wie aus Abb. 2.4 erkennbar, sind, abgesehen von dem Kehrwert der Feinstruk-
turkonstante mit dem Zahlenwert ca. 137, alle anderen Naturkonstanten mit einer
Einheit behaftet. Hätte man die Basisgrößen im SI für Masse, Länge, Zeit usf.
anders vereinbart, würden die Konstanten mit anderen Zahlenwerten behaftet sein.

M. PLANCK (1858–1947) hat frühzeitig (1906) eine Verknüpfung von h, c und G zu neuen Elementarkonstanten vorgeschlagen. Sie sind heute wie folgt vereinbart:

Planck-Länge: $\qquad l_{Pl} = \sqrt{\dfrac{G \cdot h}{2\pi \cdot c^3}} = 1{,}617 \cdot 10^{-35}\,\mathrm{m}$

Planck-Masse: $\qquad m_{Pl} = \sqrt{\dfrac{h \cdot c}{2\pi \cdot G}} = 2{,}176 \cdot 10^{-8}\,\mathrm{kg}$

Planck-Zeit: $\qquad t_{Pl} = \dfrac{l_{Pl}}{c} = \sqrt{\dfrac{G \cdot h}{2\pi \cdot c^5}} = 5{,}391 \cdot 10^{-44}\,\mathrm{s}$

Planck-Temperatur: $\qquad T_{Pl} = \dfrac{m_{Pl} \cdot c^2}{k} = 1{,}417 \cdot 10^{32}\,\mathrm{K}$

Die Planck-Zeit betrachtet man als jene Zeitspanne nach dem Urknall, in der die Naturgesetze noch nicht galten, eine extrem kurze Zeit! Man spricht von der Planck-Ära. An deren Ende herrschte die Temperatur T_{Pl}. In der Planck-Ära gab es nur eine fundamentale Urkraft. Es herrschte ein Zustand hoher Symmetrie, aus dem sich anschließend die vier Wechselwirkungen abspalteten. In dieser Weise versucht die ‚Grand Unified Theory' (GUT) den Beginn von allem zu erklären. – Neben den genannten wurden weitere Planck-Einheiten vereinbart. Ob ihnen wirklich eine tiefere Bedeutung zukommt, ist umstritten.

2.3 Masse (*m*)

Jeder materielle Körper hat eine **Masse**. Sie besteht aus einer bestimmten Stoffmenge. Maßeinheit für die Masse ist das 1889 eingeführte körperliche Normal in Form eines im ‚Bureau International des Poids et Mesures in Severes' bei Paris aufbewahrten Platin-Iridium-Zylinders (Höhe und Durchmesser 39 mm). Das Normal war und ist gedacht als Masse eines Kubikdezimeters Wasser bei dessen größter Dichte, also bei 4 °C. Dieses ‚Ur-Kilogramm' (1,0 kg) liegt unter einer dreifachen ‚Käseglocke' (Abb. 2.5, hier zweifache Glasglocke). Hiervon existieren 40 offizielle Kopien in den nationalen Metrologie-Instituten. – Jüngere Messungen am Urkilogramm haben einen rätselhaften Schwund von $5 \cdot 10^{-8}$ kg ($= 0{,}00005$ g) aufgedeckt, an den Kopien auch ein Mehr an Masse, wohl infolge von Ablagerungen (Verschmutzungen). Insofern ist verständlich, dass seit langem versucht wird, die Einheit der Masse auf eine Fundamentalkonstante zurückzuführen, das würde

Abb. 2.5

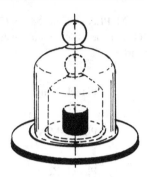

indessen eine Methode zum exakten Zählen von Atomen voraussetzen. Man versucht das am PTB (s. o.) an einer hochreinen Silizium-28-Kristallkugel. Gelänge das mit großer Genauigkeit, wäre, bezugnehmend auf die Planck'sche Konstante h, eine Neudefinition des Kilogramms möglich. Ein anderer Weg führt über eine sogen. Wattwaage, die ebenfalls auf h Bezug nimmt [4].

Die Masse eines Körpers (seine Materialmenge) wird in einem ruhenden Bezugssystem, was hier und im Folgenden unterstellt wird, mittels einer *Balken*waage durch Vergleich mit dem Urmaß (s. o.) bestimmt. Die Masse ist ortsunabhängig, d. h., ihre Größe ist unabhängig davon, ob die Wägung auf der Erde oder auf dem Mond, am Nordpol oder am Äquator erfolgt.

Gemäß Definition entspricht die Addition von Massen der Addition ihrer Stoffmengen. Innerhalb eines abgeschlossenen Systems gilt das Massenerhaltungsgesetz unabhängig vom Aggregatzustand der beteiligten Stoffe. Dieses Gesetz gilt in der klassischen (nichtrelativistischen) Physik. In der relativistischen Physik tritt an seine Stelle (wegen des Äquivalenzprinzips von Ruhemasse (m_0) und Energie: $E_0 = m_0 \cdot c^2$) das universell gültige Energieerhaltungsgesetz. Die Masse erweist sich nämlich als von der Geschwindigkeit des Körpers abhängig, was sich erst bei sehr hohen Geschwindigkeiten in der Nähe der Lichtgeschwindigkeit c auswirkt, (vgl. hier Bd. III, Abschn. 4.1.5.3).

Streng genommen ist zwischen träger Masse und schwerer Masse zu unterscheiden. Der Begriff der **trägen Masse** geht auf G. GALILEI zurück und steht für die Trägheit (für die ,Widerstandskraft'), die ein Körper mit der Masse m einer Beschleunigung gemäß $F = m \cdot a$ entgegensetzt (Bd. II, Abschn. 1.5). F ist die Kraft und a die Beschleunigung. Der Begriff der **schweren Masse** steht mit der Gravitations-Wechselwirkung zwischen zwei Massen, mit ihrer gegenseitigen Anziehung, in Verbindung: $F = G \cdot m_1 \cdot m_2 / r^2$. G ist die Universelle Gravitationskonstante, m_1 und m_2 sind die beiden Massen und r der gegenseitige Abstand ihrer

Abb. 2.6

Stoff	ρ	Stoff	ρ
Eisen/Stahl	7850	Wasser 4°C	1000
Aluminium	2700	Meerwasser	1020
Blei	11340	Blut	1060
Kupfer	8930	Benzin	670
Silizium	2330	Quecksilber	13550
Beton	2400	Luft	1,29
Kalkmörtel	1800	Sauerstoff	1,43
Laubholz	800	Stickstoff	1,25
Nadelholz	600	Kohlendioxyd	1,98
Eis	917	Helium	0,179
ρ in kg/m³		Wasserstoff	0,088

Schwerpunkte (vgl. Bd. II, Abschn. 2.8.6). Was durchaus nicht selbstverständlich ist: Alle bisherigen Experimente haben Gleichheit von träger und schwerer Masse bis zu einer Genauigkeit 10^{-12} bestätigt! Es ist daher entbehrlich, zwischen m_t und m_s zu unterscheiden.

Die (Ruhe-)Masse eines Körpers, dessen stoffliche Zusammensetzung und Struktur homogen (gleichförmig, einheitlich) ist, kann zu

$$m = \rho \cdot V$$

bestimmt werden, wobei ρ die **Dichte** in kg/m³ ist. Die Dichte ist keine Konstante, sondern eine von der Temperatur des Körpers abhängige Größe, ebenso vom Druck, der auf dem Körper lastet. Vielfach wird die Dichte für eine Temperatur von 0 °C und für einen Druck von 101.325 Pa angegeben. Abb. 2.6 gibt Anhalte für ρ.

Bei heterogenen Körpern, wie Holz, Beton usf., hat ρ die Bedeutung einer mittleren Dichte.

Anstelle der Masseneinheit kg wird auch mit den Einheiten g $= 10^{-3}$ kg (Gramm) und t $= 10^3$ kg (Tonne) gerechnet. – Ein im SI nicht geregeltes Maß für die Masse von Edelsteinen ist das Karat (= 0,2 g).

2.4 Weg (*s*) – Bahn – Strecke – Abstand – Entfernung – Winkel

Körper haben Abmessungen nach Breite, Tiefe und Höhe, gemessen als Länge. Das gilt ebenso für Räume. Eine Weg- oder Bahnstrecke hat ebenfalls eine Länge. Auch wird der Abstand, die Entfernung zwischen unterschiedlichen Punkten

Abb. 2.7   a   b

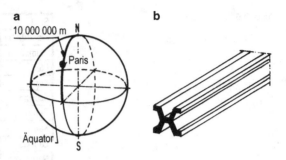

als Länge gemessen. Maßeinheit für die **Länge** ist das Meter (m). Es wurde 1791 in Frankreich eingeführt (hier herrschte Revolution). Es wurde als zehnmillionster Teil des durch Paris verlaufenden Erdmeridians vereinbart (Abb. 2.7a). Die Vereinbarung erwies sich als schwierig zu handhaben und zudem als ungenau. Hundert Jahre später, 1875, wurde das ‚Ur-Meter‘ in Form eines Platin-Iridium-Stabes bei 0 °C als neue verbindliche Maßeinheit festgelegt (Abb. 2.7b). Der Stab ist in Sèvres bei Paris hinterlegt (eine entsprechende Vereinbarung galt bzw. gilt für das Ur-Kilogramm, vgl. den vorangegangenen Abschnitt. Von dem Ur-Meter existieren Kopien in den nationalen Büros. – Heute ist die Einheit des Meters im SI abermals anders und zwar als eine bestimmte Lichtlänge im Vakuum definiert, es ist jene Länge, die das Licht während der Dauer von 1/299.792.458 Sekunden (s) benötigt. Das Meter ist dadurch über die Naturkonstante c definiert (Abb. 2.4). Diese körperunabhängige Definition kann an jedem Ort mit einer relativen Genauigkeit $\pm 10^{-9}$ realisiert werden,

Für **astronomische Messungen** von Entfernungen im Weltraum dienten und dienen spezielle (nicht-gesetzliche) Maßeinheiten:

- **Astronomische Einheit** (AE): Mittlere Entfernung zwischen Erde und Sonne ($\hat{=}$ mittlerer Erdbahnradius):

$$1\,\text{AE} = 1{,}49597870 \cdot 10^{11}\,\text{m} \approx 1{,}49 \cdot 10^{11}\,\text{m} = 1{,}49 \cdot 10^{8}\,\text{km} \approx 150\,\text{Mill. km.}$$

- **Lichtjahr** (Lj, ly): Strecke, die das Licht im Vakuum in einem Jahr zurücklegt: Bei $c \approx 300.000\,\text{km/s}$ sind das:

$$1\,\text{Lj} = 63.240\,\text{AE} = 9{,}46 \cdot 10^{12}\,\text{km} \approx 0{,}307\,\text{pc.}$$

Abb. 2.8

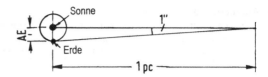

- **Parsec** (pc, Pc): Das ist der Abstand zwischen dem Sonnensystem und einem Ort im Weltraum, von dem aus der Radius der Erdbahn unter einem Winkel von $1''$ (einer Winkelsekunde) erscheint (Abb. 2.8):

$$1\,\mathrm{AE} = 1\,\mathrm{pc} \cdot 1'' = 1\,\mathrm{pc} \cdot \frac{\pi}{180 \cdot 60 \cdot 60}$$

$$\rightarrow \quad 1\,\mathrm{pc} = 1\,\mathrm{AE}/(\pi/180 \cdot 60 \cdot 60)$$

$$\rightarrow \quad 1\,\mathrm{pc} = 206.265\,\mathrm{AE} = 3{,}262\,\mathrm{Lj} \approx 30{,}86 \cdot 10^{12}\,\mathrm{km} = 3{,}086 \cdot 10^{13}\,\mathrm{km}$$

$$= 3{,}086 \cdot 10^{16}\,\mathrm{m}.$$

In der Kosmologie sind für größere Entfernungen die Einheiten kpc (kiloparsec) $= 10^3$ pc und Mpc (megaparsec) $= 10^6$ pc gebräuchlich.

Hinweis
Im astronomischen Schrifttum wird für das Parsec vielfach das Kürzel π verwendet. Wegen der Verwechslungsgefahr mit der Kreiszahl wird i. Allg. die Abkürzung pc vorgezogen.

Für **Messungen im atomaren Bereich** galt bis 1977 das Angström (Å) mit der **Angströmeinheit** (AE) als gesetzliche Einheit. Heute ist es üblich, mit Teilern des Meters zu rechnen: $1\,\text{Å} = 0{,}1$ Nanometer (nm) $= 100$ Picometer (pm) $= 10^{-10}\,\mathrm{m}$. vgl. Abschn. 2.2.

Neben den Maßeinheiten für die Länge haben jene für einen ebenen und einen räumlichen Winkel Bedeutung:

Radiant (rad) für ebene Winkel:

$$1\,\mathrm{rad} = (\text{Bogen } 1\,\mathrm{m})/(\text{Abstand } 1\,\mathrm{m}) = 57°17'44{,}8''$$

Steradiant (sr) für räumliche Winkel:

$$1\,\mathrm{sr} = (\text{Fläche } 1\,\mathrm{m}^2)/(\text{Abstandquadrat } 1\,\mathrm{m}^2)$$

Die Maßeinheit des ebenen Winkels in Altgrad ist: $1° = \pi/180 = 0{,}01745\,\mathrm{rad}$, die Winkelminute und die Winkelsekunde sind davon jeweils der 60ste Teil: $1' = (1/60)°$, $1'' = (1/60)' = (1/3600)°$. – In Neugrad gilt anstelle $\pi/180$ für ein Altgrad: $\pi/200$.

Anmerkungen

Neben den metrischen Maßeinheiten wird, insbesondere im angelsächsischen Raum, immer noch mit nicht-metrischen Längeneinheiten gerechnet, z. B. in der Seefahrt. – Maßeinheit für Erdöl: 1 Barrel entspricht 158,98 Liter. – Ausführlich in [5].

2.5 Zeit (t)

Die **Zeit** t ist eine eindimensionale, nach vorne, also in die Zukunft gerichtete Größe, die daran erkennbar ist, dass einer Wirkung eine Ursache vorausgegangen ist und nicht umgekehrt. Die Maßeinheit der Zeit ist die Sekunde (s). Sie ist im SI in Form der atomaren Schwingungsdauer eines bestimmten Caesium-Isotops festgelegt, vgl. Abschn. 2.2. Hiermit lässt sich eine Genauigkeit von 10^{-11} s erreichen. Durch diese Vereinbarung ist der Zeitmaßstab überall realisierbar. Vermöge Verwendung der Lasertechnik wäre heute eine noch höhere Genauigkeitsdefinition möglich.

Ursprünglich war die Sekunde als $24 \cdot 60 \cdot 60 = 86.400$ster Teil eines mittleren Sonnentages definiert. Da die Erde die Sonne auf einer Ellipsenbahn mit veränderlicher Bahngeschwindigkeit um ‚kreist‘, ist die Länge der wahren Sonnentage, also die Zeitdauer zwischen zwei aufeinander folgenden Durchgängen der Sonne durch das Fadenkreuz eines feststehenden Fernrohres im Verlauf eines Jahres unterschiedlich. Der Übergang von der Pendel- zur Quarzuhr erfolgte Mitte der 30er Jahre des 20. Jahrhunderts. Die Quarzuhr ermöglicht eine von den Schwankungen der Erdumlaufbahn unabhängige Definition der Zeiteinheit.

Bezogen auf die Basiseinheit Sekunde (s) gemäß oben genannten Definition gilt:

$$1 \text{ Minute} = 1 \text{ min} = 60 \text{ Sekunden} = 60 \text{ s}$$

$$1 \text{ Stunde} = 1 \text{ h} = 60 \text{ min (h von lat. hora)}$$

$$1 \text{ Tag} = 1 \text{ d} = 24 \text{ h (d von lat. dies)}$$

$$1 \text{ Jahr} = 1 \text{ a} = 365,2425 \text{ d} (\approx 365,25 \text{ d}) \text{ (a von lat. annus)}$$

1. Anmerkung

Die Zeitdauer für die auf den *Fixsternhimmel* bezogene Rotation der Erde um ihre eigene Achse ist der sogen. Sterntag: $1 \text{ d} = 86.163 \text{ s} = 23,934 \text{ h} = 0,997257 \text{ d}$.

2. Anmerkung

In altrömischer Zeit bestand das Jahr aus zwölf Mondmonaten. Das waren 354 Tage. Im Vergleich zum astronomischen Sonnenjahr waren das mehr als 11 Tage zu wenig, was längere Schalttage erforderte. Die Einführung des Julianischen Kalenders im Jahre 46 vor der

Zeitenwende durch G.J. CAESAR (100–40 v. Chr.) bedeutete die Umstellung vom Mond-auf den Sonnenkalender mit 365,25 Tagen im Jahr. Das wurde erreicht, indem jedem 4. Jahr, dem Schaltjahr, ein Extratag hinzufügt wurde. Da die Zahl der Tage real etwas kleiner ist als der von CAESAR eingeführte Wert, ergaben sich im Laufe der Jahrhunderte astronomi-sche Abweichungen von diesem Kalender, die im Jahre 1582 zur Einführung des nunmehr gültigen Gregorianischen Kalenders (GREGOR XIII (1502–1585)) führte. Dieser Kalender basiert auf einem mittleren Sonnenjahr von 365,2425 Tagen, es bedarf daher nach wie vor der Einführung eines Schalttages alle vier Jahre. Die Tageszahl (365,2425) wird durch Weg-fall von 3 Schalttagen in 4 Jahrhunderten erreicht.

3. Anmerkung

Da die Rotation der Erde geringfügigen Schwankungen unterworfen ist, die auf der Gezei-tenreibung, auf den Erdplattenverschiebungen nach Erdbeben und auf Nachwirkungen der Eiszeit beruhen, bedarf es gelegentlich der Einfügung einer Schaltsekunde. Das hat aller-dings in der Moderne schon zu Störungen in den Servern von Computersystemen geführt.

4. Anmerkung

Unter dem Begriff der Zeit wurde ehemals das unveränderliche gemeinsame Fortschreiten aller Ereignisse im Kleinen und Großen verstanden, als Ereignisabfolge entlang eines eindi-mensionalen Zeitpfeils mit linearer Skala. So sahen es auch G. GALILEI und I. NEWTON und jene, die ihnen folgten. Dieser Ansatz ist auch noch heute gerechtfertigt, wenn es sich um gängige Vorgänge mit mäßiger Geschwindigkeit handelt, nicht dagegen, wenn sie relativ zueinander mit großer Geschwindigkeit aufeinander folgen, etwa nahe der Lichtgeschwin-digkeit. In diesem Falle muss die Abfolge der Ereignisse in der vierdimensionalen **Raumzeit** gesehen und nach den Feldgleichungen der von A. EINSTEIN (1879–1955) entwickelten Relativitätstheorie behandelt werden (vgl. Bd. III, Kap. 4)).

2.6 Temperatur (ϑ, T)

Nach der kinetischen Wärmelehre (Bd. II, Kap. 3) ist die in einem Körper ent-haltene Wärmemenge gleich der kinetischen Energie der sich in gebundener oder ungeordneter Bewegung befindlichen Stoffmoleküle. Wärme ist eine an Materie gebundene Energieform. Wärme, Arbeit und Energie sind äquivalent.

In Abb. 2.9 ist die statistische Verteilung der Molekülgeschwindigkeiten eines Stoffes bei zwei unterschiedlichen Temperaturen (hoch und tief) schematisch dar-gestellt: Deren Mittelwerte und damit deren mittlere kinetische Energien steigen mit der Temperatur.

Da diverse Stoffeigenschaften eine (lineare) Funktion der **Temperatur** sind, wie Längen-, Volumen-, Druck-, Widerstands- und Farbänderung, lässt sich Tem-peratur messen. Entsprechend sind die unterschiedlichen Temperaturmessgeräte (Thermometer) gestaltet und geeicht. Indem die Änderung der Messgröße regis-triert wird, kann auf die Änderung der Temperatur geschlossen werden.

Abb. 2.9

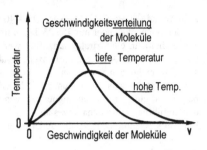

Geschwindigkeitsverteilung
der Moleküle

tiefe Temperatur

hohe Temp.

0 Geschwindigkeit der Moleküle   v

Die Temperatur wurde und wird hierzulande sowie in Europa in Grad Celsius (°C) gemessen: Die Temperaturskala ist am Schmelz- und Siedepunkt des Wassers bei Normaldruck orientiert.

In den Naturwissenschaften (und in der Technik) wird inzwischen mit der Kelvin-Temperaturskala gearbeitet. °K ist die Einheit, heute im SI mit K abgekürzt. Man spricht von der thermodynamischen Temperaturskala. Der Nullpunkt liegt bei $-273,15$ °C. Das ist der thermodynamische (absolute) Nullpunkt, in dem die Bewegung der Moleküle erstarrt.

Definition und Formelzeichen:

• Celsius-Temperatur ϑ: Temperatur über dem Eispunkt, Einheit °C: Grad Celsius

• Thermodynamische Temperatur T: Temperatur über dem absoluten Nullpunkt, Einheit K: Kelvin

Umrechnung (vgl. Abb. 2.10): $\vartheta = T - 273,15$; $T = \vartheta + 273,15$

Abb. 2.10

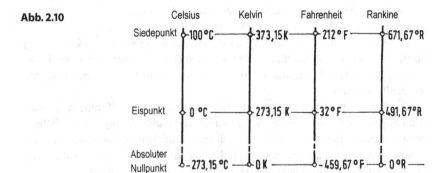

Für die Fahrenheit-Temperatur ϑ_F, die in Amerika verbreitet ist, und die Rankine-Temperatur ϑ_R, gelten folgende Umrechnungsformeln in °C bzw. K (Abb. 2.10):

$$\vartheta = \frac{5}{9}(\vartheta_F - 32), \quad T = \frac{5}{9}(\vartheta_F - 32) + 273{,}15 = \frac{5}{9}\vartheta_F + 255{,}37$$

$$\vartheta = \frac{5}{9}\vartheta_R - 273{,}15; \quad T = \frac{5}{9}\vartheta_R$$

Durch Umstellung folgen die Umrechnungsformeln für ϑ_F und ϑ_R.

1. Anmerkung
Vielfach wird die Celsius-Temperatur mit t abgekürzt oder mit T_C. Um Verwechslungen mit dem Formelkürzel t für ‚Zeit' zu vermeiden, wird hier das Zeichen ϑ gewählt.

2. Anmerkung
Die erste und damit älteste Temperaturskala geht auf D.G. FAHRENHEIT (1686–1736) zurück. Er war Glasbläser in Danzig und fertigte 1714 das erste Quecksilberthermometer. Als Nullpunkt seiner Skala wählte er die damals vermeintlich niedrigste Temperatur (0 °F $\approx$ -18 °C) und als oberen Fixpunkt die Körpertemperatur des Menschen (100 °F $\approx$ 37 °C). – A. CELSIUS (1701–1744) schlug seine Skala im Jahre 1742 vor. – Die Skala von RANKINE (1820–1872) geht als erste vom absoluten Nullpunkt aus: $\vartheta_R = (9/5) \cdot T$; RANKINE war Thermodynamiker. – Die Kelvin-Skala wurde nach W. THOMSON, später Lord KELVIN (1824–1907), benannt, der im Jahre 1848 den Zusammenhang zwischen der Temperatur eines Körpers und der kinetischen Energie seiner Moleküle aufdeckte.

2.7 Aufbau der Materie

2.7.1 Stoffe – Atome – Moleküle

Die Materie, aus der alles auf Erden und im Kosmos besteht, tritt in vielen Erscheinungsformen auf. Füllt Materie als Stoff, als Substanz, einen Raum aus, handelt es sich um einen stofflichen Körper in festem (solid), flüssigem (liquid) oder gasförmigem (gas) Zustand, z.B. Eisen, Wein, Luft. Stoffe haben Eigenschaften, die sich in Dichte, Härte, Festigkeit usw. ausdrücken. Die Eigenschaften sind insbesondere von der Temperatur des Körpers abhängig, auch von dem Druck, dem der Körper ausgesetzt ist.

Neben **Reinstoffen**, deren Teile identische Eigenschaften haben, werden homogene und heterogene **Stoffgemische** (Stoffgemenge) unterschieden. Homogene Stoffgemische sind z.B. Metalllegierungen (wie Stahl), Feststofflösungen (wie

Meerwasser), Gasgemische (wie Luft); die unterschiedlichen Bestandteile, aus denen sie bestehen, sind äußerlich nicht erkennbar. Bei heterogenen Stoffgemischen ist das dagegen der Fall, bei Suspensionen (wie bei Schlamm), bei Emulsionen (wie bei nicht mischbaren Flüssigkeiten, z. B. bei Öl in Wasser) oder bei Rauch (Abgaspartikel in der Luft).

Weist die Materie im festen (erstarrten) Zustand eine innere regelmäßige Struktur auf, handelt es sich um einen **Kristall**. Mineralien und Metalle gehören zu den kristallinen Stoffen, alle anderen zu den amorphen, wie Glas, Gummi und nahezu alle organischen Substanzen.

Wird ein Stoff (genauer: ein Reinstoff) chemisch in seine Bestandteile zerlegt, spricht man von **Analyse** (z. B. Zerlegung von Wasser in Wasserstoff und Sauerstoff, wozu sehr viel Energie aufgewendet werden muss). Werden zwei oder mehr Reinstoffe zu einem neuen Reinstoff aufgebaut, spricht man von **Synthese** (wenn z. B. Wasserstoff und Sauerstoff zu Wasser synthetisiert werden, wobei Energie explosionsartig frei wird).

Als **Elemente** bezeichnet man jene Reinstoffe, die sich chemisch nicht weiter zerlegen lassen, wie Wasserstoff (H), Helium (He), ... Deren Namen haben häufig einen griechischen oder lateinischen Wortstamm, sie werden durch Kürzel (Symbole) gekennzeichnet und im Periodensystem der Elemente (PSE) zusammengefasst, vgl. den folgenden Abschn. 2.7.2.

Die chemisch nicht weiter teilbaren, kleinsten Teile eines Elementes sind seine Atome. Sie haben einen für das Element charakteristischen Aufbau hinsichtlich Atomkern und Atomhülle. Hiermit verbunden sind die für das Element typischen chemischen und physikalischen Eigenschaften. **Moleküle** bestehen aus Atomen in bestimmter Menge und Anordnung, sie bilden in ihrer Gesamtheit einen Reinstoff. Daneben gibt es Elementmoleküle wie beim gasförmigen Wasserstoff (H_2), Sauerstoff (O_2), Stickstoff (N_2), sie treten in der Natur nur zweiatomig auf, Ozon ist ein besonderes Sauerstoffmolekül: O_3. Edelgase bilden eine Ausnahme, sie treten in der Natur einatomig (inert) auf, z. B. Helium (He), Neon (Ne), Argon (Ar), Krypton (Kr), Xenon (Xe).

Ein Atom besteht aus einem **Kern** und aus **Elektronen**, die sich auf unterschiedlichen Energieniveaus in der **Atomhülle** befinden (bewegen). Der Kern besteht seinerseits aus **Protonen** und **Neutronen**. Die Protonen tragen eine positive elektrische Ladung, die Neutronen keine und die Elektronen eine negative. Die Summe aus den positiven und negativen Ladungen ist in einem neutralen Atom Null, man sagt in diesem Falle genauer, das Atom trägt die elektrische Ladung Null. Ein Atomion (**Ion**) ist ein Atom, das elektrisch nicht neutral ist, es hat entweder ein oder mehrere Elektronen abgegeben (dann trägt es eine positive Ladung = **Kation**) oder es hat ein oder mehrere Elektronen aufgenommen (dann trägt es eine negative Ladung = **Anion**). Das entsprechende gilt für Moleküle, man spricht dann von Molekülionen.

Um die chemische Zusammensetzung eines Reinstoffes, also den molekularen Aufbau des Stoffes, zu kennzeichnen, werden die Symbole der Elemente, aus denen der Stoff besteht, aneinander gereiht; deren Indexzahl gibt die Anzahl der Atome des Elementes pro Molekül an, z. B.: H_2O: Wasser, CH_4: Methan.

2.7.2 Der Atombegriff von DEMOKRITOS bis DALTON

Es stellt sich die Frage, auf welchem Wege die Kenntnisse über den atomaren und molekularen Aufbau der Materie gewonnen wurden. Es war ein langer Weg! Eigentlich waren es zwei Wege. Der eine führte über die Chemie und hier über die Stöchiometrie, also die Klärung der mengenmäßigen Zusammensetzung der chemischen Verbindungen, der andere führte über die kinetische Gastheorie. Man könnte noch einen dritten Weg benennen, er führte über die Radioaktivität.

Wie in Abschn. 1.2.1 ausgeführt, war es insbesondere DEMOKRITOS von AB-DERA (460–370 v. Chr.), der frühzeitig die Auffassung vertrat, dass die Materie aus unteilbaren, unzerstörbaren, winzigen Teilchen (Atomen) bestehen würde und es daneben nur Leere gäbe. Von ARISTOTELES (384–322 v. Chr.) wurde dieser Lehre widersprochen. Dank seiner Autorität, später auch bei den Theologen des Abendlandes, wurde über Aufbau und Struktur der materiellen Dinge, abgesehen von Fragen handwerklicher Art, nicht mehr wissenschaftlich nachgedacht; das war immerhin ein Zeitraum von nahezu zweitausend Jahren! Es war wohl R. BOYLE (1627–1691), auf den gemeinsam mit E. MARIOTTE (1620–1684) das nach ihnen benannte Gasgesetz zurück geht (s. u.), der 1661 den Gedanken wieder aufgriff, die gesamte Materie sei aus kleinen festen Teilchen zusammengesetzt. Sie würden sich untereinander verbinden und zu Gruppen mit den für sie typischen Eigenschaften fügen. Heute, wie dargetan, sprechen wir von Atomen und Molekülen. In der Zeit nach BOYLE wurde die Chemie weiter ausgebaut. Während G.E. STAHL (1659–1734) chemische Verbindungen durch die Aufnahme bzw. Freisetzung von Phlogiston (einem brennbaren Wesen) zustande kommen sah, war es insbesondere A.L. de LAVOISIER (1743–1794), der mittels exakter Wägung (auch von Gasen) Oxidation und Reduktion, also Bildung und Trennung von Sauerstoffverbindungen, erklären konnte. Auch konnte er zeigen, dass sich Wasser aus zwei Gasen zusammensetzt. W. PROUT (1785–1850) formulierte 1794 das **Gesetz der Konstanten Proportionen**, wonach in einer chemischen Verbindung die einzelnen Bestandteile stets in einem bestimmten, charakteristischen Massenverhältnis enthalten sind: Ein Liter Wasser (1000 g) lässt sich aus 111 g Wasserstoff (H) und

889 g Sauerstoff (O) bilden, das Massenverhältnis beträgt 1 : 8. Ein Kilogramm (1000 g) Quecksilberoxid enthält 926 g Quecksilber (Hg) und 74 g Sauerstoff (O), das Massenverhältnis beträgt 12,5 : 1. – Wasserstoff (H) wurde früh als leichtester Grundstoff erkannt. Es bot sich an, hierauf die Masse der anderen Elemente, bzw. ihrer Atome, zu beziehen. (Damals war durchaus umstritten, ob es denn überhaupt Atome gibt.) Bei Wasser führt das auf das Verhältnis bzw. auf die Verbindung:

$$H_2O: 1 : 8 = 2 : 16 = (1 + 1) : 16.$$

Die Masse eines Sauerstoffatoms muss demnach 16-mal schwerer sein als die Masse eines Wasserstoffatoms, auf andere Weise kommt das Verhältnis 1 : 8 nicht zustande; beim Quecksilberoxid führt das Verhältnis 12,5 : 1 auf die Verbindung Hg_2O: 12,5 : 1 = 400 : 16 = (200 + 200) : 16. Das Masseverhältnis eines Quecksilberatoms zu einem Wasserstoffatom beträgt demnach 200, denn das Sauerstoffatom hat gegenüber dem Wasserstoffatom die 16-fache Masse: 16 · 12,5 = 200.

Die vorstehenden Schlüsse zog seinerzeit J. DALTON (1766–1844), der das relative Atomgewicht einführte und die erste Tabelle solcher Atomgewichte für eine Reihe von Elementen aufstellte. Er deckte auch das **Gesetz der Multiplen Proportionen** auf, hiervon ausgehend entwickelte er die erste Atomtheorie. Das Gesetz besagt: Bilden zwei Elemente mehrere verschiedene chemische Verbindungen miteinander, wie vielfach bei Oxiden, so stehen deren Massen im Verhältnis kleiner ganzer Zahlen zueinander. Am Beispiel der Stickoxide sei das gezeigt: 1000 g solcher Oxide lassen sich in Stickstoff (N) und Sauerstoff (O) in folgendem Verhältnis zerlegen:

1. Oxid (N_2O):   637 : 363 = 1 : 0,571 = 1,751 : 1

2. Oxid (NO):   467 : 533 = 1 : 1,142 = 1,751 : 2

3. Oxid (N_2O_3):   368 : 632 = 1 : 1,713 = 1,751 : 3

4. Oxid (N_2O_4):   304 : 696 = 1 : 2,284 = 1,751 : 4

5. Oxid (N_2O_5):   259 : 741 = 1 : 2,855 = 1,751 : 5

Aus dem Bildungsverhältnis des 2. Oxid lässt sich folgern, dass Stickstoff eine relative Atommasse von $(1,751/2) \cdot 16 = 14$ hat, denn, wie ausgeführt, hat das Sauerstoffatom die relative Atommasse 16. Hiermit lassen sich dann auch die anderen Oxid-Verbindungen in ihrer prozentualen Zusammensetzung erklären. Im Jahr 1808 postulierte DALTON:

Die chemische Synthese und Analyse geht nicht weiter als bis zur Trennung der Atome und ihrer Wiedervereinigung. Keine Neuschaffung oder Zerstörung eines Stoffes liegt im Bereich chemischer Wirkung. Die kleinsten Teilchen unterscheiden sich durch ihre spezifische Masse, also durch die ihnen eigentümliche Atommasse. Bei einer chemischen Reaktion ordnen sich die Atome der Ausgangsstoffe neu und das in einem bestimmten Verhältnis.

Die Dalton'sche Theorie wurde alsbald überwiegend anerkannt. Von J.J. BERZELIUS (1779–1848) wurden später für zahlreiche Elemente deren relative Atomgewichte bestimmt, wobei er die Atomtheorie von DALTON mit seiner Theorie der elektrochemischen Bindungsenergie verband.

2.7.3 Avogadro'sches Gesetz und Loschmidt'sche Zahl – Gasgesetze

Abb. 2.11 zeigt in schematischer Form vier Gase in gleichgroßen geschlossenen ‚Töpfen', jeder Topf habe das Volumen V. Es mögen gängige Druck- und Temperaturverhältnisse herrschen, sie seien in allen vier Fällen gleich. Im Vergleich zur Größe des Volumens, also zur Größe des Gefäßes, sind die Gasmoleküle winzig, ihr gegenseitiger Abstand ist riesig. Sie füllen das Volumen gleichförmig aus, der gegenseitige Abstand der Moleküle ist im Mittel gleichgroß. Der gegenseitige Abstand sei so groß, dass die Moleküle gravitativ nicht miteinander wechselwirken, sie üben also keine gegenseitige Anziehungskraft aufeinander aus. Sind diese Bedingungen erfüllt, spricht man von einem **idealen** Gas. Für solche Gase entdeckte man frühzeitig auf experimentellem Wege eine Reihe von Gesetzen. Hierbei stellte sich heraus, dass diese Gesetze für alle Gassorten gleichermaßen gültig sind, gleichgültig ob sie aus leichten oder aus schweren Atomen bzw. Molekülen bestehen!

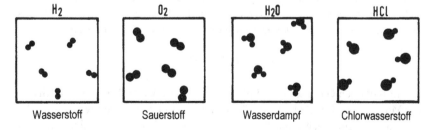

Abb. 2.11

Gesetz von BOYLE u. MARIOTTE Bei festliegender Temperatur T ist das Produkt aus Druck p und Volumen V konstant (postuliert 1661 bzw. 1669):

$$p \cdot V = \text{konst.} \quad (T = \text{konst., isothermer Prozess}).$$

Wird das Volumen beispielsweise auf die Hälfte verkleinert, quasi zusammengepresst, steigt der Druck auf den doppelten Wert. Das bedeutet: Für eine abgeschlossene Gasmenge gilt für zwei unterschiedliche Zustände 1 und 2:

$$p_1 \cdot V_1 = p_2 \cdot V_2.$$

Erstes Gesetz von L.G. GAY-LUSSAC (1778–1850) Bei festliegendem Druck p ist der Quotient aus Volumen V und Temperatur T konstant (1802):

$$V/T = \text{konst.} \quad (p = \text{konst., isobarer Prozess}).$$

Wird das Volumen auf die Hälfte verkleinert, sinkt bei gleichbleibendem Druck auch die Temperatur auf den halben Wert, wird die Temperatur auf den doppelten Wert vergrößert, muss auch das Volumen auf den doppelten Wert vergrößert werden, damit der Druck konstant bleibt.

Zweites Gesetz von L.G. GAY-LUSSAC (auch als Gesetz von G. AMONTONS (1663–1704) bezeichnet) Bei festliegendem Volumen V ist der Quotient aus Druck p und Temperatur T konstant (1811):

$$p/T = \text{konst.} \quad (V = \text{konst., isochorer Prozess}).$$

Steigt die Temperatur auf den doppelten Wert, steigt auch der Druck bei gleichbleibendem Volumen auf den doppelten Wert. Der Quotient bleibt konstant, wenn sich T und p gemäß der in Abb. 2.12 skizzierten Kurve gleichzeitig ändern. Das bedeutet: Für eine abgeschlossene Gasmenge gilt für die Zustände 1 und 2:

$$p_1/T_1 = p_2/T_2.$$

Die formulierten Gasgesetze sind plausibel: Die Temperatur bestimmt die Kinetik der Moleküle im Gas. Je höher die Temperatur ansteigt, umso heftiger werden die Molekülbewegungen, entsprechend steigt der Impuls beim gegenseitigen Aufprall der Gasmoleküle gegeneinander und gegen die Wand des Gefäßes, das bedeutet, umso stärker steigt der Gasdruck bei festliegendem Volumen.

Abb. 2.12

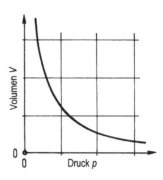

Liegen zwei identische Gassorten mit gleichem Volumen V und gleicher Temperatur T vor, ist aber die Anzahl der Moleküle unterschiedlich, wie in Abb. 2.13 veranschaulicht, muss sich das im Druck auswirken: Bei einer größeren Zahl N von Molekülen, steigt die Wahrscheinlichkeit gegenseitiger Stöße und solcher gegen die Wand. Der Quotient N/V ist die Anzahldichte der Gasmoleküle im Volumen. Eine höhere Dichte wirkt sich wie eine höhere Temperatur aus. Von dieser Überlegung ausgehend, lässt sich aus dem voran gegangenen Gesetz für die Zustände 1 und 2 folgern:

$$\frac{p_1}{T_1 \cdot N_1/V_1} = \frac{p_2}{T_2 \cdot N_2/V_2} \quad \rightarrow \quad \frac{p_1 \cdot V_1}{T_1 \cdot N_1} = \frac{p_2 \cdot V_2}{T_2 \cdot N_2} = \text{konst.}$$

Wie ausgeführt, ist die Atom- bzw. Molekülmasse der Elemente unterschiedlich. Die Masse eines O_2-Moleküls ist 16-fach schwerer als die Masse eines H_2-Moleküls (s. o.). Dadurch bedingt sind die O_2-Gasmoleküle träger. Entsprechend geringer ist ihre Geschwindigkeit als jene der H_2-Gasmoleküle. Die größere Masse der O_2-Gasmolküle auf der einen, ihre geringere Geschwindigkeit auf der anderen Seite, heben sich in ihrer Wirkung auf, mit der Folge, dass der von ihnen ausgehende Druck (bzw. Impuls) gleich jenem der leichteren und schnelleren H_2-Moleküle

Abb. 2.13   a   b

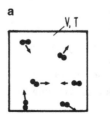
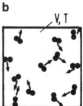

Abb. 2.14

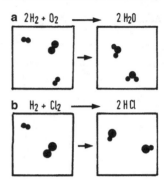

ist. Das ist zumindest zu vermuten. Befindet sich in dem Gefäß 1 eine bestimmte Anzahl H_2-Gasmoleküle und in dem Gefäß 2 eine gleichgroße Anzahl O_2-Gasmoleküle, Volumen und Temperatur seien jeweils gleich, so ist bei dieser Deutung zu erwarten, dass der von den Gasmolekülen ausgehende Druck in beiden Gefäßen gleichgroß ist. Von daher wird das **Avogadro'sches Gasgesetz**, aufgestellt im Jahre 1811 von A. AVOGADRO (1776–1856), verständlich: Alle Gase, gleich welcher Sorte, enthalten in gleichen Volumina bei gleicher Temperatur und bei gleichem Druck gleich viele Moleküle, noch allgemeiner, gleich viele Teile. Die unterschiedliche Schwere bzw. Größe der Moleküle steht dem nicht entgegen: Bei der Winzigkeit der Moleküle ist das von ihnen in Anspruch genommene Volumen so klein, dass es sich auf das Gesamtvolumen nicht auswirkt.

Die oben gegebene Erklärung zum molekularen Verhalten der Gase war seinerzeit in dieser Schärfe keinesfalls bekannt. Es waren L.G. GAY-LUSSAC und A. v. HUMBOLDT (1769–1859), die 1805 entdeckten, dass sich zwei Volumeneinheiten Wasserstoffgas (H_2) und eine Volumeneinheit Sauerstoffgas (O_2) nicht zu drei sondern zu zwei Volumeneinheiten Wasserdampf (H_2O) verbinden:

$$2\,H_2 + O_2 \rightarrow 2\,H_2O$$

Das entspricht dem Gesetz der Konstanten Proportionen, das Verhältnis der Ausgangsmoleküle ist 2 : 1, vgl. oben und Abb. 2.14. Hieraus folgerte AVOGADRO, ausgehend von dem von ihm postulierten Gesetz, dass die kleinsten Teilchen in einem Gas nicht Atome sondern Moleküle sind. Auf ihn geht letztlich der Molekülbegriff zurück.

Durch die gewonnenen Einsichten, abgesichert durch unzählige Experimente mit zunehmend höherer Genauigkeit, festigten sich bis Mitte des 19. Jahrhunderts die Vorstellungen über den atomaren und molekularen Aufbau der Materie. Die reale Masse der Atome und Moleküle war indessen nicht bekannt, man konnte sie nur relativ zur Masse des Wasserstoffatoms angeben (die Masse des Wasserstoffatoms diente als relative Masseneinheit, man nannte sie lange Zeit ,Dalton'). Auch hatte man seinerzeit keine konkrete Vorstellung über die Anzahl der in einem Gasvolumen enthaltenen Gasmoleküle. Eine erste diesbezügliche Abschätzung gelang J. LOSCHMIDT (1821–1895) im Jahre 1865 und das für Luftmoleküle. Luft ist vorrangig ein Gasgemisch aus O_2- und N_2-Molekülen. Basierend auf dem Avogadro'schen Gesetz (s. o.) und den theoretischen und experimentellen Arbeiten zur kinetischen Gastheorie berechnete LOSCHMIDT den Durchmesser eines einzelnen Luftmoleküls und die Anzahl solcher Moleküle in einem Kubikzentimeter Luft (bei atmosphärischen Normalbedingungen). Seine Abschätzungen waren in ihrer Größenordnung auf eine Dezimalstelle richtig! Heute gibt man die Zahl der Wasserstoffatome, die auf 1 g (1 Gramm) Wasserstoff entfallen (genauer: auf 1,007825 g $\approx$ 1,0078 g) zu

$$N_L = 6,022142 \cdot 10^{23} \approx 6,022 \cdot 10^{23}$$

an. Das ist die heute gültige Loschmidt'sche Zahl. Die reale Masse eines einzelnen Wasserstoffatoms berechnet sich damit zu:

$$m_H = \frac{1,0078\,\text{g}}{6,022 \cdot 10^{23}} = 1,674 \cdot 10^{-24}\,\text{g} \quad (1,674 \cdot 10^{-27}\,\text{kg})$$

Das ist eine sehr sehr geringe Größe: In der Einheit Kilogramm eine Zahl mit 26 Nullen nach dem Komma!

Im Jahre 1961 wurde von der IUPAC (International Union of Pure and Applied Chemistry) anstelle der Masse des Wasserstoffatoms H die Masse des in der Natur am verbreitest vorkommenden Kohlenstoffisotops ^{12}C als Bezugswert für die **atomare Masseneinheit** u festgelegt: Sie ist seither als ein Zwölftel (1/12) der Masse dieses Isotops definiert:

$$u = 1,66054 \cdot 10^{-27}\,\text{kg}$$

Das hat zur Folge, dass die relative Masse des Wasserstoffatoms nicht mehr 1 sondern 1,0079 beträgt.

Die absolute Atommasse irgendeines Elementes ergibt sich, indem man deren relative Atommasse (ohne Einheit) mit u multipliziert. Das Entsprechende gilt für die Molekülmasse. In der Tabelle der Abb. 2.15 ist eine Reihe von relativen

Abb. 2.15

Name des Elements	Symbol	Ordnungs- zahl	Relative Atom- masse
Wasserstoff	H	1	1,0079
Helium	He	2	4,0026
Kohlenstoff	C	6	12,011
Stickstoff	N	7	14,007
Sauerstoff	O	8	15,999
Natrium	Na	11	22,990
Aluminium	Al	13	26,982
Silicium	Si	14	28,086
Schwefel	S	16	32,065
Chlor	Cl	17	35,453
Calcium	Ca	20	40,078
Eisen	Fe	26	55,845
Kupfer	Cu	29	63,546
Gold	Au	79	196,97

Atommassen eingetragen. Beispielsweise ergeben sich damit die **relativen Molekülmassen** (m_r) einiger Gase zu:

Wasserstoff, H_2 $m_r = 2 \cdot 1,0079 = 2,0158$

Sauerstoff, O_2 $m_r = 2 \cdot 15,999 = 31,9980$

Wasser, H_2O $m_r = 2 \cdot 1,0079 + 15,999 = 18,0148$

Methan, CH_4 $m_r = 12,011 + 4 \cdot 1,0079 = 16,0426$

Die **absoluten Molekülmassen** (m_a) betragen der Reihe nach in g ($m_a = u \cdot m_r$):

$$3,347 \cdot 10^{-24}, \quad 53,135 \cdot 10^{-24}, \quad 29,914 \cdot 10^{-24} \quad \text{und} \quad 26,639 \cdot 10^{-24}$$

Das O_2-Molekül ist von den vier betrachteten am schwersten. (Biologische Makromoleküle erreichen relative Molekülmassen von bis zu eine Million und mehr, deren absolute Massen bleiben gleichwohl winzig klein.)

Hinweis

In den relativen Atommassen ist das prozentuale Auftreten ihrer Isotope in der Erdkruste berücksichtigt: Für Kohlenstoff (C) gilt $m_r = 12,011$ und für ^{12}C exakt 12,000, vgl. Periodensystem der Elemente in Abschn. 2.8.

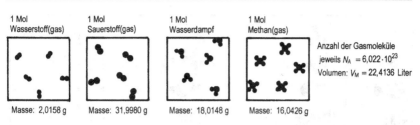

Abb. 2.16

2.7.4 Molare Masse – Molares Volumen

Aus Gründen der Praktikabilität hat man in der Chemie, insbesondere für stöchiometrische Berechnungen, also für Massen- bzw. Mengenangaben, molare Größen eingeführt: Grundgröße ist die **Stoffmenge**. Sie ist im SI als selbstständige Basisgröße vereinbart, vgl. Abschn. 2.2. Ihr Formelzeichen ist n, ihre Basiseinheit ist Mol mit dem Einheitenzeichen mol. (Analogon: Das Formelzeichen der Länge ist l, die Basiseinheit ist Meter und das zugehörige Einheitenzeichen m.)

Definition: 1 Mol eines Stoffes hat jene molare Masse m_M in g (Gramm), deren Maßzahl gleich der relativen Atom- oder Molekülmasse des Stoffes ist. Für die oben als Beispiel behandelten Gase bedeutet das:

1 Mol Wasserstoffgas (H_2): $m_M = 2{,}0158\,\text{g/mol}$ (2,0156 Gramm pro mol)

1 Mol Sauerstoffgas (O_2): $m_M = 31{,}9980\,\text{g/mol}$

1 Mol Wasserdampf (H_2O): $m_M = 18{,}0148\,\text{g/mol}$

1 Mol Methan (CH_4): $m_M = 16{,}0426\,\text{g/mol}$

Die Definition macht Sinn: Gleiche Temperatur und gleicher Druck vorausgesetzt, haben nach dem Satz von AVOGADRO die genannten Gase in gleichen Volumina die gleiche Anzahl von Molekülen. Wird diese Anzahl mit der absoluten Masse des jeweiligen Moleküls multipliziert, ist dieses Produkt gleich der molaren Masse des betrachteten Gases. Abb. 2.16 verdeutlicht die Definition. Die Anzahl ist gleich der Loschmidt'schen Zahl, die in diesem Falle als **Avogadro-Konstante** bezeichnet wird:

$$N_A = 6{,}022142 \cdot 10^{23}\,\text{mol}^{-1}$$

Multipliziert man die absolute Molekülmasse des ersten oben genannten Gases (H_2) mit der Avogadro-Konstanten N_A, ergibt sich:

$$m_M = 3{,}347 \cdot 10^{-24}\,\text{g} \cdot 6{,}022142 \cdot 10^{23}\,\text{mol}^{-1} = 2{,}0158\,\text{g mol}^{-1} = 2{,}0158\,\text{g/mol}.$$

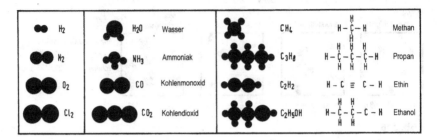

Abb. 2.17

Diese **Molmasse** enthält N_A Moleküle. – Entsprechend bestätigt man die molare Masse der anderen Gase. An dieser Stelle wird der Vorteil deutlich, dass sich die Atomare Einheit und die Stoffmengeneinheit gemeinsam auf das Kohlenstoff ^{12}C-Isotop beziehen.

Die vorangegangene Vereinbarung wird auch auf andere Teilchen und Teilchensysteme angewandt, also nicht nur auf Atome und Moleküle, sondern auch auf Ionen sowie auf Elementarteichen aller Art, z. B. Elektronen. Das muss dann besonders vermerkt werden. Die allgemeine Definition der Stoffmenge lautet: **1 Mol ist jene Stoffmenge, die $6,022 \cdot 10^{23}$ Teilchen enthält** (vgl. die SI-Definition in Abschn. 2.2). Die Vereinbarung gilt unabhängig vom Aggregatzustand des Stoffes!

Das von 1 Mol Gas ausgefüllte Volumen nennt man **Molvolumen** oder molares Volumen. Es wurde im Experiment für eine Temperatur 0 °C = 273,15 K und einen atmosphärischer Druck 1013,25 hPa (also für Normalbedingungen) zu

$$V_M = 22,4136 \, \text{Liter/mol} \quad (\text{dm}^3/\text{mol})$$

bestimmt. 1 Mol unterschiedlicher Gase enthält die gleichgroße Anzahl von Gasmolekülen, diese Anzahl ist N_A (Satz von Avogadro). Jedes Mol Gas beansprucht das gleiche Volumen, dieses Volumen ist V_M (jeweils gleicher Druck und gleiche Temperatur vorausgesetzt, Abb. 2.16).

Die Definition der Stoffmenge n gilt unabhängig von der Packungsdichte nicht nur für den gasförmigen Zustand der Stoffe, sondern ebenso für den flüssigen und festen. Es kommt auf die Anzahl der Teilchen an. Abb. 2.17 zeigt zwölf Molekülverbindungen einschließlich Aufbau und Benennung. Die zugehörigen molaren Massen sind in Abb. 2.18 (gerundet) angeschrieben. Aus der relativen Atommasse (Abb. 2.15) folgt gemäß der die chemische Verbindung kennzeichnenden Formel die molare Molekülmasse in g/mol, beispielsweise für das Ethanolmolekül

Abb. 2.18

1 Mol hat die Masse in g (Gramm):

Wasserstoff(gas)	H_2	2
Stickstoff(gas)	N_2	28
Sauerstoff(gas)	O_2	32
Kohlenmonoxid	CO	28
Kohlendioxid	CO_2	44
Methan	CH_4	16
Ammoniak(gas)	NH_3	17
Kohlenstoff	C	12
Propan	CH_8	20
Ethin	C_2H_2	26
Ethanol	C_2H_5OH	46

$(2\,C + 5\,H + 1\,O + 1\,H)$ zu (vgl. Abb. 2.18):

$$m_r = 2 \cdot 12 + 5 \cdot 1 + 16 + 1 = 46; \quad \rightarrow \quad m_M = 46\,\mathrm{g/mol}$$

Ein wichtiges bei allen chemischen Reaktionen geltendes Gesetz ist das **Gesetz von der Erhaltung der Masse**. In Worten: Bei allen chemischen Reaktionen bleibt die Masse der beteiligten Stoffe erhalten. Die Reaktionen laufen darüber hinaus nach dem Gesetz der Konstanten Proportionen ab (s. o.).

Beispiel

Kochsalz (Natriumchlorid)) besteht gemäß der chemischen Formel NaCl aus den Elementen Natrium (Na) und Chlor (Cl). Soll 1 kg $= 1000$ g Kochsalz aus diesen Elementen hergestellt (synthetisiert) werden, wäre es irrig, 500 g Na $+500$ g Cl zusammen zuzufügen. Die Elemente sind vielmehr so zusammenzusetzen, dass in diesem Falle deren Anteile jeweils die gleiche Atomanzahl aufweisen, dann wird dem Mengenverhältnis Na : Cl $= 1 : 1$ (gemäß der Formel) genügt. Denn, wie ausgeführt, haben die Elemente einen unterschiedlichen Aufbau: In den Kernen ist eine unterschiedliche Anzahl von Protonen und Neutronen vereinigt. Das bedingt ihre unterschiedliche Atommasse. Die relativen Atommassen betragen in diesem Beispiel: Na: $m_r = 23{,}0$ und Cl: $m_r = 35{,}5$. Um dem Verhältnis 1 : 1 der Atomanzahlen von Natrium zu Chlor zu genügen, ist zu rechnen:

1 Na-Atom	+	1 Cl-Atom	$\rightarrow$	1 NaCl-Molekül
$1m_r = 23{,}0$	+	$1m_r = 35{,}5$	$\rightarrow$	$1m_r = 58{,}5$
1 Mol Na-Atome	+	1 Mol Cl-Atome	$\rightarrow$	1 Mol NaCl-Moleküle
$23{,}0\,\mathrm{g/mol}$	+	$35{,}5\,\mathrm{g/mol}$	$\rightarrow$	$58{,}5\,\mathrm{g/mol}$

Es sind also die Stoffmengen in g/mol zu addieren, in diesem Beispiel im Verhältnis 1 : 1. – Eine Stoffmasse 1 kg $= 1000$ g NaCl-Salz entspricht einer Stoffmenge

1000/58,5 $= 17,1$ mol NaCl. Um 1 kg Salz zu synthetisieren, sind $17,1 \cdot 23,0 = 393$ g Natrium und $17,1 \cdot 35,5 = 607$ g Chlor vorzuhalten und zu ‚mischen‘: Das ergibt in der Summe: 393 g $+ 607$ g $= 1000$ g, was sich deutlich von: 500 g $+ 500$ g $= 1000$ g unterscheidet.

Zwischen Stoffmenge, Stoffmasse und molarer Masse besteht der folgende Zusammenhang:

$$\text{Stoffmenge } (n) \text{ in Mol (mol)} = \frac{\text{Stoffmasse in Gramm (g)}}{\text{molare Masse } (m_M) \text{ in Gramm pro mol (g/mol)}}$$

Angewandt auf das Beispiel, ergibt sich:

$$n_{\text{NaCl}} = \frac{1000 \text{ g}}{58,5 \text{ g/mol}} = \underline{17,1 \text{ mol}}$$

Soll Wasserstoff (H, $m_r = 1,008$) und Sauerstoff (O, $m_r = 15,990$) zu Wasser H_2O synthetisiert werden, ist auf der Atomebene wie folgt zu rechnen: 2 Mol H-Atome: $2 \cdot 1,008 = 2,016$ g/mol und 1 Mol O-Atome: $1 \cdot 15,990 = 15,990$ g/mol ergeben als Summe 1 Mol H_2O-Moleküle mit der Molmasse: $18,006$ g/mol. Für 1 Liter $= 1000$ g Wasser ist anzusetzen:

$$\text{H: } 1000 \text{ g} \cdot \frac{2,016}{18,006} = \underline{112 \text{ g}}, \quad \text{O: } 1000 \text{ g} \cdot \frac{15,990}{18,006} = \underline{888 \text{ g}}; \quad \text{Summe:} 1000 \text{ g Wasser.}$$

2.7.5 Von den Gasgesetzen zum Atommodell

Wie ausgeführt, bestand die Materie bereits für einige Naturphilosophen des griechisch-hellenistischen Altertums aus Atomen (τό ατομον = das Unteilbare). Für sie waren es winzig kleine Teilchen, umgeben von Leere. EPIKUROS deutete selbst die Seele atomistisch (Abschn. 1.2.1/1.2.3). – Zwischen jener Zeit und dem Beginn der modernen Atomistik, mit R. BOYLE und J. DALTON von der Chemie kommend, und mit A. AVOGADRO und J. LOSCHMIDT von der Physik der Gase kommend, lagen nahezu 2000 Jahre! In der Vorstellung der Letztgenannten waren die Atome kleine Kügelchen, die sich zu Molekülen gruppieren und in Form vollelastischer Stöße untereinander wechselwirken. – Tatsächlich wurden mit der aus der Mechanik stammenden Stoßtheorie und den Erhaltungssätzen von Masse und Energie die Grundlagen der Thermomechanik aufgebaut. Zu nennen sind hier A.K. KRÖNIG (1822–1879) und R.J.E. CLAUSIUS (1822–1888), später J.C. MAXWELL (1831–1879) und L. BOLTZMANN (1844–1906) (und viele andere, vgl. Bd. II3). Sie begründeten die Thermodynamik experimentell und theoretisch.

Zu erwähnen ist in dem Zusammenhang die bereits im Jahre 1827 von dem Botaniker R. BROWN (1773–1858) im Mikroskop entdeckte regellose Bewegung von kleinen, auf einem Wassertropfen schwimmenden winzigen Pollen. Die Bewegung wurde von ihm zutreffend als thermisch verursacht gedeutet: Die hin und her schwirrenden Teilchen sind selbst nicht die Wassermoleküle, sie werden vielmehr von diesen vermöge deren regelloser, thermisch verursachter Bewegung hin und her getrieben. Ähnliches kann bei in Luft schwebenden Rauchteilchen beobachtet werden. Auf diese Weise konnte später die Loschmidt'sche Zahl experimentell bestätigt werden.

Eine weitere wichtige Grundlage für die Entwicklung des Atommodells war die Entdeckung des Periodensystems der Elemente, was im Zeitraum 1869/71 D.I. MENDELEJEW (1834–1907) und J.L. MEYER (1830–1895) unabhängig voneinander gelang. Zur Zeit der Aufdeckung des Systems waren 63 Elemente bekannt (Im Altertum waren es nur neun gewesen: Eisen, Kupfer, Quecksilber, Silber, Gold, Blei, Zinn, Kohlenstoff und Schwefel). In dem Periodensystem sind die Elemente in einem Raster horizontal und vertikal nach bestimmten Eigenschaften angeordnet. Noch unbekannte Elemente konnten später aufgrund der dem Raster innewohnenden Gesetzmäßigkeiten vorhergesagt und entdeckt werden, vgl. den folgenden Abschnitt.

Die Experimente von J.J. THOMSON (1856–1940) und P. LENARD (1852–1947) erbrachten Ende des 19. Jh. schließlich die entscheidenden neuen Einsichten zum Atomverständnis: Ihre Versuche ließen nur einen Schluss zu: Die Atome sind entgegen der bis dahin geltenden Vorstellung sehr wohl teilbar! Nach THOMSON musste es Elektronen mit negativer Ladung und nach LENARD einen im Vergleich zur Größe des Atoms winzigen Kern im Zentrum des Atoms geben, alles Übrige sei Leere.

J.J. THOMSON war der Erste, der im Jahre 1900 ein Atommodell vorschlug: Danach sollte das Atom ein positiv geladenes materielles Kontinuum mit eingebetteten negativ geladenen Elektronen sein. Das widersprach der von LENARD entdeckten Strahlungs-Durchlässigkeit der Atome. Das Thomson-Modell wurde 1910 von einem neuen Modell, das von E. RUTHERFORD (1871–1937) vorgeschlagen worden war, abgelöst. Aus den Versuchen, bei denen RUTHERFORD dünne Goldfolie mit α-Teilchen beschossen hatte, konnte er folgern, dass der Atomkern wohl bis zu 100.000-fach kleiner sein müsse, als das Atom selbst! Sein Atommodell mit einem Kern, der von Elektronen auf Kreisbahnen umkreist wird, war indessen nicht ausreichend konsistent: Woher bezog das Atom seine Stabilität, wie ließen sich die von glühender Materie ausgehenden Emissionslinien deuten? N.H.D. BOHR (1885–1962) gelang schließlich im Jahre 1913 ein Modellvorschlag (für das Wasserstoffatom), der alsbald akzeptiert wurde, weil sich der Vorschlag mit den Experimenten der damaligen Zeit als kompatibel erwies. BOHR hatte in sein Modell die von M. PLANCK (1858–1947) im Jahre 1900 postulierte Quantenvorstellung einbezogen. Das bedeutete den Einstieg der Physik in die Quantenmechanik, was sich als außerordentlich erfolgreich erweisen sollte: Die Quantenmechanik prägte die Physik des 20. Jahrhunderts.

Als bedeutend für die weitere Entwicklung des Atommodells erwiesen sich die Anfang des 20. Jh. mittels Röntgenstrahlen entdeckten Raumgitter von Kristallen und ihrer Spektren durch M.F. v. LAUE (1878–1960), W. FRIEDRICH (1883–1968) und P. KNIPPING (1883–1935). Auch lieferten die hierauf aufbauenden Entdeckungen zum gleichen Gegenstand mit Hilfe der Interferenzmethode durch W.H. BRAGG (1862–1942) und W.L. BRAGG (1890–1972) wichtige Beiträge zum Verständnis der Atome, insbesondere jener der höheren Elemente. (Alles Vorangegangene und Folgende wird in Bd. IV ausführlicher dargestellt.)

2.8 Bohr'sches Atommodell – Periodensystem der chemischen Elemente (PSE)

Die Materie des Universums besteht aus chemischen Elementen. 120 solcher Grundstoffe sind heute bekannt, 92 natürliche, 28 künstliche. Man fasst sie im sogen. Periodensystem (PSE) zusammen. Die Elemente tragen Namen bzw. Namenkürzel. Abb. 2.19 zeigt das Periodensystem bis zur 5. Periode, beginnend mit Wasserstoff (H), fortschreitend bis zum 54. Element, Xenon (Xe).

Auf Erden werden 92 natürliche Elemente gefunden, Uran (U) ist davon im PSE das höchste, alle weiteren Elemente sind künstliche. Diese superschweren Elemente sind extrem instabil und kurzlebig. Die Elemente wurden im Labor entdeckt bzw. erzeugt, u. a. im Labor der Gesellschaft für Schwerionenforschung (GSI) in Darmstadt sowie in Laboren in Russland, USA und Japan.

Die Elemente unterscheiden sich im Aufbau ihres Atoms. Der Aufbau des Atoms bestimmt die Eigenschaften des Elementes und jener der Moleküle, die aus Atomen aufgebaut sind, z. B. H_2O (Wasser, chem. Verbindung aus Wasserstoff (H) und Sauerstoff (O)). – Zu den Eigenschaften der Elemente und ihrer Entdeckungsgeschichte vgl. [5–7].

Jedes Atom besteht aus einem Kern (Atomkern, Nuklid) und aus Elektronen. Die Elektronen bewegen sich (im Sinne der Bohr'schen Vorstellung) auf kugelsphärischen Bahnen (Schalen) um den Kern. Der Atomkern besteht aus Protonen und Neutronen, man nennt sie Nukleonen. Das Proton (p) hat die Masse m_p und ist elektrisch positiv geladen, das Neutron (n) hat die Masse m_n und ist elektrisch

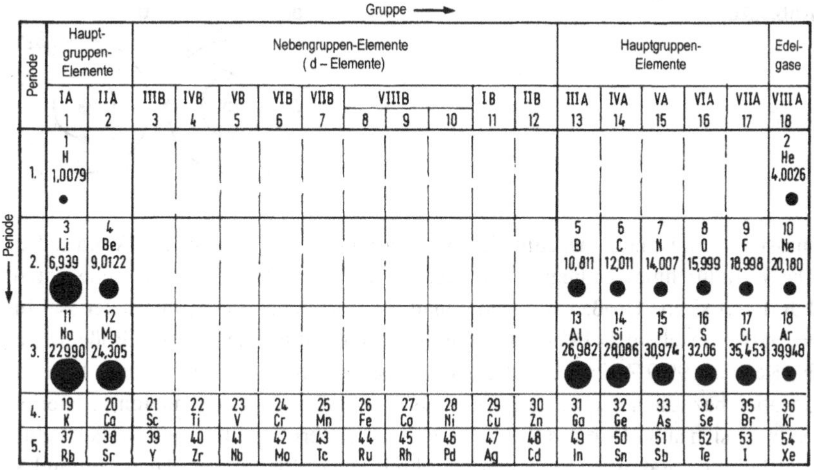

Gruppe ⟶

Periode	Hauptgruppen-Elemente		Nebengruppen-Elemente (d-Elemente)										Hauptgruppen-Elemente					Edelgase
	IA 1	IIA 2	IIIB 3	IVB 4	VB 5	VIB 6	VIIB 7	VIIIB 8	9	10	IB 11	IIB 12	IIIA 13	IVA 14	VA 15	VIA 16	VIIA 17	VIIIA 18
1.	1 H 1,0079 ●																	2 He 4,0026 ●
2.	3 Li 6,939 ●	4 Be 9,0122 ●											5 B 10,811 ●	6 C 12,011 ●	7 N 14,007 ●	8 O 15,999 ●	9 F 18,998 ●	10 Ne 20,180 ●
3.	11 Na 22,990 ●	12 Mg 24,305 ●											13 Al 26,982 ●	14 Si 28,086 ●	15 P 30,974 ●	16 S 32,06 ●	17 Cl 35,453 ●	18 Ar 39,948 ●
4.	19 K	20 Ca	21 Sc	22 Ti	23 V	24 Cr	25 Mn	26 Fe	27 Co	28 Ni	29 Cu	30 Zn	31 Ga	32 Ge	33 As	34 Se	35 Br	36 Kr
5.	37 Rb	38 Sr	39 Y	40 Zr	41 Nb	42 Mo	43 Tc	44 Ru	45 Rh	46 Pd	47 Ag	48 Cd	49 In	50 Sn	51 Sb	52 Te	53 I	54 Xe

Abb. 2.19

neutral. Das Elektron (e) hat die Masse m_e und ist elektrisch negativ geladen. **Die genannten Massen sind bei allen Elementen gleichgroß!** Ihre Werte sind:

$$m_{\text{Proton}} = m_p = 1{,}67268 \cdot 10^{-27}\,\text{kg}$$

$$m_{\text{Neutron}} = m_n = 1{,}67493 \cdot 10^{-27}\,\text{kg}$$

$$m_{\text{Elektron}} = m_e = 9{,}10939 \cdot 10^{-31}\,\text{kg}$$

Offensichtlich ist die Masse der Nukleonen (p und n) gegenüber der Masse des Elektrons (e) um drei Größenordnungen größer, um den Faktor 1836! –
Die elektrische Ladung der Protonen und Elektronen ist bei allen Elementen dem Betrage nach gleichgroß! Man bezeichnet sie als Elementarladung, ihr Wert ist:

$$e = 1{,}60218 \cdot 10^{-19}\,\text{C} \quad (\text{C} = \text{Coulomb})$$

Elektrische Ladungen treten in der Materie immer als ganzzahlige Vielfache der Elementarladung e auf, das bedeutet, jede Ladung in der Materie ist quantisiert (gequantelt).

Der Aufbau der Atome bestimmt ihre Größe. Sie ist unterschiedlich, weil die Anzahl der Nukleonen (Protonen und Neutronen) im Kern und jene der Elektronen bzw. Elektronenschalen im Umfeld des Kerns, elementtypisch differieren. Der Durchmesser eines Atoms liegt im Bereich zwischen $1 \cdot 10^{-10}$ bis $5 \cdot 10^{-10}$ m. Der

Abb. 2.20

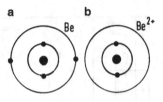

a   b

massive Kern ist nochmals um vier Größenordnungen kleiner als das Atom selbst. Der Kerndurchmesser liegt im Bereich $1 \cdot 10^{-14}$ bis $1{,}5 \cdot 10^{-14}$ m, siehe unten. Für derart kleine Größen verwendet man das Vorzeichen f (1 Femtometer = 1 fm $= 1 \cdot 10^{-15}$ m, ehemals 1 Fermi). Insgesamt ist das Atom eine winzige Größe, wobei im Kern ca. 99,9 % der gesamten Atommasse vereinigt sind (vgl. obige Massenangaben bezüglich m_p, m_n auf der einen Seite und m_e auf der anderen). Materiell befindet sich außerhalb des Kerns bis zu den Rändern der Elektronenwolke nichts, der Raum ist praktisch leer, außer den ‚kreisenden' Elektronen, das ist zumindest die modellhafte Vorstellung.

Zusammenfassung Die Atome der verschiedenen Elemente haben einen

- unterschiedlichen Aufbau, gekennzeichnet durch die Anzahl Z der Protonen und die Anzahl N der Neutronen im Kern, eine
- unterschiedliche Anzahl von Elektronen auf den unterschiedlichen Elektronenschalen im Umfeld des Kerns und dadurch bedingt eine
- unterschiedliche Größe und Masse.

Die **Protonenzahl** Z ist die **Ordnungszahl** eines Elementes im Periodensystem, man spricht auch von der **Kernladungszahl**. Das Element Beryllium (Be) hat z. B. die Ordnungszahl $Z = 4$, d. h. im Kern befinden sich vier Protonen und in diesem Falle gleich viele Neutronen, also insgesamt acht Nukleonen. Auf zwei Elektronenschalen bewegen sich je zwei Elektronen, in der Summe also vier. Dadurch heben sich die positiven Ladungen auf den vier Protonen gegen die negativen Ladungen auf den vier Elektronen gegenseitig auf. Das Atom erscheint in diesem Falle von Außen als elektrisch neutral (Abb. 2.20a). Ist bei dem behandelten Beispiel die äußerste Schale nicht mit Elektronen besetzt, erscheint das Atom von Außen als 2-fach positiv geladen (Abb. 2.20b). In einem solchen Falle spricht man von einem **Ion**. Ionen können positiv oder negativ geladen sein und das einfach, zweifach usf., man nennt sie dann auch einwertig, zweiwertig usw.

Die Summe aus der **Protonen- und Neutronenzahl heißt Massenzahl** A:

$$A = Z + N$$

Abb. 2.21

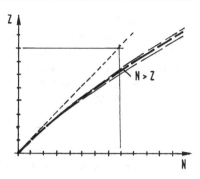

Man kennzeichnet ein Element (E) alternativ zu

$$^4_Z E_N \quad \text{oder} \quad ^4_Z E \quad \text{oder} \quad ^4 E \quad \text{oder} \quad EA \quad \text{oder} \quad E\text{-}A$$

Kohlenstoff lässt sich beispielsweise mit $^{12}_6 C_6$ oder $^{12}_6 C$ oder $^{12} C$ oder C-12 benennen. Der Hochindex gibt die Massenzahl an. Ist die Massenzahl bei den Atomen eines Elementes unterschiedlich, also z. B. $^{12} C$, $^{13} C$, $^{14} C$, spricht man von den **Isotopen des Elements**.

Die Isotope eines Elements (mit der Protonenzahl Z) unterscheiden sich in der Anzahl der Neutronen (N) im Kern. Man kennt insgesamt ca. 1300 Isotope. Davon ist die überwiegende Zahl instabil, d. h. radioaktiv. Ein radioaktives Isotop zerfällt nach einer bestimmten Zeit jeweils zur Hälfte in ein anderes Nuklid (innerhalb seiner sogen. Halbwertszeit). Diese Zeit kann Bruchteile einer Sekunde oder auch Jahrtausende betragen. Der Zerfall der Nuklide geht mit einer **radioaktiven α-, β- bzw. γ-Strahlung** einher. – Die chemischen Eigenschaften der Isotope eines Elementes sind weitgehend gleichartig, nicht dagegen ihre nuklearen!

Die Anzahl der Protonen und Neutronen ist bei den Atomen niedriger Ordnungszahl gleichgroß. Bei Atomen höherer Ordnungszahl überwiegt zunehmend die Zahl der Neutronen gegenüber jene der Protonen. Die Atome sind dadurch stabiler, vgl. Abb. 2.21.

Von allen Elementen hat das Wasserstoffatom die geringste Masse. Das Atom besteht in diesem Falle nur aus einem Proton und einem Elektron. Daneben gibt es noch zwei Wasserstoff-Isotope, zusammengefasst:

Leichter Wasserstoff: $^1 H$ (1p)
Schwerer Wasserstoff: $^2 H$ (1p + 1n), natürliches Isotop
Überschwerer Wasserstoff: $^3 H$ (1p + 2n), radioaktives Isotop

$^2 H$ trägt den Namen Deuterium (D) und $^3 H$ den Namen Tritium (T).

Wie bereits in Abschn. 2.7.3 behandelt, bietet es sich an, eine relative Atommasse für alle Elemente einzuführen und diese auf die Masse des Wasserstoffatoms zu beziehen. Das war die ehemalige Vorgehensweise. Es wurde schon erwähnt: Aus messtechnischen Gründen hat man sich später anders entschieden: Man bezieht die Masse der Atome heute auf $1/12$ der Masse des ^{12}C-Kohlenstoffisotops. Für dieses Isotop beträgt die Masse $12\,$u, wobei u die Atomare Masseneinheit ist:

$$u = 1{,}6605402 \cdot 10^{-27}\,\text{kg}$$

u ist (leider) nicht die exakte Masse eines ^{1}H-Atoms, es ist etwas mehr: Die relative Masse des Wasserstoffatoms und seiner Isotope beträgt dadurch:

$$^{1}\text{H: } 1{,}007825; \quad ^{2}\text{H: } 2{,}013102; \quad ^{3}\text{H: } 3{,}016050.$$

In der Atomaren Masse ist die Masse aller Teile enthalten, jene der Protonen, der Neutronen und der Elektronen. Die im Periodensystem angeschriebenen relativen Atommassen sind Mittelwerte aus allen Isotopen des jeweiligen Elementes unter Einrechnung ihres prozentualen Auftretens in der Natur auf Erden. Daher steht bei C nicht 12,000, sondern 12,011, vgl. Abb. 2.19.

Um die reale Masse eines Atoms zu berechnen, muss man dessen relative Atommasse mit der Atomaren Masseneinheit u multiplizieren. In den Formelsammlungen der Physik sind die relativen Atommassen für alle Elemente ausgewiesen.

Es ist gelungen, den Radius der Atomkerne zu vermessen, er beträgt etwa:

$$r_{\text{Kern}} = r = 1{,}2 \cdot 10^{-15} \cdot \sqrt[3]{A} \text{ in m}$$

A ist die Massenzahl. Wird der Kern eines Atoms als Kugel angenähert, beträgt das Volumen der Kugel:

$$V_{\text{Kern}} = \frac{4}{3}\pi \cdot r^3 = \frac{4}{3}\pi \cdot \left(1{,}2 \cdot 10^{-15}\,\text{m}\right)^3 \cdot A$$

Das Volumen eines Atomkerns ist also proportional zur Anzahl der im Kern vereinigten Nukleonen. Das gilt für alle Elemente! Dieses Ergebnis lässt vermuten, dass die Nukleonen, also die Protonen und Neutronen, dieselbe Größe (und Form) haben. Ihre Massen sind ohnehin etwa gleichgroß, vgl. oben.

Da die Anzahl der Nukleonen im Kern gleich A ist, erhält man die Massendichte im Kern, wenn für ein Nukleon $1{,}67 \cdot 10^{-27}\,$kg gesetzt wird (s. o.), zu:

$$\rho_{\text{Kern}} = \frac{A \cdot 1{,}67 \cdot 10^{-27}}{\frac{4}{3}\pi \cdot (1{,}2 \cdot 10^{-15})^3 \cdot A} = 2{,}31 \cdot 10^{17}\,\frac{\text{kg}}{\text{m}^3} = 2{,}31 \cdot 10^{11}\,\frac{\text{kg}}{\text{cm}^3}$$

$$= 2{,}31 \cdot 10^{8}\,\frac{\text{t}}{\text{cm}^3}$$

Abb. 2.22

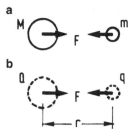

Die Massendichte der Atomkerne aller Elemente ist etwa gleich groß. Die vorstehend berechnete Größenordnung ist eigentlich nicht vorstellbar! – Die Masse der Erde beträgt $5{,}98 \cdot 10^{24}$ kg. Könnte man deren Atomkerne dicht bei dicht packen, könnte man die Erdmasse in einem Würfel mit ca. 300 m Kantenlänge unterbringen oder in einer Kugel mit einem Durchmesse von ca. 367 m. Der Durchmesser der Erde beträgt $1{,}27 \cdot 10^{7}$ m, das liefe auf eine Kompression des Durchmessers um den Faktor $34.605 : 1$ hinaus.

Um den Aufbau eines Atoms mit seinen Nukleonen und Elektronen aufrecht und stabil zu halten, bedarf es eines verwickelten Systems von Kräften, man spricht von **Wechselwirkungen**. Sie sind in allen Atomen bzw. in allen Molekülen wirksam, allerdings in ihrer Größe mit extrem unterschiedlicher Auswirkung. Es handelt es sich um Naturgesetze! Sie bewirken die feste Verbindung der Atome untereinander und innerhalb und zwischen den Molekülen. Ebenso beherrschen sie das Geschehen im Kosmos.

Nach dem heute gültigen Standardmodell werden vier fundamentale Wechselwirkungen unterschieden,

- die Gravitations-Wechselwirkung, Reichweite unendlich (Abb. 2.22a),
- die Elektromagnetische Wechselwirkung, Reichweite unendlich (Abb. 2.22b),
- die Schwache Wechselwirkung, Reichweite kurz,
- die Starke Wechselwirkung, Reichweite sehr kurz.

Die positiv geladenen Protonen im Kern stoßen sich gegenseitig ab, die Starke Kernkraft überwindet diese abstoßende elektrische Wirkung und hält die Protonen und Neutronen im Kern zusammen, vgl. hier Bd. IV, Abschn. 1.3.6 (Standardmodel der Teilchenphysik).

Die ersten beiden Wechselwirkungen werden vom $1/r^{2}$-Kraft-Gesetz beherrscht.

Während der Aufbau des Atomkerns vorrangig die nuklearen Eigenschaften eines Elementes und die der zugehörigen Isotope bestimmt (hierzu gehören al-

Abb. 2.23

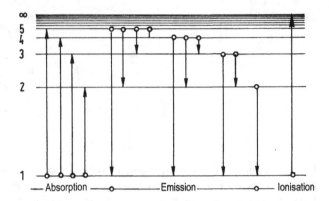

— Absorption ——o—— —Emission— ——o—— Ionisation

le physikalischen, auch die elektrischen und radioaktiven Eigenschaften), sind es die Elektronen, d. h. deren Anzahl und Belegung auf den Elektronenschalen, die die chemischen Eigenschaften der Elemente dominant festlegen. Die Begründung hierfür ist letztlich wieder nur quantenphysikalisch möglich, das gilt ebenso für die jeweils unterschiedliche Eingruppierung im Periodensystem der Elemente.

Jeder Elektronenbahn ist ein bestimmtes Energieniveau zugeordnet. Wird ein Atom vom Grundzustand in einen ‚angeregten' Zustand überführt, z. B. durch thermische Einwirkung (Erhitzung) oder durch eine elektrische Entladung (Blitz), geht es in einen höheren Energiezustand über, gedanklich durch einen Sprung des Elektrons auf eine höhere Bahn, wie in Abb. 2.23 angedeutet. In der Abbildung sind vier mögliche Sprünge aus dem Grundzustand dargestellt. Von einem höheren Niveau kann das Elektron auf mehrerlei Weise auf niedrigere Niveaus oder in den Grundzustand zurückkehren, was in der Regel auch spontan geschieht. Bei einem Übergang von einer kernferneren auf eine kernnähere Bahn wird ein Strahlungsquant, ein **Photon**, in Form einer **elektromagnetischen Welle**, abgestrahlt (emittiert). Das Quant führt dabei jene Energie mit, die der Energiedifferenz der Bahnen entspricht. Da es sich um keinen kontinuierlichen, sondern um einen sprunghaften Übergang handelt, ist die Energie diskret-quantisiert! Die Welle bewegt sich mit der für die Energie des Quants typischen Frequenz. Die Fortpflanzungsgeschwindigkeit des Quants (des Photons) ist im Vakuum immer dieselbe, nämlich die Lichtgeschwindigkeit, sie beträgt ca. $3 \cdot 10^8$ m/s. In Flüssigkeiten und transparenten Festkörpern liegt sie niedriger. Auf dieser Hypothese beruht die Deutung der (elektromagnetischen) Strahlung, einschließlich der Lichtstrahlung. Sie geht auch auf N. BOHR zurück. Im Lichtspektrum schlägt sich die Abstrahlung (**Emission**) eines Photons mit der der zugeordneten Energiedifferenz des Quantensprungs in einer bestimmten **Spektrallinie** nieder. Bei einer solchen Linienfolge spricht man von einem Emissionsspektrum. Im Prinzip gilt die Deutung auch für die Atome der höheren Elemente. Das Termschema ist dann allerdings nicht so einfach wie in Abb. 2.23.

Im Allgemeinen befinden sich die Atome im energetischen Grundzustand. Das ist der Zustand mit dem niedrigsten Energieniveau. Im Grundzustand können die Atome nicht strahlen. Wäre es nicht so, würde das Elektron augenblicklich in den Kern stürzen (in etwa 10^{-11} s), dann gäbe es keine stabile Materie.

Ist die Anregung des Atoms so intensiv, dass die Anregungsenergie einen bestimmten Wert übersteigt, trennt sich das Elektron vom Atomkern. Das Atom ist dann elektrisch positiv geladen. Diesen Vorgang nennt man **Ionisation**. Beim Wasserstoffatom beträgt diese Energie mindestens $E = -13,6$ eV. Man nennt diese Energie Bindungsenergie des Elektrons.

Das Einfangen eines Photons verläuft umgekehrt, man spricht von **Absorption**. In diesem Falle geht das Atom aus dem Grundzustand in einen höheren Energiezustand über, das Elektron springt auf eine kernfernere Bahn. Absorbiert kann ein Photon indessen nur dann, wenn das eingefangene (absorbierte) Lichtquant eine Energie trägt, die dem Sprung des Elektrons auf das höhere Niveau exakt entspricht. Hat das Photon seine Energie abgesetzt, existiert es nicht mehr. Auch diese Verbildlichung lässt sich auf die Atome der höheren Elemente übertragen.

Strahlt das Licht eines glühenden Stoffes (eines bestimmten Elementes) durch ein (kühleres) Gas, werden in dessen kontinuierlichem Spektrum dunkle Absorptionslinien erkennbar. Die Linien kennzeichnen im Spektrum des durchstrahlten (absorbierenden) Gases jene Energieniveaus, auf denen Energiequanten, also Photonen, des strahlenden Stoffes absorbiert wurden. Solche Linien zeigen die Spektren der Sterne, auch das Spektrum der Sonne. Man nennt sie Absorptionsspektren und die schwarzen Linien in ihnen **Fraunhofer'sche Linien**, benannt nach J. FRAUNHOFER (1787–1826), von dem sie entdeckt worden sind (vgl. Bd. III, Abschn. 4.4 und Bd. IV, Abschn. 1.1.3). – Die Absorptionsspektren erlauben, wie die Emissionsspektren, eine Analyse der Elemente, wenn der Stoff, aus dem sie bestehen, in einen leuchtenden Zustand überführt wird. Die Spektralanalyse zählt zu den wichtigsten ‚Werkzeugen' in Physik und Chemie.

Heute wird ein wellenmechanisches Atommodell propagiert, das von der von E. SCHRÖDINGER (1887–1961) angegebenen Gleichung für die Materiewellen ausgeht. Danach ‚bewegen' sich die Elektronen nicht auf Kreisen oder Ellipsen um den Kern, sondern bewegen sich innerhalb einer Ladungswolke um den Kern, Orbitale kennzeichnen den Raum ihres wahrscheinlichen Auftretens (Bd. IV).

2.9 Aggregatzustände der Materie

2.9.1 Feststoff – Flüssigkeit – Gas

Gängigerweise werden die drei Zustandsformen der Materie als deren Aggregatzustände unterschieden,

- als Feststoff (engl. solid, s), entweder kristallin oder amorph,
- als Flüssigkeit (engl. liquid, l; auch als Fluid bezeichnet),
- als Gas (engl. gas, g; synonym ist der Begriff Dampf).

Bekanntlich tritt Wasser (H_2O) bei atmosphärischem Normaldruck (1013 hPa) unterhalb des Gefrierpunktes (0 °C) als Eis und oberhalb des Siedepunktes (100 °C) als Gas (Wasserdampf) auf. Zwischen diesen beiden Marken ist Wasser flüssig: Abb. 2.24a zeigt die Wassermoleküle in regelmäßiger Anordnung als Eiskristalle, in Teilabbildung b als Fluid in schwach unregelmäßiger Bewegung (nach wie

Abb. 2.24

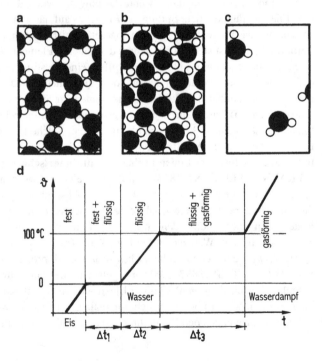

vor in dichter Packung) und in Teilabbildung c als Gas in heftiger Bewegung mit großen gegenseitigen Zwischenräumen. – Wird Eis einer bleibenden Wärmezufuhr unterworfen, beginnt es irgendwann zu schmelzen, dabei wird die Bindung zwischen den Eiskristallen gelöst. Nach einer gewissen Dauer geht das Eis völlig in den Zustand flüssig über, der Übergang erfolgt von fest auf flüssig demnach nicht sprunghaft. Bei weiterer Erwärmung vollzieht sich dieses Geschehen beim Übergang auf Wasserdampf erneut. Man spricht bei diesen Übergängen von **Phasen** (Abb. 2.24d). Die Masse der Materie bleibt bei den Übergängen durchgängig erhalten.

Die Aggregatzustände sind eine Funktion der Temperatur und des Drucks: Auf Bergen (der atmosphärische Druck liegt hier niedriger) siedet Wasser bei geringerer Temperatur; in einem abgeschlossenen Gefäß (der Druck liegt hoch) siedet Wasser bei einer höheren Temperatur (in einem Dampfdrucktopf mit Überdruckventil erfolgt die Garung des Inhalts als Folge der höheren Hitze schneller).

Kristalle weisen eine regelmäßige Gitterstruktur der Atom- bzw. Molekülanordnung auf. Es gibt verschiedene Kristallformen, sie bestimmen u. a. deren mechanische Eigenschaften wie Härte und Festigkeit. Die überwiegende Zahl der Stoffe hat im Festzustand einen kristallinen Aufbau, wenn auch nur im Kleinen. Amorph ist ein Festkörper, wenn die Moleküle statistisch-regellos verteilt sind. Deren Bindung ist schwächer, sie sind dadurch leichter verformbar, zäh bis dickflüssig, wie z. B. bei Bitumen oder Harz.

Bindungskräfte zwischen den Molekülen (Atomen) bewirken den Zusammenhalt und damit die Form des **Festkörpers**. Die Form eines Festkörpers kann auf zweierlei Art verändert werden:

1. **Formänderung durch äußere Kräfte:** Abb. 2.25a/d zeigt zwei (metallische) würfelförmige Körper, auf die jeweils eine Kraft einwirkt. Im oberen Bildteil wirkt eine Zugkraft (F_1), im unteren eine Scherkraft (F_2), man spricht auch von einer Schubkraft. Bei Zug erleidet der Körper eine Längung Δ_1 (und eine Quereinschnürung), bei Scherung eine Schiebung (Δ_2) und keine Querdehnung. Der erstgenannte Fall geht mit einen Volumenänderung, der zweite mit einer Gestaltänderung einher (Abb. 2.25b/d). Wirkt anstelle einer Zugkraft eine Druckkraft, gilt das Gleiche, nur mit umgekehrtem Vorzeichen (Verkürzung, Stauchung statt Verlängerung).
   Die jeweilige äußere Kraft leistet bei der Verschiebung eine Arbeit gegen die inneren Bindungskräfte, Kraft (F) und Verschiebung (Δ) wachsen jeweils linear an. Um eine gleichgroße Verschiebung ($\Delta_1 = \Delta_2$) zu bewirken, muss bei Zugbeanspruchung ein höherer Widerstand als bei einer Schubbeanspruchung überwunden werden. Das beruht auf dem unterschiedlichen atomar-mo-

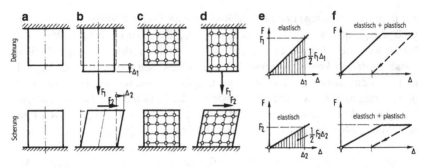

Abb. 2.25

lekularen Zusammenhalt im Inneren, wie in Abb. 2.25c/d angedeutet. Gemäß Teilabbildung e gehören zu gleichgroßen Verschiebungen ($\Delta_1 = \Delta_2$) unterschiedlich hohe äußere Kräfte. Die schraffierten Dreiecke kennzeichnen die von den Kräften jeweils aufgebrachte Arbeit. Sie ist gleich der von den inneren Bindungskräften geleisteten Arbeit, man spricht von Formänderungsarbeit. – Kehrt der Körper nach Rücknahme der Kraft in den Urzustand ohne bleibende Verformung zurück, war das Verhalten **elastisch**. Ein solches Verhalten ist selbstredend begrenzt. Gewisse Stoffe brechen bei Erreichen einer bestimmten Beanspruchung spröde (Erreichen der Bruchspannung), andere verhalten sich zäh (duktil). Das bedeutet: Ohne dass die Kraft weiter gesteigert werden kann, verformt sich der Körper bei diesem Kraftniveau weiter; diese Verformungsfähigkeit ist irgendwann erschöpft, dann tritt Versagen ein (Erreichen der Bruchdehnung). Ein solches Verhalten nennt man **plastisch**. Stahl zeigt beispielsweise in Annäherung ein solches Verhalten. Beispiele für Stoffe, die ohne plastische Dehnfähigkeit spröde brechen, sind Glas und die meisten Gusseisensorten. Wird im Falle eines sich plastisch verformenden Stoffes die Kraft wieder auf Null zurück genommen, verbleibt eine Verformung. Ein Stoffverhalten, wie in Abb. 2.25f, nennt man ideal elastisch-plastisch. Die meisten Stoffe haben ein solches, mehr oder minder davon abweichendes Verhalten.

2. **Formänderung durch Temperatur:** Bei Wärmezufuhr tritt bei den meisten Stoffen im Festzustand eine Volumenvergrößerung ein. Wärmeeintrag bedeutet Arbeit gegen die Bindungskräfte zwischen den Atomen bzw. Molekülen. Das Gefüge des Festkörpers erleidet eine Lockerung. Oberhalb einer gewissen Temperatur bricht das Gefüge auf, der Stoff schmilzt, bei nochmals weiterer Erwärmung kommt es zu einer Verdampfung, d. h. die Flüssigkeit geht in einen gasförmigen Zustand über. Eisen (Fe) schmilzt bei 1538 °C und siedet bei 2868 °C, wird zu Eisendampf!

Abb. 2.26

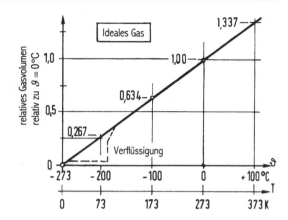

Flüssigkeiten können unter gängigen Druckverhältnissen als **inkompressibel** (nicht zusammendrückbar) angesehen werden, darüber hinaus als elastisch. **Gase** sind dagegen stark **kompressibel** (zusammendrückbar). Während ein Fluid eine dichte Packung der Moleküle aufweist (zwar nicht ganz so dicht wie im Festzustand), bewegen sich die Moleküle bei einem Gas losgelöst, ungebunden. Ein Fluid vermag dank der Grenzspannung eine freie Oberfläche zu bilden (Bd. II, Abschn. 2.4.1.7).

Wasser verhält sich beim Übergang fest/flüssig sehr spezifisch, was aus vielerlei Gründen bedeutsam ist (Bd. II, Abschn. 3.2.4).

Gase folgen in ihrem Temperatur-Druckverhalten den in Abschn. 2.7.3 erläuterten Gasgesetzen. Diese gelten für **ideale** Gase. Je niedriger die Dichte eines Gases ist, je 'dünner' es also ist, umso mehr genügt es dieser Voraussetzung: Bei konstantem Druck vergrößert sich das Volumen streng linear mit steigender Temperatur, gemessen vom absoluten Nullpunkt ($-273\,°C$) aus (Abb. 2.26). Dank dieser Eigenschaft kann Gas zur Fertigung eines Thermometers verwendet werden, was auch geschieht. An einem solchen Gasthermometer können andere Thermometer geeicht werden.

Hinweis zu Abb. 2.26
Unmittelbar oberhalb des absoluten Nullpunktes gelten für Gase im verflüssigten Zustand spezielle physikalische Gesetze.

Wie erläutert, ist das unterschiedliche Verhalten der Stoffe in den Aggregatzuständen eine Funktion ihrer Temperatur und ihres Drucks. Das beruht auf dem atomar-molekularen Aufbau ihrer Teile. Im Festzustand befinden sich die Teile in einem permanenten Schwingungszustand um ihre mittlere (Gleichgewichts-) Lage.

Abb. 2.27

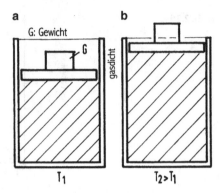

Bei Temperaturanstieg wird das ‚Zittern' der Atome bzw. Moleküle innerhalb ihres festen Verbandes immer intensiver. Beim Erreichen des Schmelzpunktes bricht das Gefüge auseinander, die Moleküle gehen in ein Fluid und damit in einen regellosen Bewegungszustand über. Im Gaszustand ist die Bewegung nochmals intensiver, Größenordnung: 500 bis 2000 m/s, abhängig vom Molekül und der Temperatur. Die Gasmoleküle stoßen auf ihren geradlinigen Bahnen ständig aneinander. Nach dem Aufprall setzen sie ihre Bahn fort und das regellos zick-zack-förmig. Stoßen sie gegen eine sie begrenzende Wand, wirkt sich das als Gasdruck auf die Wand aus. Der mittlere Abstand zwischen den Stößen wird als ‚mittlere Wegstrecke (Weglänge)' bezeichnet.

Vermag sich das Gas unter Aufrechterhaltung des Drucks auszudehnen, wie in Abb. 2.27 erklärt, wächst die mittlere Weglänge zwischen den Stoßereignissen mit steigender Temperatur als Folge der intensiveren Molekülbewegung an. Damit wächst auch das Volumen. Die Anzahl der Moleküle bleibt unverändert, der Raum wird gleichmäßig ausgefüllt; Abb. 2.28 veranschaulicht das Verhalten: Das

Abb. 2.28

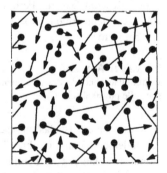

Abb. 2.29

a

Schmelztemperatur	
Stoff	°C
Quecksilber	-39
Schwefel	≈115
Zinn	232
Blei	327
Zink	420
Magnesium	649
Aluminium	660
Silber	961
Gold	1064
Kupfer	1084
Nickel	1453
Eisen	1536
Titan	1668
Platin	1773
Chrom	1890
Wolfram	3422
Kohlenstoff	3650

b

Siedetemperatur	
Stoff	°C
Ammoniak	-34
Chlor	-35
Propylen	-48
Schwefelwasserstoff	-60
Kohlendioxyd	-79
Acetylen	-84
Äthylen	-104
Krypton	-154
Methan	-161
Sauerstoff	-183
Argon	-186
Fluor	-188
Stickstoff	-196
Neon	-246
Schwerer Wasserst.	-250
Wasserstoff	-253
Helium	-269

Gas befindet sich im thermodynamischen Gleichgewicht: Je höher die eingeprägte Wärmeenergie ist, umso größer ist die Bewegungsenergie (kinetische Energie) der Moleküle, man spricht von ihrer Inneren Energie.

In Abb. 2.29 sind für eine Reihe unterschiedlicher Reinstoffe deren Schmelz- und Siedetemperaturen zusammengestellt. Man nennt die Phasenübergänge auch: Schmelz-, Gefrier- oder Eispunkt, bzw. Siedepunkt, vgl. Abb. 2.24d.

Die Werte in der Tabelle gelten für atmosphärischen Normaldruck (1013,25 hPa).

In Bd. II (Kap. 3, Thermodynamik) wird die Thematik ausführlicher behandelt, das gilt auch für diverse weitere Stoffeigenschaften. Die ganze diesbezügliche Breite der physikalischen, chemischen und biologischer Fragestellungen kann hier selbstredend nicht dargestellt zu werden, viel Lesenswertes enthält [9].

2.9.2 Plasma

Neben den genannten gibt es einen weiteren Aggregatzustand, diesen nennt man **Plasma**: Bei extrem hohen Temperaturen trennen sich die Elektronen von den Atomkernen: In diesem Zustand besteht die Materie aus elektrisch positiv geladenen freien Ionen und negativ geladenen freien Elektronen. Haben sich sämtliche

Elektronen abgelöst, spricht man von einem vollständig ionisierten Plasma (die Atomkerne liegen ‚nackt'), im anderen Falle spricht man von einem unvollständigen Plasma. Die Ionenmasse dominiert gegenüber der Elektronenmasse, beim Wasserstoff im Verhältnis 1836 : 1, vgl. Abschn. 2.8.

Gesamtheitlich ist das Plasma von außen betrachtet elektrisch (quasi-)neutral. – Bei $T < 10^5$ K spricht man von einem kalten, bei $T > 10^6$ K von einem heißen Plasma.

Im **Inneren der Sterne** befindet sich die Materie im Zustand eines Plasmas. Das Plasma bezieht seine Energie aus der Fusion (Verschmelzung) der Kerne (Bd. IV, Abschn. 1.2.5). – Im Zentrum der **Sonne** beträgt die Temperatur ca. $T = 15 \cdot 10^6$ K. Zum Rand hin sinkt sie stark ab, auf der Oberfläche beträgt sie nur noch ca. 6000 K. In der Randzone besteht die Sonne vorrangig aus den Elementen H und He, in größeren Tiefen treten höhere Elemente hinzu. – Von der Oberfläche wird Materie als ‚Sonnenwind' mit Geschwindigkeiten zwischen 400 bis 800 km/s in den Raum geschleudert. Dieser Sonnenwind erreicht gelegentlich die Erdoberfläche. Durch Wechselwirkung mit dem irdischen Magnetfeld bilden sich dann Polarlichter. – Die nur bei totaler Sonnenfinsternis sichtbare Korona der Sonne besteht aus hoch erhitztem, dünnen Plasma. Die Korona vermag sich über mehrere Sonnenradien in den Raum zu erstrecken und erreicht Temperaturen von mehreren Millionen Grad. Alle leuchtenden Sterne sind mit einer solchen Plasmahülle umgeben.

Im Universum ist das leuchtende interstellare Gas auch ein Plasma (10.000 K): Durch die von den Sternen ausgehende hochenergetische Strahlung werden die Gasmoleküle ionisiert und die Ionen in den weitreichenden Magnetfeldern der Sterne großräumig auf spiraligen Bahnen beschleunigt. So gesehen, befindet sich die Materie im gesamten Kosmos, einschließlich jener der strahlenden Himmelskörper, zu ca. 99 % im Aggregatzustand eines Plasmas!

Bei Blitzen nimmt die Materie im Blitzkanal als Folge der elektrischen Entladung kurzzeitig den Zustand eines Plasmas an (Temperatur bis 30.000 K, Bd. II, Abschn. 1.7.2). – Beim Schweißen und Schneidbrennen sowie beim Schmelzen von Stahl (z. B. im Elektroofen) wird ein Lichtbogenplasma mit Temperaturen zwischen 10.000 bis 20.000 K erzeugt. –

Das in Fusionsreaktoren angestrebte Plasma muss mindestens eine Temperatur von $T \approx 100 \cdot 10^6$ K erreichen, damit eine Kernschmelze eintritt und aufrecht erhalten bleibt. Bei dieser Temperatur ist die kinetische Energie der freien Wasserstoffatome (= positiv geladene Protonen) so hoch, dass sie ihre gegenseitige elektrische Abstoßung überwinden, zusammenstoßen und verschmelzen können. Das ist etwa die sechsfache Temperatur wie im Sonneninneren. Da der Reaktor im Gegensatz zur Sonne drucklos arbeitet, gelingt ein stabiler Fusionsprozess nur mit einer so hohen (Mindest-)Temperatur. Ein Erfolg der Fusionstechnik bleibt abzuwarten, vgl. Bd. IV, Abschn. 1.2.5.2.

2.10   Anorganische und organische Materie – Lebende Materie

Wie ausgeführt, treten auf Erden 92 ‚natürliche' Elemente auf. Im Periodensystem der Elemente (PSE) trägt Uran die Ordnungszahl $Z = 92$, gefolgt von Neptunium (Np, $Z = 93$) und Plutonium (Pu, $Z = 94$). Letztere zählen, wie die noch weiter folgenden Elemente, zu den Transuranen. Die Transurane sind allesamt radioaktiv, es sind superschwere Isotope mit z. T. extrem kurzen Halbwertszeiten. Sie werden in Instituten der Schwerionenforschung erzeugt. Der Mensch als Schöpfer von etwas, was es sonst im Kosmos (vermutlich) nicht gibt.

Die auf der Erde (einschließlich der Meere und der Atmosphäre) am häufigsten vorkommenden Elemente sind Sauerstoff (50 %), Silizium (29 %), Aluminium (7,6 %), Eisen (4,7 %) und Calcium (3,4 %), in der Summe machen sie ca. 95 % aus.

Alle organischen Verbindungen sind Kohlenstoffverbindungen; ihre Anzahl liegt bei 10 Millionen oder höher, die Anzahl der anorganischen Verbindungen wird zu 200.000 bis 300.000 geschätzt.

In lebender Materie sind in den organischen Molekülverbindungen die Elemente Wasserstoff (H), Kohlenstoff (C), Stickstoff (N), Sauerstoff (O), Phosphor (P) und Schwefel (S) mit 99,4 % vertreten! Es handelt sich überwiegend um Riesenmoleküle. Einst wurde angenommen, dass der lebenden Materie eine besondere ‚Lebenskraft' (vis vitalis) inne wohne. Diese Annahme galt frühzeitig durch die Versuche von F. WÖHLER (1800–1832) als widerlegt. Er konnte im Jahre 1828 Harnsäure (wie sie in einem lebenden Körper von der Niere produziert wird) aus anorganischen Stoffen synthetisieren.

Alles pflanzliche und tierische Leben auf Erden ist wohl aus einer Urzelle hervor gegangen, die sich vor 3,5 Milliarden Jahren bildete. Aus dieser hat sich die ganze lebende Vielfalt in sehr langen Zeiträumen im Zuge der Evolution durch Aufnahme von Sonnenenergie entwickelt. Der Lebenszustand der Organismen war und ist auf stabile Randbedingungen angewiesen. Die Körpertemperatur eines lebenden Menschen beträgt 37 °C (= 310 K). Ist sie nur 4 °C höher (oder tiefer), kann der Tod eintreten, weil die lebensnotwendigen Funktionen der in großer Komplexität aufgebauten und vernetzten Biomoleküle aussetzen. Gegenüber den äußeren Temperaturschwankungen vermag der Organismus die Temperatur in Grenzen zu regeln. Das gelingt zusätzlich durch bewusst herbei geführte Schutzmaßnahmen. – Ist der lebende Organismus weniger komplex bezüglich Ordnung und Organisation der Moleküle, ist die Bandbreite für den Lebenszustand größer, etwa bei Bakterien. Es gibt solche, die in kochendem Quellwasser und unter hohem Druck, und solche, die bei tiefsten Temperaturen und ohne Sonnenlicht, existieren können,

bzw. auf diese Bedingungen spezialisiert sind. – Dass so hochkomplexe Lebensformen wie Säuger ein so hohes Alter erreichen, ist ein Zeichen für eine sich im
Laufe der Zeit eingestellte außerordentlich robuste und redundante Funktionsstufe
der biochemischen Prozesse. – Sollte es auf fernen Planeten Leben geben, müss-
te es wohl auch auf Kohlenstoffchemie beruhen, denn es gibt im ganzen Kosmos
nur die bekannten 92 Elemente und von diesen kann nur Kohlenstoff dank seines
atomaren Aufbaus so viele Moleküle bilden, wie sie für komplexe Vorgänge in
höheren Lebensformen erforderlich sind. Niedere Lebensformen könnten sich auf
einfacherer molekularer Ebene bilden.

Die mit der Urzeugung verbundenen ‚letzten Fragen‘ sind bis heute unbeant-
wortet geblieben und werden es wohl auch bleiben. Gleichwohl, auch auf diesem Gebiet ist die Forschung inzwischen in große Tiefen vorgedrungen (Bd. V,
Abschn. 1.2.3). Die Schöpfung höherer Lebensformen durch den Menschen ist
gänzlich auszuschließen. Schon die Generierung eines Einzellers mit Zellkern und
selbstständigem Stoffwechsel, der sich eigenständig vermehrt (erst dann wäre es
ein lebender Organismus), dürfte nie gelingen, eher solche Formen, die von vor-
handenem Biomaterial ausgehen. Im Grunde ist damit der Mensch von Anfang an
befasst, als er anfing, Nutzpflanzen und Nutztiere zu züchten. Was sich heute dem
Auge draußen bietet, hat es vordem nicht gegeben, es ist Menschenwerk. Dass man
auf diesem Wege weiter gehen wird und gehen muss, einschließlich der Möglichkeiten der Gentechnik, gebietet der steigende Bedarf an Nahrung einer nach wie
vor ungebremst wachsenden Erdbevölkerung.

2.11 Antimaterie

Das Kosmologische Standardmodell lehrt, dass es in der Entstehungsphase des
Universums unmittelbar nach dem Urknall gleichviel Materie und Antimaterie mit
entgegengesetzter elektrischer Ladung gegeben hat. Sie löschten sich bis auf einen
kleinsten Rest (im Verhältnis $1 : 10^9$) sofort wieder gegenseitig aus und zerstrahl-
ten, was als Hintergrundstrahlung gemessen werden kann (Bd. III, Abschn. 4.3.4).
Der ‚Rest‘ ist jene baryonische Materie, die heute den Kosmos ausmacht, so die
Theorie. Dieses Faktum der Symmetrieverletzung ist schwierig zu verstehen.

Die von P. DIRAC (1902–1984) im Jahre 1928 theoretisch postulierte Existenz von Antimaterie konnte inzwischen experimentell nachgewiesen werden, in
der kosmischen Strahlung im Jahre 1952 in Form positiv geladener Elektronen
(Positronen) und im Labor erzeugt als Antiprotonen (1955) und Antiwasserstoff
(1995). Heute geht das Standardmodell der Teilchenphysik davon aus, dass es zu
jedem Teilchen ein Antiteilchen gibt, vgl. Bd. IV, Abschn. 1.3.5 und [10–12].

Literatur

1. LANDAU, R.: Am Rand der Dimensionen – Gespräche über die Physik am CERN. Frankfurt a. M.: Suhrkamp 2008

2. GIUDICE, G.F.: Odyssee im Zeptoraum – Eine Reise in die Physik des LHC. Berlin: Springer Spektrum 2012

3. SATZ, H., BLANCHARD, P. u. KOMMER, C. (Hrsg.): Großforschung in neuer Dimension – Denker unserer Zeit über aktuelle Elementarteilchenphysik am CERN. Berlin: Springer Spektrum 2016

4. ROBINSON I.: Eine gewichtige Sache. Spektrum der Wissenschaft 2007, Heft 6, S. 76–84

5. KURZWEIL, P.: Das Vieweg-Einheiten-Lexikon, 2. Aufl. Wiesbaden: Vieweg 2000

6. QUADBECK-SEEGER, H.-J.: Die Elemente der Welt. Weilheim: Wiley 2007

7. RAUCHHAUPT, U.: Die Ordnung der Stoffe – Ein Streifzug durch die Welt der chemischen Elemente, 2. Aufl. Frankfurt a. M.: Fischer 2009

8. GRAY, T.: Die Elemente – Bausteine unserer Welt, 2. Aufl. Köln: Fackel Verlag 2012

9. WELSCH, N., SCHWAB, J. u. LIEBMANN, C.: Materie – Erde Wasser, Luft und Feuer. Berlin: Springer Spektrum 2012

10. HERRMANN, D.B.: Antimaterie – Auf der Suche nach der Gegenwelt, 4. Aufl. München: Beck 2009

11. CLOSE, F.: Antimaterie. Heidelberg: Spektrum Akad. Verlag 2010

12. KELLERBAUER, A.: Das Antimaterie-Rätsel. Physik in Unserer Zeit 43 (2012), S.174–180

Mathematik – Elementare Einführung

3

3.1 Mathematik: Königin der Wissenschaften

Die Mathematik wird vielfach als Königin der Wissenschaften bezeichnet. Bestechend ist ihre Universalität mit einer von allen Menschen verstandenen Formelsprache, gültig in allen Kulturen und Gesellschaftsformen. Von ihrer Geschlossenheit, ihrer inneren Stringenz, ihrer ethischen Redlichkeit geht für jeden einschlägig Gebildeten eine große Faszination aus, sie ist in ihrem Kern von großer Ästhetik. – Das Wort Mathematik leitet sich aus dem Altgriechischen ab: μαϑημα (máthéma = Wissenschaft, Kenntnis, Gelerntes).

Die Mathematik kann auf eine lange Geschichte zurückblicken. Ihre Anfänge gehen auf die Sumerer, die Babylonier und Ägypter zurück; bei ihnen hatte die Mathematik noch einen starken Praxisbezug. Bei den Griechen erreichte sie eine höhere Stufe, vielfach parallel und gemeinsam mit der Philosophie jener Zeit. Zu nennen sind hier PYTHAGORAS (580–496 v. Chr.) und seine Schüler, EUKLID (360–290 v. Chr.), später ARCHIMEDES (287–212 v. Chr.) und PTOLEMAIOS (100–160 n. Chr.). Das Diktat der sich ab dem frühen Mittelalter durchsetzenden christlichen Kirche beendete zunächst ihre weitere Entwicklung, wie jene nahezu aller Wissenschaften. Die Araber hingegen sammelten und übersetzten die Werke der hellenistischen Mathematiker (THABIT-IBN-QURRA (826–901)). Sie entwickelten sie weiter und zogen dabei die mathematischen Kenntnisse des fernen Ostens, Chinas und Indiens, mit ein (AL-KHWARIZMI (780–850)). Über die von ihnen eroberten Gebiete, insbesondere über Spanien, und durch die Handelsbeziehungen zwischen Orient und Okzident, später im Gefolge der Kreuzzüge, gelangten die Kenntnisse der arabischen Mathematik ab etwa dem 9. Jh., verstärkt ab dem 12. Jh., ins Abendland. Es sollte aber nochmals weitere Jahrhunderte dauern, bis die Mathematik mit Beginn der Aufklärung, also ab Ende des 17. Jh., bedeutende Fortschritte erlebte: In einer relativ kurzen Phase erreichte sie einen Stand hoher Vollkommenheit. Deren Grundlagen bilden noch heute den Inhalt des

© Springer Fachmedien Wiesbaden GmbH 2017
C. Petersen, *Naturwissenschaften im Fokus I*, DOI 10.1007/978-3-658-15190-4_3

höheren Schulunterrichts. Bahnbrechende Fortschritte gelangen: R. DESCARTES
(1596–1650), I. NEWTON (1643–1727), G.W. LEIBNIZ (1646–1716), L. EULER
(1707–1783), A.-L. CAUCHY (1789–1857) und C.F. GAUSS (1777–1855); letzte-
rer gilt vielen als größter Mathematiker aller Zeiten (‚princeps mathematicorum‘).
Viele bedeutende Forscher folgten den Genannten bis heute (Abschn. 3.5).

Inzwischen hat die Mathematik einen Abstraktionsgrad und eine Tiefe erreicht
(und das auf vielen Spezialgebieten), dass selbst Fachleute das gesamte Gebiet
nicht mehr überblicken können. Abgehoben von der Schriftsprache des täglichen
Umgangs ist die Mathematik auf einen komplizierten Formelapparat angewiesen.
Ihre aktuellen Forschungsergebnisse sind vermutlich für 99,9. . . % der Normalbe-
völkerung unverständlich, auch für den aufgeschlossenen Zeitgenossen. Da die er-
brachte Denkleistung in gängiger Sprache nicht vermittelbar und demgemäß nicht
nachvollziehbar ist, entzieht sich die Bedeutung der Mathematik einer Beurteilung
durch die Allgemeinheit. Dabei steht ihr Wert für die Kultur des menschlichen
Geistes außer Frage. Der Kultur der Künste, der Musik, der Literatur ist sie eben-
bürtig.

Bekanntlich wurde von A. NOBEL (1833–1896), Erfinder des Dynamits, für
außergewöhnliche Leistungen in der Medizin/Physiologie, Physik, Chemie, Literatur und für das Wirken um den Erhalt des Friedens je ein hoch dotierter Preis
gestiftet. Die Nobelpreise wurden allesamt erstmals 1901 verliehen. Für Mathematik stiftete er keinen Preis, das war ein Fehler. Stellvertretend wird ab 1905
der Bolyai-Preis (nach J. BOLYAI (1802–1860) benannt) verliehen, der erste ging
an H. POINCARÉ (1854–1912). Später bis heute wird für hervorragende Entdeckungen in der Mathematik die Fields-Medaille verliehen, benannt nach dem
Mathematiker J.C. FIELDS (1863–1932); die erste Verleihung erfolgte 1936, seit
1950 wird der Preis alle vier Jahre an zwei bis vier Forscher gleichzeitig verliehen.
Voraussetzung ist, dass sie nicht älter als vierzig Jahre sind. Nur Kenner nehmen
von der Verleihung der Fields-Medaille Notiz und das eventuell nur dann, wenn die
Ehrung mit der Lösung eines länger anhängigen mathematischen Problems, z. B.
einer bis dato nicht bewiesenen mathematischen Vermutung, in Verbindung steht:

- Im Jahre 1993 (endgültig 1998) war es A.J. WILES (*1953) gelungen, die
  ‚Letzte Vermutung‘ von P. de FERMAT (1601–1665) aus dem Jahre 1637 zu
  beweisen [1, 2], wonach es für die Gleichung

$$a^n + b^n = c^n$$

für $n > 2$ (wie vermutet) tatsächlich keine ganzzahligen Lösungen gibt, a, b
und c sind ebenfalls ganzzahlig; für $n = 2$ lassen sich unendlich viele Lösungen

finden, z. B.:

$$3^2 + 4^2 = 5^2, \quad 48^2 + 55^2 = 73^2.$$

- Im Jahre 2005 gelang es G. PERELMAN (*1966) die 1904 von J.H. POIN-
CARÉ ausgesprochene Vermutung als zutreffend zu beweisen, wonach ‚eine
dreidimensionale geschlossene Oberfläche, dann eine Sphäre ist, wenn sich jede auf ihr liegende Schlinge zu einem Punkt zusammen ziehen lässt, der selbst
auf der Oberfläche liegt' [3].

Seit 2003 wird der hoch dotierte Abel-Preis, benannt nach dem norwegischen Mathematiker N.H. ABEL (1802–1829), verliehen. Weitere hochdotierte Preise in
jenen naturwissenschaftlichen Disziplinen, die bei der Nobelpreisehrung nicht berücksichtigt werden, sind der Balzan-Preis (seit 1961) und der Crafoord-Preis (seit
1982), unter anderem für herausragende Beiträge in der Mathematik, Astronomie,
Geologie, Biologie sowie in allen geisteswissenschaftlichen Disziplinen.

Neben der Reinen Mathematik ist es die Angewandte Mathematik, die seit der
Erfindung des elektronisch arbeitenden Computers einen sprunghaften Aufstieg
erlebt hat: Auf sie stützt sich die Software-Entwicklung. Die numerische Mathematik hat innerhalb der Angewandten Mathematik mit ihren Stabilitäts-, Konvergenz-
und Einzigkeitsproblemen einen Abstraktionsgrad höchster Schwierigkeit erreicht,
sodass der Unterschied zwischen Reiner und Angewandter Mathematik fließend
geworden ist. In der Reinen Mathematik dient der Computer inzwischen auch zur
Unterstützung algebraischer Umformungen und begleitender numerischer Bestä-
tigungen. Die Reine Mathematik als abgewandt und die Angewandte Mathematik
als unrein zu bewerten, ist selbstredend wenig sinnstiftend, ebenso der Streit darüber, ob die Mathematik zu den Geistes- oder zu den Naturwissenschaften zählt
(wohl eher zur erstgenannten, da die notwendige Denkarbeit und Beweisführung
auf der Grundlage der Logik reine Geistesarbeit ist; für den Naturwissenschaftler
steht das Experiment an erster Stelle, zur Beschreibung seiner Theorien ist für ihn
die Mathematik unentbehrlich).

3.2 Zahlen – Ziffern

Am Anfang der Mathematik stand das Zählen, wobei das Abzählen bzw. das
Ergebnis der Zählung zunächst durch Holzstäbchen mit eingeschnitzten Kerben,
durch Steine in einem Säckchen oder durch geknüpfte Knoten auf einer Schnur ge-
schah (Abb. 3.1). Letzteres ist noch heute gebräuchlich beim Abbeten christlicher

Abb. 3.1

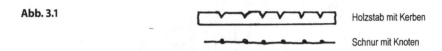

Holzstab mit Kerben

Schnur mit Knoten

oder islamischer Litaneien unter Zuhilfenahme des Rosenkranzes. Lastenträger und Kellner zählen zum Teil noch heute so.

Den Zahlensystemen liegen unterschiedliche Basiszahlen zugrunde. In der wohl ältesten Kultur, jener der Sumerer, diente die Zahl 60 als Basis, vielleicht aus der Anzahl der zwölf Mondwechsel im Jahr und den fünf Fingern einer Hand kombiniert. Noch heute findet sich die Zahl 60 in 360 Altgrad für einen Vollwinkel, in der Zahl der Minuten einer Stunde, in der Zahl der Sekunden einer Minute, auch als Bruchteil der Zahl der Stunden eines halben Tages und der Zahl der Monate eines Jahres. – Die Babylonier, die in Mesopotamien auf die Sumerer folgten, verwendeten die Zahl 10 als Basis, ebenso die Ägypter. Das Zehnersystem bietet Vorteile: Zehn Zahlwörter lassen sich leichter merken als beispielsweise sechzig; das Erlernen einfacher Rechenregeln mit Hilfe der Finger ist eine vertraute Übung. Einschließlich der Fingerglieder und mittels Fingerspiel lassen sich auch höhere Zahlen darstellen, wie in der Taubstummensprache üblich.

Die Darstellung der Zahlen durch Zeichen in Form von Ziffern ging parallel mit der Darstellung der gesprochenen Laute durch Zeichen in Form von Buchstaben einher, vielleicht ging sie der letztgenannten Darstellung gar voraus.

Ab etwa 3000 v. Chr. verwendeten die Sumerer Tontafeln zum Einritzen der Zahlenzeichen. In dieser Zeit wurden in Ägypten eigene Zahlenzeichen innerhalb der von ihnen kreierten Hieroglyphen verwendet (Abb. 3.2, [4]). Aus diesen Zei-

Abb. 3.2

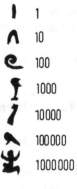

1
10
100
1000
10000
100000
1000000

Abb. 3.3

I	Γ	Δ	Γᴴ	H	Γᴷ	X	griechisch
I	V	X	L	C	D	M	römisch
1	5	10	50	100	500	1000	heute

chen wurde die darzustellende Zahl additiv zusammengesetzt (wie in den anderen Kulturen auch). In den späteren Kulturen des Mittelmeerraumes, der kretischen und mykenischen, wurden ebenfalls einfach strukturierte Symbole verwendet, so auch in der altgriechischen Kultur.

Das additive Prinzip besagt: Die einzelnen Ziffern bilden in ihrer Reihenfolge und in ihrer jeweiligen Summe die Zahl. In dieser Form wurden die Zahlen auch im klassischen Griechenland und im Römischen Reich gebildet, Abb. 3.3 zeigt Beispiele.

Zum Rechnen verwendeten die Römer das Rechenbrett, genannt Abakus. Sie übernahmen die Technik von den Griechen. Man verwendete zunächst kleine Kieselsteine (lat. calculus, der Rechenmeister hieß calculator, heute noch im Wort Kalkül enthalten). Beim Addieren wurden Steine aneinander gelegt. Wurde dabei in einer Spalte die Zahl zehn erreicht bzw. überschritten, wurde in der folgenden Spalte ein Stein hinzugefügt, in der niederen Spalte wurden 10 Steine zurück genommen (Abb. 3.4).

Der entscheidende Schritt bei der Entwicklung der Zahlen, der letztlich zum heutigen Zahlensystem führen sollte, bedeutete die **Abkehr vom Additionsprinzip** und die **Erfindung des Positionsprinzips**, also der Übergang zur Stellenschreibweise. Dadurch wurde das Multiplizieren und Dividieren in einfacher Weise möglich. Die Position, also die Stellung der Ziffer, bestimmt die Zahl, wie im heu-

Abb. 3.4

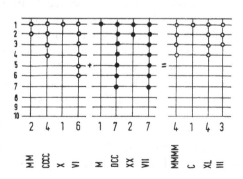

tigen Zahlensystem. Am Beispiel der Zahl 3248 sei das erläutert: 3 steht für 3000, 2 für 200, 4 für 40, usf. – Bei den Babyloniern wurde dieses Positionsprinzip erstmals verwendet. Es kam indessen wieder in Vergessenheit, weil es in den folgenden Kulturen wohl als zu schwierig empfunden wurde. Bei den Chinesen kam das Positionsprinzip um die Zeitenwende wieder auf. Das klassische Altertum und auch das frühe Mittelalter kannte das Positionsprinzip der Zahlendarstellung wiederum nicht!

Zwei weitere Erfindungen, diesmal von Rechengelehrten und Astronomen in Nordindien erdacht (es waren wohl Hindus), brachten den Durchbruch. Die diversen Neuerungen lassen sich wie folgt zusammenfassen:

1. Verwendung des Dezimalsystems.
2. Verwendung eigenständiger Ziffern und Namen für alle Zahlen, auch für die Zehnerpotenzen. Die Namen wurden in Sanskrit gesprochen und geschrieben. Sie können als Urvorläufer der heute verwendeten Zahlen und Ziffern angesehen werden, einschließlich negativer Zahlen!
3. Verwendung des Positionsprinzips. Das erforderte beim Rechnen die
4. **Einführung der Zahl Null.** Das war die entscheidende Denkleistung! Sie wurde zunächst ‚Leere‘ gesprochen, z. B.: 2406 gesprochen: Sechs-Leere-Vier-Zwei, in heutiger Sprechweise: 6 Einer, 0 Zehner, 4 Hunderter, 2 Tausender: Zweitausendvierhundertundsechs. Abb. 3.5 zeigt die Entwicklung der Zahlenschrift [4–6].

Darüber hinaus entwickelten die Inder Schemata für das Multiplizieren und Dividieren. Wie bei allen kulturellen Fortschritten vollzog sich die Entwicklung der Zahlenlehre in Indien über einen langen Zeitraum, ab dem 5. Jh. v. Chr. über mehrere Jahrhunderte. Wie im vorangegangenen Abschnitt ausgeführt, kamen die mathematischen Kenntnisse, so auch die der indischen Zahlenlehre, über die Araber ins Abendland. Es sollte indessen wiederum Jahrhunderte dauern, bis das nunmehr ‚arabisch‘ genannte Zahlensystem und das ‚Rechnen mit der Feder‘ sich gegenüber den römischen Ziffern und dem ‚Rechnen mit dem Abakus‘ durchsetzen konnten. Die Erfindung des Buchdrucks um 1440 durch J. GUTENBERG (1397–1468) trug das Ihrige zur Verbreitung und Vereinheitlichung der neuen Zahlen bei. Rechnen wurde hingegen keinesfalls allgemeines Bildungsgut, wie das Lesen und Schreiben auch nicht.

In Deutschland war es A. RIES (1492–1559), der eine kleine Rechenschule betrieb und in den Jahren 1518, 1522 und 1550 je ein Rechenbuch veröffentlichte, wodurch das Rechnen allgemein bekannt wurde. Das zweite Buch erreichte nachweislich 108 Auflagen! Zunächst wurde das Rechnen auf der ‚Linihen‘ mit dem

Abb. 3.5

a) altindische Zahlschrift, b) indisch/arabisch 9. Jh.
c/d) westarabisch 9./10 Jh., e/i) arabische Ziffern
im Abendland, 12., 13., 14., 15. Jh., 1524
(in Anlehnung an G. IFRAH, 1992)

Abb. 3.6

Rechenbrett und römischen Zahlen, dann das Rechnen mit der ‚Feder' auf Papier und arabischen Zahlen geübt [7]. Die Redewendung ... *das ergibt nach Adam Riese* ... ist bekannt; RIES unterschrieb mit Ris, Riß, Riess, Rief, Ryesz, Riss oder Rihs, nie mit Riese. Abb. 3.6 zeigt den Mann.

3.3 Mannigfaltigkeit der Zahlen und Zahlensysteme [8–16]

3.3.1 Rationale und irrationale Zahlen

Die Sumerer, Babylonier und Ägypter kannten nur ganze positive Zahlen: 1, 2, 3 ... (man nennt sie natürliche Zahlen) und die aus ihnen gebildeten Brüche 1/2, 1/3, ... 2/3, ... 7/5, ... Im Falle des Bruches 7/5 ist 7 der Zähler und 5 der Nenner. Die vorgenannten Zahlen heißen rationale Zahlen. Gewisse Wurzeln, wie $\sqrt{2}$, $\sqrt{3}$, $\sqrt{5}$, gehören nicht dazu, sondern zu den irrationalen Zahlen, sie wurden von den Pythagoreern entdeckt. – Wie ausgeführt, erfanden die Inder die Zahl 0 (Null) und die negativen Zahlen. – Die rationalen und irrationalen Zahlen bilden die reellen Zahlen. Sie können auf einer Zahlengeraden veranschaulicht werden (Abb. 3.7). Deren Einführung geht auf R. DESCARTES (1596–1650) zurück. Im Jahre 1637 publizierte er diesen Vorschlag. Das sich auf die Zahl 10 beziehende Zehner- also Dezimalsystem nennt man daher nach ihm dekadisches System. In diesem System sind z. B. $1/7 = 0{,}142857\ldots$ oder $7/3 = 2{,}333333\ldots$ Dezimalbrüche. Es gibt endliche Dezimalbrüche, wie beispielsweise $9/4 = 2{,}25000 = 2{,}25$ und unendliche, wie $7/3 = 2{,}33333\ldots$ oder $20/7 = 2{,}857142$. Der letztgenannte Dezimalbruch weist eine Periode auf: 285714 285714 2...

Alle voran gegangenen Zahlen sind **rationale Zahlen**. **Irrationale Zahlen** besitzen keine Periode, ihr Kennzeichen ist ihre unendliche, nichtperiodische Dezimalbruchentwicklung. Darin besteht ihr Unterschied zu den rationalen Zahlen. Beispiele: $\sqrt{2} = 1{,}41421356237\ldots$ oder $\sqrt{3} = 1{,}73205080757\ldots$ Zu den irrationalen Zahlen gehören auch die Kreiszahl $\pi = 3{,}14159265395\ldots \approx 3{,}14$ und die Euler'sche Zahl $e = 2{,}71828182846\ldots \approx 2{,}72$.

Das Rechnen mit reellen Zahlen, wie Addition, Subtraktion, Multiplikation und Division ist wohlbekannt. Bei langen Zahlen mag es mühsam sein. Mittels des heute für jedermann erschwinglichen Taschenrechners ist das Rechnen einfach ge-

Abb. 3.7

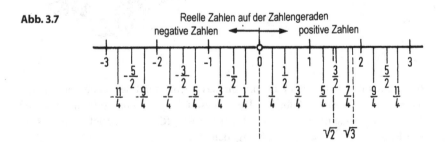

Reelle Zahlen auf der Zahlengeraden

worden, ebenso das Quadrieren und Radizieren (Wurzelziehen). Beim Quadrieren einer Zahl a multipliziert man die Zahl mit sich selbst: $b = a \cdot a = a^2$, z. B.: $b = 3 \cdot 3 = 3^2 = 9$. Beim Radizieren einer Zahl a sucht man jene Zahl b, die mit sich selbst multipliziert wieder a ergibt:

$$\sqrt{a} = b \quad \rightarrow \quad b^2 = a.$$

Das Buchstabenrechnen wurde um 1591 von F. VIETA (1540–1603) vorgeschlagen. Er führte auch feste Zeichen für mathematische Operationen ein. Dazu gehören unteranderem die Zeichen für Summen und Produktsummen, $\sum \ldots$, $\prod \ldots$, die in Verbindung mit Reihenentwicklungen Bedeutung haben. Beispiele für Summen und deren Summenwert sind (ohne Nachweis):

Summe der ersten n natürlichen Zahlen:

$$\sum (n) = 1 + 2 + 3 + \ldots + n = \frac{n \cdot (n + 1)}{2}$$

Summe der Quadrate der ersten n Zahlen:

$$\sum (n^2) = 1^2 + 2^2 + 3^2 + \ldots + n^2 = \frac{n \cdot (n + 1) \cdot (2n + 1)}{6}$$

Sucht man die Summen bis $n = 134$ liefern die Formeln:

$$\sum (134) = 9045, \quad \sum (134^2) = 811.035$$

3.3.2 Rechnen mit Potenzen

Das Rechnen mit Potenzen bietet in den Naturwissenschaften und in der Technik große Vorteile. Die zweite Potenz oder Quadratzahl von a, $a^2 = a \cdot a$, lässt sich als Flächeninhalt eines Quadrats und die dritte Potenz von a, $a \cdot a \cdot a = a^3$, als Rauminhalt eines Würfels mit den Seitenlängen a deuten (Abb. 3.8). a^4 entzieht sich einer solchen geometrischen Deutung. Bei der Zahl a^n nennt man a die Basis (Grundzahl) und n den Exponenten (Hochzahl). Die Zahl a^4 ist zu $a \cdot a \cdot a \cdot a$ definiert, man sagt: ‚vierte Potenz von a'. Für höhere Potenzen gilt (n-te Potenz von a):

$$a^n = \prod_1^n a = a \cdot a \cdot a \cdot \ldots \cdot a \quad \text{(Die Produktsumme erstreckt sich von 1 bis } n\text{).}$$

Abb. 3.8

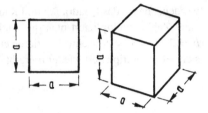

Für ganzzahlige Exponenten gilt offensichtlich:

$$a^1 = a, \quad a^2 = a \cdot a = a \cdot a^1, \quad a^3 = a \cdot a \cdot a = a \cdot a^2,$$

$$a^n = a \cdot a^{n-1}, \quad a^{n+1} = a \cdot a^n, \quad a^{n+2} = a^2 \cdot a^n, \quad a^{n+m} = a^m \cdot a^n$$

$$\rightarrow \quad a^m \cdot a^n = a^{m+n} \quad \text{z. B.:} \ a^5 \cdot a^6 = a^{5+6} = a^{11}$$

Unter derselben Voraussetzung gilt außerdem:

$$(a^2)^1 = a^2, \quad (a^2)^2 = a^2 \cdot a^2 = a^{2\cdot2} = a^4, \quad (a^2)^3 = a^2 \cdot a^2 \cdot a^2 = a^{2\cdot3} = a^6$$

$$\rightarrow \quad (a^m)^n = a^{m\cdot n} \quad \text{Beispiel:} \ (a^5)^6 = a^{5\cdot6} = a^{30}$$

Vorausgesetzt, a ist verschieden von Null ($a \neq 0$), ist der Reziprokwert (Kehrwert) von a gleich $1/a$. Der Reziprokwert ist in Potenzschreibweise zu a^{-1} vereinbart (definiert). Das Produkt aus Wert und Kehrwert ist gleich 1:

$$a \cdot a^{-1} = a \cdot \frac{1}{a} = 1 \quad \rightarrow \quad a^1 \cdot a^{-1} = a^{1-1} = a^0 \quad \rightarrow \quad a^0 = 1$$

Durch diese Vereinbarung ist $a^0 = 1$ erklärt. – Offensichtlich gilt ($a \neq 0$):

$$a^{-1} = \frac{1}{a}, \quad a^{-2} = \frac{1}{a^2}, \quad a^{-n} = \frac{1}{a^n}, \text{ multipliziert mit } a^m, \text{ folgt:}$$

$$a^m \cdot a^{-n} = a^{m-n} = \frac{a^m}{a^n}$$

Beispiele:

$$\frac{a^{15}}{a^6} = a^{15-6} = a^9, \quad \frac{a^{-15}}{a^6} = a^{-15-6} = a^{-21} = \frac{1}{a^{21}}$$

Ist der Exponent einer Zahl ein Bruch und sind Zähler und Nenner dieses Exponenten ganze positive Zahlen, ist die Zahl mit diesem Exponenten zu

$$a^{\frac{m}{n}} = \sqrt[n]{a^m} \quad \text{und} \quad a^{-\frac{m}{n}} = \frac{1}{\sqrt[n]{a^m}} \quad (a \neq 0)$$

definiert. Beispiele:

$$7^{\frac{6}{5}} = \sqrt[5]{7^6} = 10{,}3304; \quad 7^{-\frac{6}{5}} = \frac{1}{\sqrt[5]{7^6}} = 0{,}09680$$

Durch vorstehende Vereinbarung wird das Rechnen mit Potenzen auf ungeradzahlige Exponenten erweitert: Im Beispiel ist der Exponent gleich $6/5 = 1{,}2$, das bedeutet: $7^{1,2} = 10{,}3304$ und $7^{-1,2} = 0{,}09680$. Die Vereinbarung gilt auch dann, wenn die Basis selbst eine gebrochene Zahl ist, beispielsweise: $1{,}34^{1,2} = 1{,}4208$.

Mit den elementaren Rechenoperationen lässt sich der Wert einer Zahl mit gebrochener Basis oder/und gebrochenem Exponenten nicht bestimmen. Das gelingt durch das Rechnen mit Logarithmen (in heutigen Taschenrechnern ist die zugehörige Operation fest verdrahtet).

Handelt es sich um die Multiplikation von zwei unterschiedlichen Zahlen mit jeweils gleichem Exponenten, gilt:

$$a^n \cdot b^n = (a \cdot b)^n, \quad a^n \cdot b^{-n} = \frac{a^n}{b^n} = \left(\frac{a}{b}\right)^n,$$

was sich wie folgt beweisen lässt:

$$a^2 \cdot b^2 = a \cdot a \cdot b \cdot b = (a \cdot b) \cdot (a \cdot b) = (a \cdot b)^2,$$
$$a^3 \cdot b^{-3} = \frac{a \cdot a \cdot a}{b \cdot b \cdot b} = \frac{a}{b} \cdot \frac{a}{b} \cdot \frac{a}{b} = \left(\frac{a}{b}\right)^3$$

3.3.3 Rechnen mit Logarithmen

Das Rechnen mit Logarithmen steht mit dem Rechnen mit Potenzen in engem Zusammenhang und zwar über die Formel:

$$a^m \cdot a^n = a^{m+n}$$

Wenn es gelingt, zwei Zahlen so umzuformen, dass sie nach Potenzieren dieselbe Basis haben, lässt sich deren Multiplikation als Addition ihrer Exponenten und deren Division als Subtraktion ihrer Exponenten bewerkstelligen. Beispielsweise haben die Zahlen 478,593 und 0,0008475 folgende Exponenten zur Basis 10:

$$478,593 = 10^{2,679966} \quad \text{und} \quad 0,0008475 = 10^{-3,071860}.$$

Das Produkt der Zahlen ergibt sich zu:

$$478,593 \cdot 0,0008475 = 10^{2,679966} \cdot 10^{-3,071860} = 10^{2,679966-3,071860} = 10^{-0,391894}$$

Die zugehörige Zahl in Dezimalform ist: $10^{-0,391894} = 0,405608$.

In heutiger Zeit, in welcher jedermann über einen Taschenrechner verfügt, ist die dargestellte Rechnung ein Umweg. Als es dieses Hilfsmittel noch nicht gab, war die beschriebene Berechnungsform, insbesondere für Zahlenrechnungen mit höherem Genauigkeitsanspruch, zwingend, wie beispielsweise in der Geodäsie und Astronomie: Man rechnete mit Logarithmen. In dem vorangegangenen Beispiel sind 2,679966 und −3,071860 die Logarithmen der Zahlen 478,593 und 0,0008475 zur Basis 10. – Anstelle der Basis $b = 10$ sind andere möglich, für Zahlenrechnungen ist die Basis $b = 10$ am günstigsten. Wird die (nicht-negative) Zahl a (der Numerus, $a > 0$) in der Form

$$a = b^n$$

geschrieben, nennt man n den Logarithmus von a zur Basis b:

$$n = \log_b a$$

Neben dem Zehnerlogarithmus zur Basis $b = 10$, auch dekadischer oder Brigg'-scher Logarithmus genannt, kennt man den Zweierlogarithmus zur Basis 2, auch als binärer oder dyadischer Logarithmus bezeichnet, sowie den natürlichen Logarithmus mit der Euler'schen Zahl $e = 2,71828\ldots$ als Basis; man kürzt die genannten Logarithmen mit log, ld bzw. ln (logarithmus naturalis) ab.

Die Regeln für das Rechnen mit Logarithmen lassen sich, ausgehend von der obigen Definition des Logarithmus, wie folgt herleiten: Der Logarithmus von $a = b^n$ ist jener Exponent n zur Basis b ($b \neq 1$), der a ergibt:

$$n = \log_b a$$

Beispiel: Gesucht ist der Logarithmus n zur Basis $b = 10$ von der Zahl $a = 1000$:

$$a = 1000, \quad b = 10 \quad \rightarrow \quad n = \log_{10} 1000 = \log_{10} 10^3 = 3$$

Umstellung:

$$n = 3 \quad \rightarrow \quad b^n = 10^n = 10^3 = 1000 = a \quad \rightarrow \quad a = b^n = b^{\log_b a}$$

Demnach gilt:

$$a = b^{\log_b a} \quad \text{oder} \quad m = b^{\log_b m}$$

Wird vom Produkt der logarithmierten Zahlen $m = b^{\log_b m}$ und $n = b^{\log_b n}$ (beide mit der Basis b) der Logarithmus zur Basis b gebildet, erhält man unter Berücksichtigung von $b^m \cdot b^n = b^{m+n}$ (vgl. vorangegangenen Abschnitt):

$$\log_b(m \cdot n) = \log_b(b^{\log_b m} \cdot b^{\log_b n}) = \log_b(b^{(\log_b m + \log_b n)})$$
$$\rightarrow \quad \log_b(m \cdot n) = \log_b m + \log_b n$$

Entsprechend bestätigt man die Formeln:

$$\log_b(m/n) = \log_b m - \log_b n, \quad \log_b m^n = n \cdot \log_b m$$

Eine weitere wichtige Umrechnungsformel findet man, wenn von der zweiten vorstehend angeschriebenen Formel ausgehend, von

$$a = c^{\log_c a}$$

der Logarithmus zur Basis b genommen wird:

$$\log_b a = \log_b(c^{\log_c a}) = \log_b(c^{1 \cdot \log_c a}) = \log_c a \cdot \log_b c^1 \quad \rightarrow \quad \log_c a = \frac{\log_b a}{\log_b c}$$

Mit Hilfe dieser Formel kann der Logarithmus einer Zahl a zur Basis b in den Logarithmus der Zahl a zur Basis c umgerechnet werden.

Um mit Logarithmen rechnen zu können, bedarf es ausgearbeiteter Logarithmen-Tafeln. Mit deren Hilfe wird der Logarithmus einer Zahl aufgesucht (sie wird logarithmiert, also der zur Zahl gehörende Exponent für die verwendete Basis bestimmt). Nach Abschluss der Rechnung wird das Ergebnis in den gewohnten Zahlenraum delogarithmiert (quasi rücktransformiert).

Von den indischen und arabischen Rechenmeistern wurden die ersten Logarithmen berechnet. Die verwendete Basis war unterschiedlich. Im Abendland waren es J. BÜRGI (1552–1632) und J. NAPIER (NEPER, 1550–1617), die als erste logarithmische Rechenregeln und Rechentafeln veröffentlichten. Von J. BRIGGS (1581–1630) stammen die ersten systematisch erarbeiteten Logarithmen-Tafeln zur Basis 10. – E. GUNTER (1561–1626) erstellte die erste Logarithmentafel für trigonometrische Funktionen.

Der Rechenschieber basiert auch auf dem Logarithmusprinzip, auch er wurde von E. GUNTER erfunden und später von E. WINGATE (1593–1656) verbessert. Bis zur Verfügbarkeit des Taschenrechners (das war erst in den 60iger Jahren des 20. Jh. der Fall) war der Rechenschieber das gängige Arbeitsmittel jedes Ingenieurs und Technikers.

Für die grafische Darstellung von Funktionen bzw. Kurven über einen großen Zahlenbereich bewähren sich speziell gestaltete Papiere mit einfach- oder doppelt-logarithmischer Skalierung.

Die Frage, wie der Logarithmus einer Zahl a zur Basis b berechnet werden kann (was Voraussetzung für das Rechnen mit Logarithmen ist), lässt sich auf elementarer Grundlage nicht beantworten, dazu nur soviel: Mit der zuvor angegebenen Formel lässt sich der Logarithmus der Zahl a zur Basis b in den Logarithmus der Zahl a zur Basis c umzurechnen:

$$\log_c a = \frac{\log_b a}{\log_b c}$$

Der natürliche Logarithmus der Zahl a lässt sich demgemäß in einen dekadischen mittels der Formel

$$\log_{10} a = \frac{\log_e a}{\log_e 10} = \frac{\ln a}{\ln 10} = \frac{\ln a}{2{,}30258509}$$

umformen. Für den natürlichen Logarithmus der Zahl a steht folgende Potenzreihenentwicklung zur Verfügung (ohne Nachweis):

$$\ln(1 + a) = a - \frac{a^2}{2} + \frac{a^3}{3} - \frac{a^4}{4} + \frac{a^5}{5} - \dots \quad (-1 < a \leq +1)$$

Somit bietet sich folgender Weg zur Berechnung des dekadischen Logarithmus an: Zunächst wird der natürliche Logarithmus der Zahl mittels vorstehender Summenformel berechnet, anschließend wird dieses Ergebnis mittels der angegeben Formel in den dekadischen Logarithmus umgerechnet. Beispiel: Gesucht sei der dekadische Logarithmus der Zahl 0,54611. Die Reihenentwicklung ergibt:

$$\ln 0{,}54611 = \ln(1 - 0{,}45389)$$

$$= (-0{,}45389) - \frac{(-0{,}45389)^2}{2} + \frac{(-0{,}45389)^3}{3} - \dots$$

Bis zum 7. Glied liefert die Reihenentwicklung folgende Summenglieder:

$$\ln 0{,}54611 = -0{,}45389 - 0{,}10301 - 0{,}03117 - 0{,}01061 - 0{,}00385$$
$$- 0{,}00146 - 0{,}00057 = \underline{-0{,}60455}$$
$$\rightarrow \quad \log_{10} 0{,}54611 \equiv \log 0{,}54611 = \frac{-0{,}60455}{2{,}30258509} = \underline{-0{,}26255}$$

Die genauen Werte betragen: $-0{,}60493$ bzw. $-0{,}26272$ (also war die Rechnung auf $0{,}08\,\%$ genau). – Der Logarithmus der Zahl $54{,}611$ lässt sich zu

$$\log 54{,}611 = \log(0{,}54611 \cdot 10^2) = \log 0{,}54611 + \log 10^2 = -0{,}26272 + 2$$
$$= \underline{1{,}73728}$$

berechnen. Die Delogarithmierung ergibt:

$$10^{1{,}73728} = \underline{54{,}611,}$$

wie es sein muss.

Wie in allen Fällen wird zur Ergänzung und Vertiefung auf die Fachliteratur, in diesem Falle, auf das Schrifttum der Schulmathematik verwiesen.

3.3.4 Die Kreiszahl π und andere magische Zahlen

Von allen Figuren hat der Kreis die vollkommenste Form: Der Kreis erscheint dem Menschen in der Sonnen- und Mondscheibe, im Regenbogen, in der Wellenausbreitung eines ruhendes Gewässers nach Einschlag eines Steines, im Rad und in Räderwerken aller Art. – Alle Versuche, mittels Zirkel und Lineal ein Quadrat in einen flächengleichen Kreis zu überführen (man spricht von der ‚Quadratur des Kreises'), scheiterten, mussten scheitern, denn das Verhältnis aus dem Kreisumfang U und dem Kreisdurchmesser d ist eine irrationale Zahl, die **Kreiszahl** $\pi = U/d$, sie beträgt: $\pi = 3{,}14159265359\ldots$

Im Allgemeinen genügt eine Berechnung mit $\pi = 3{,}14$. – Beim Quadrat beträgt das Verhältnis aus Umfang und Seitenlänge: $U/a = 4$, wenn a die Seitenlänge ist (Abb. 3.9).

Um eine möglichst genaue Berechnung von π bemühten und bemühen sich die Mathematiker seit Jahrhunderten, inzwischen wurde die Zahl (dank des Computers) auf hundert Milliarden Dezimalstellen genau berechnet, eine Periodizität in

Abb. 3.9

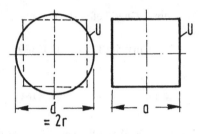

der Dezimalbruchentwicklung wurde dennoch nicht entdeckt. – Bewiesen wurde die Irrationalität der Zahl π im Jahre 1767 durch J.H. LAMBERT (1728–1777).

Es gibt eine Reihe von Büchern, die sich allein mit der Zahl π und ihrer Geschichte beschäftigen, was auch ein Stück Geschichte der Mathematik bedeutet [17–19]. – In allen Taschenrechnern und Computer-Compilern ist die Zahl π fest einprogrammiert.

Die Babylonier kannten für die Kreiszahl π die Näherung $3\frac{1}{8} = 3,125$, die Ägypter $(16/9)^2 = 3,160493\ldots$, die Inder rechneten im 5. Jahrhundert vor der Zeitenwende mit $\sqrt{10} = 3,162277\ldots$ und im 5. Jh. danach mit $3 + 177/1250 = 3,141600$. Zur selben Zeit rechneten die Chinesen mit $355/113 = 3,141592\ldots$ Wie alle diese Werte (und weitere) gewonnen wurden, ist weitgehend unbekannt.

Die Methode des ARCHIMEDES von SYRACUS (287–212 v. Chr.) wird wegen ihrer Anschaulichkeit gerne gelehrt [20, 21]: Abb. 3.10 zeigt, wie ein Kreis mit

Abb. 3.10

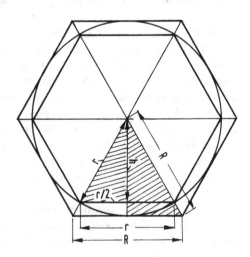

dem Radius r durch ein umschreibendes und ein eingeschriebenes Sechseck angenähert werden kann. Die Umfangslänge (U) und der Flächeninhalt (A) des Kreises liegen zwischen jenen der beiden Sechsecke. Mit Hilfe der Pythagoreischen Formel für das rechtwinklige Dreieck

$$a^2 + b^2 = c^2$$

(die Formel war schon den Babyloniern bekannt), lässt sich die Höhe h des inneren Dreiecks und die Basis R des äußeren Dreiecks (in der Abbildung schraffiert) zu

$$h = \frac{\sqrt{3}}{3} \cdot r \quad \text{bzw. zu} \quad R = \frac{2}{\sqrt{3}} \cdot r$$

ableiten. Für Umfang und Flächeninhalt des inneren Sechsecks ergibt sich damit:

$$U = 6 \cdot r = 3{,}000 \cdot d \quad \text{und} \quad A = ((3 \cdot \sqrt{3})/2) \cdot r^2 = 2{,}598 \cdot r^2.$$

Für das äußere Sechseck findet man:

$$U = (12/\sqrt{3}) \cdot r = 6{,}928 \cdot r = 3{,}464 \cdot d \quad \text{und} \quad A = (6/\sqrt{3}) \cdot r^2 = 3{,}464 \cdot r^2.$$

Für den Kreis lässt sich aus diesen Ergebnissen folgern:

- für den Umfang: $3{,}000 \cdot d < U < 3{,}464 \cdot d$ (Mittelwert $3{,}232 \cdot d$),
- für die Fläche: $2{,}598 \cdot r^2 < A < 3{,}464 \cdot r^2$ (Mittelwert $3{,}031 \cdot r^2$).

ARCHIMEDES verfeinerte die Berechnung über ein 12-, 24-, 48-faches Eck auf ein 96-faches Eck und fand (bezogen auf den Umfang):

$$3{,}1408\ldots = 3 \cdot \frac{10}{71} < \pi < 3 \cdot \frac{10}{70} = 3{,}1428\ldots$$

Ludolph van CEULEN (1539–1610) verfeinerte die Berechnung auf 20 Stellen nach dem Komma, später, im Jahre 1596, auf 35 Stellen (und verbrachte mit diesen mühsamen Rechnungen wohl einen großen Teil seines Lebens, die Zahl π trug daher lange Zeit seinen Vornamen: ‚Ludolph'sche Zahl'). Später wurden unterschiedliche Summen-, Produktsummen- und Kettenbruch-Formeln (unterschiedlicher Konvergenz) entwickelt, mit deren Hilfe π berechnet werden konnte bzw.

kann; sie bilden letztlich die (verborgene) Grundlage für die in den heutigen Rechnern verdrahteten Berechnungsformen. – Es war F. VIETA (1540–1603), der im Jahre 1579 die Zahl π erstmals als Produktreihe angeben konnte:

$$\frac{2}{\pi} = \sqrt{\frac{1}{2}} \cdot \sqrt{\frac{1}{2} + \frac{1}{2} \cdot \sqrt{\frac{1}{2}}} \cdot \sqrt{\frac{1}{2} + \frac{1}{2} \cdot \sqrt{\frac{1}{2} + \frac{1}{2}\sqrt{\frac{1}{2}}}} \cdots$$

Etwas später fand J. WALLIS (1615–1703) die Formel:

$$\frac{\pi}{2} = \frac{2 \cdot 2 \cdot 4 \cdot 4 \cdot 6 \cdot 6 \cdot 8 \cdot 8 \cdots}{1 \cdot 1 \cdot 3 \cdot 3 \cdot 5 \cdot 5 \cdot 7 \cdot 7 \cdots}$$

Wegen der großen Zahl weiterer Untersuchungen zur Zahl π vergleiche [18].

Die Irrationalität der Zahl $e = 2{,}718$, genauer $e = 2{,}718281828459\ldots$ wurde im Jahre 1737 von L. EULER (1707–1783) erkannt, sie trägt daher seinen Namen: **Euler'sche Zahl**. – Bei vielen Prozessen der Mehrung, des Wachstums und der Minderung, auch der Verwesung, spielt die Zahl e eine Rolle, was sich in der Bezeichnung ‚natürlicher Logarithmus auf der Basis e' widerspiegelt. – Für die Berechnung von e gibt es verschiedene Möglichkeiten, besonders einfach ist die Berechnung nach der Formel:

$$e^a = 1 + \frac{a}{1!} + \frac{a^2}{2!} + \frac{a^3}{3!} + \ldots, \quad e = 1 + \frac{1}{1!} + \frac{1}{2!} + \frac{1}{3!} + \ldots$$

$n!$ (gesprochen ‚n Fakultät') steht für die Zahl $1 \cdot 2 \cdot 3 \cdots \cdot n$, z. B.: $3! = 1 \cdot 2 \cdot 3 = 6$.
Die Zahl

$$\Phi = 1{,}618, \quad \text{genauer} \quad \Phi = 1{,}618033988\ldots$$

lässt sich aus dem ‚Goldenen Schnitt' ableiten: Wenn zwei Teilstrecken, a und b, im selben Verhältnis zueinander stehen, wie die Summe der Teilstrecken $(a + b)$ zur größeren der beiden Teilstrecken (a), so gehorcht diese Teilung der **Goldenen Zahl**, vgl. Abb. 3.11a:

$$\frac{a}{b} = \frac{a + b}{a} = 1 + \frac{b}{a} = \Phi \quad \rightarrow \quad 1 + \frac{1}{\Phi} = \Phi$$

Die Festzahl Φ lässt sich einfach herleiten: Dazu wird die vorstehende Gleichung umgeformt:

$$1 + \frac{1}{\Phi} = \Phi \quad \rightarrow \quad \Phi - 1 - \frac{1}{\Phi} = 0 \quad \rightarrow \quad \Phi^2 - \Phi - 1 = 0$$

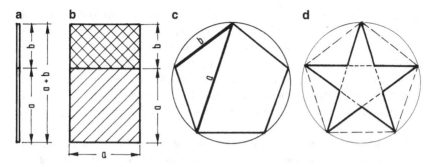

Abb. 3.11

Die Lösungen dieser quadratischen Gleichung lauten:

$$\Phi_{1,2} = \frac{1}{2} \pm \sqrt{\left(\frac{1}{2}\right)^2 + 1}$$

$$\rightarrow \quad \Phi_1 = \frac{1}{2}\left(1 + \sqrt{5}\right) = 1{,}616\ldots; \quad \Phi_2 = \frac{1}{2}\left(1 - \sqrt{5}\right) = -0{,}616\ldots$$

Nur die erste Lösung interessiert. Φ ist eine irrationale Zahl. Wie aus Abb. 3.11b hervorgeht, stehen die Seiten des kleinen Rechtecks im selben Verhältnis zueinander wie jene des großen. Auch bei einem Fünfeck steht die Diagonale a zur Seitenlänge b im Verhältnis Φ (Abb. 3.11c). Das führt auf das in Teilabbildung d dargestellte sogen. ‚Pentagramm‘, in welchem sich mehrere ‚Goldene Schnitte‘ verbergen. – Der goldene Schnitt war und ist Gegenstand mannigfaltiger mathematischer Untersuchungen und magisch-kultischer Spekulationen. Tatsächlich folgen viele Pflanzenformen dem Goldenen Schnitt, z. B. die Formen ihrer Blätter und Blühten. Auch in der Architektur hat man ehemals Proportionen nach dem Goldenen Schnitt gestaltet [22–24].

Interessant ist die Verknüpfung von Φ mit den **Fibonacci-Zahlen**, benannt nach L. da PISA (1170–1240, genannt FIBONACCI). Die Zahlen sind dadurch ausgezeichnet, dass die jeweils nächste Zahl aus der Summe der beiden vorangegangenen entsteht: 0, 1, 1, 2, 3, 5, 8, 13, 21, 34, 55, 89, 144, 233, 377, … Das Verhältnis zweier solcher Zahlen geht im Grenzfall gegen Φ, z. B. 377/233 = 1,618025…

Primzahlen sind natürliche Zahlen (> 1), die nur durch 1 und durch sich selbst ohne Rest teilbar sind. Wie man leicht überprüft, lauten die ersten Primzahlen: 2, 3, 5, 7, 11, 13, 17, 19, 23, 29, 31, 37, … Alle anderen (Nichtprim-)Zahlen

sind zusammengesetzte Zahlen. Einsichtiger Weise sind alle Primzahlen > 2 un-
gerade. Wie sich beweisen lässt, gibt es unendlich viele [25, 26]. – Es gilt der
Satz: Jede ganze positive Zahl lässt sich als Produkt von Primzahlen darstellen:
Die Zerlegung einer Zahl in ihre Primzahlen (Primzahlfaktorenzerlegung, Fakto-
risierung) zählt zu den schwierigeren mathematischen Problemen. Beispiel: Die
Zahl 1.097.460 ist das Produkt aus den Primzahlen: $2 \cdot 2 \cdot 3 \cdot 3 \cdot 5 \cdot 7 \cdot 13 \cdot 67$. – Praktische Bedeutung haben Primzahlen in der Kryptographie, also bei der Entwicklung
von Verschlüsselungscodes [31].

Eine weitere Gruppe spezieller Zahlen sind die sogen. **Zufallszahlen** mit konstanter oder nicht-konstanter statistischer Verteilung. Für deren Berechnung stehen unterschiedliche Berechnungsmodi zur Verfügung. – Ergänzend zu [9–26] sei
auf [27–32] mit viel Interessantem und Nützlichem zur Mathematik hingewiesen;
die Lektüre geht in vielen Fällen mit manch' Kurzweiligem einher.

3.3.5 Binäres Zahlensystem (Dualsystem)

Wie eingangs ausgeführt, rechneten die Sumerer mit einem Zahlensystem, das die
Zahl 60 zur Basis hatte (Sexagesimalsystem). Die Babylonier und Ägypter gingen
zum Zehnersystem über (Dezimalsystem). Es hat auch Völker gegeben, die mit der
Zahl 20 als Basis gerechnet haben (Vigesimalsystem), so die Maya und Azteken.
Das Dezimalsystem ist inzwischen weltweit unumkehrbar verankert. Das Rechnen
im Dutzend, also mit der Zahl 12 als Basis (Duodezimalsystem), wäre vielleicht
günstiger gewesen: 10 lässt sich durch zwei, 12 durch vier Zahlen ohne Rest dividieren: 2 und 5 bzw. 2, 3, 4, und 6. Auch das Rechnen mit den Basiszahlen 8
und 16 (Oktalsystem bzw. Sedezimalsystem) bietet Vorteile, sie finden u. a. in der
Informatik Anwendung.

Elektronisch arbeitende Rechner vermögen nur im Zweiersystem zu rechnen,
elektrische Elemente (wie Röhren, Transistoren) sind entweder ein- oder ausge-
schaltet, geladen oder ungeladen. Man spricht beim Rechnen mit der Basiszahl 2
vom Binärsystem (auch vom dyadischen oder Dualsystem). Verwendet werden die
Ziffern 0 und 1, auch 0 und L geschrieben.

Beispiele für das Dezimalsystem in Stellenschreibweise:

$$1952 = 1 \cdot 10^3 + 9 \cdot 10^2 + 5 \cdot 10^1 + 2 \cdot 10^0$$

$$19,52 = 1 \cdot 10^1 + 9 \cdot 10^0 + 5 \cdot 10^{-1} + 2 \cdot 10^{-2}$$

Beschränkt auf positive ganze Zahlen lautet ihre Darstellung in Stellenschreibweise:

$$a = a_n \cdot b^n + a_{n-1} \cdot b^{n-1} + \ldots + a_0 \cdot b^0$$

Abb. 3.12

n	2^n
0	1
1	2
2	4
3	8
4	16
5	32
6	64
7	128
8	256
9	512
10	1024
11	2048
12	4096
13	8192
14	16384
15	32768

b ist die Basiszahl, im Dezimalsystem mit $b = 10$ und im Binärsystem mit $b = 2$. In Abb. 3.12 sind die Zahlen 2^n bis $n = 15$ angeschrieben. Die Zahl 234 lässt sich mit Hilfe der Tabelle zu

$$234 = 128 + 64 + 32 + 16 + 4 =$$
$$= 1 \cdot 2^7 + 1 \cdot 2^6 + 1 \cdot 10^5 + 0 \cdot 2^4 + 1 \cdot 2^3 + 0 \cdot 2^2 + 1 \cdot 2^1 + 0 \cdot 2^0$$
$$= \text{LLL0L0L0}$$

anschreiben. Statt die Zahl aus den Potenzen der Basis zusammen zu setzen, kann man die Dezimalzahl fortlaufend durch die Basis (hier 2) teilen; im Falle des Beispiels:

$$234 : 2 = 117, \text{ Rest } 0 \quad \to \quad 0; \quad 117 : 2 = 58, \text{ Rest } 1 \quad \to \quad \text{L};$$
$$58 : 2 = 29, \text{ Rest } 0 \quad \to \quad 0; \quad 29 : 2 = 14, \text{ Rest } 1 \quad \to \quad \text{L};$$
$$14 : 2 = 7, \text{ Rest } 0 \quad \to \quad 0; \quad 7 : 2 = 3, \text{ Rest } 1 \quad \to \quad \text{L};$$
$$3 : 2 = 1, \text{ Rest } 1 \quad \to \quad \text{L}; \quad 1 : 2 = 0, \text{ Rest } 1 \quad \to \quad \text{L}.$$

Die Reihe von unten nach oben gelesen (bzw. von hinten nach vorn), ergibt sich als Ergebnis: LLL0L0L0.

Abb. 3.13 zeigt die Übersetzung der ersten 16 Zahlen vom Dezimal- ins Binärsystem.

Das Zweiersystem findet in der Nachrichtenübermittlung vielfache Anwendung. Abb. 3.14 zeigt links *eine* Lochreihe mit den beiden Möglichkeiten, hier

Abb. 3.13

dez.	binär
0	0
1	L
2	L0
3	LL
4	L00
5	L0L
6	LL0
7	LLL
8	L000
9	L00L
10	L0L0
11	L0LL
12	LL00
13	LL0L
14	LLL0
15	LLLL
16	L0000

weiß und schwarz. Im rechten Bildteil sind *zwei* Lochreihen (zwei Kanäle) dargestellt, es sind $4 = 2^2$ verschiedene Stellungen (also Zeichen bzw. Informationen)
möglich. n Kanäle gestatten 2^n unterschiedliche Zeichen. Der Fernschreiber arbeitet mit 5 Kanälen, das erlaubt die Übertragung von $2^5 = 32$ verschiedenen
Zeichen.

Das Rechnen mit dem Binärsystem gehorcht den gleichen Regeln wie jenen
des Dezimalsystems. Abb. 3.15 gibt in Form von zwei Hilfstafeln Auskunft, wie
zu addieren und zu multiplizieren ist. Aus der Additionstafel geht der von der

Abb. 3.14

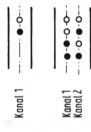

Kanal 1   Kanal 1
                 Kanal 2

Abb. 3.15

Addition:

+	0	L
0	0	L
L	L	L0

Multiplikation:

·	0	L
0	0	0
L	0	L

Dezimalrechnung bekannte Übertrag hervor: L + L = L0, d. h. 0 Übertrag L.
Beispiel: Die Summe aus 234 + 67 = 301 lautet binär L00L0LL0L, im Einzelnen:

$$
\begin{array}{c c c c c c c c}
L & L & L & 0 & L & 0 & L & 0 \\
L & 0 & 0 & 0 & 0 & L & 0 \\
\hline
L & 0 & 0 & L & 0 & L & L & 0 & L \\
\end{array}
$$

Die Multiplikation der Zahlen 36 und 14 ergibt: 36 · 14 = 504 = LLLLLL000, im
Einzelnen:

$$
\begin{array}{c c c c c c}
L & 0 & 0 & L & 0 & 0 & & \cdot & L & L & L & 0 \\
 & L & 0 & 0 & L & 0 & 0 \\
 & & L & 0 & 0 & L & 0 & 0 \\
 & & & 0 & 0 & 0 & 0 & 0 & 0 \\
\hline
L & L & L & L & L & L & 0 & 0 & 0 \\
\end{array}
$$

Das Binärsystem erfordert eine deutlich höhere Stellenzahl als das Dezimalsystem (etwa eine drei- bis vierfach höhere Anzahl). – Für gebrochene Zahlen gelten erweiterte Regeln.

Die einzelne Ziffer im Binärsystem wird Bit (Abkürzung von binary digit) genannt. Um eine bestimmte Information in Form von Zeichen, z. B. Ziffern einschl. Vorzeichen oder Schrift- und Satzzeichen, digital übertragen und verarbeiten zu können, bedarf es eines entsprechend ausreichenden sogen. Adressbusses (also ausreichend vieler Kanäle). Bei Telefax (Telex) stehen für **1 Zeichen = 5 Bit** (5 Kanäle) als adressierbare Datenmenge zur Verfügung.

In der Computertechnik wurde die verfügbare Datenmenge (also die Bit-Breite) für ein Zeichen im Laufe der Entwicklung immer größer.

Anfänglich: **1 Zeichen = 6 Bit**,
beim IBM-PC: **1 Zeichen = 8 Bit** = 1 Oktett usf.

Das entsprechende galt bzw. gilt für die Datentypen der Programmiersprachen.

Besteht eine **Datengruppe aus 8 Bit, spricht man von 1 Byte**. Mit der verfügbaren Anzahl von 8 Bit-Gruppen also 1 Byte-Gruppen, wird die Kapazität eines Speichers gekennzeichnet, unterschieden zusätzlich noch dadurch, ob die Bit seriell (zeitlich nacheinander) oder parallel (zeitlich gleichzeitig) verarbeitet werden. Die Maßeinheit Byte gilt gleichermaßen für Arbeits- und Festplattenspeicher, für CDs und DVDs, für Disketten und USB-Sticks usw. Als SI-Einheit (= ISO-Norm

IEC 80000-13) wird die Speicherkapazität durch Dezimal-Präfixe charakterisiert (vgl. an dieser Stelle Abschn. 2.1):

$$1 \text{ Kilobyte (kB)} = 10^3 \text{ Byte} = 1000 \text{ Byte}$$
$$1 \text{ Megabyte (MB)} = 10^6 \text{ Byte} = 1.000.000 \text{ Byte}$$
$$1 \text{ Gigabyte (GB)} = 10^9 \text{ Byte} = 1.000.000.000 \text{ Byte}$$
$$1 \text{ Terabyte (TB)} = 10^{12} \text{ Byte} = 1.000.000.000.000 \text{ Byte, usf.}$$

Die Kapazitätsbezeichnung in dieser Form unterscheidet sich von der ehemals üblichen mit Binärpräfixe, zur Vermeidung von Verwechslungen gilt heute:

$$1 \text{ Kibibyte (KiB)} = 2^{10} \text{ Byte} = 1024 \text{ Byte}$$
$$1 \text{ Mebibyte (MiB)} = 2^{20} \text{ Byte} = 1.048.576 \text{ Byte, usf.}$$

Die Arbeitsfrequenz von Prozessoren in Computern wir typischerweise in Megahertz, also in Millionen Zyklen pro Sekunde, gemessen, Takte in höherer Frequenzeinheit sind möglich. – Die Übertragungsgeschwindigkeit in Leitungen bzw. Leitungsnetzen, z. B. in Internet-Glasfaserleitungen, wird nicht auf Byte- sondern auf Bit-Basis angegeben: Schnelle Internet-Netze übertragen 50 Megabit pro Sekunde, superschnelle bis zu 120 Megabit/Sekunde (MBit/s, auch MBIT/s).

3.4 Rechenmaschinen und Computer

Mittels mechanischer Hilfen versuchte man frühzeitig, das Zahlenrechnen zu vereinfachen und zu beschleunigen, der Abakus wurde als Hilfsmittel über Jahrtausende eingesetzt. – Zum Multiplizieren, Dividieren und Radizieren eignete sich der Rechenschieber, wenn ein Ergebnis auf 2 bis 3 Stellen genau genügte.

Die erste mechanische Rechenmaschine mit Räderwerk konstruierte im Jahre 1623 W. SCHICKARDT (1592–1635). Die von A. KIRCHER (1601–1680) gebaute ‚Mathematische Orgel‘ ist in dem Zusammenhang auch zu erwähnen. Es folgten die Geräte von B. PASCAL (1623–1662) und G.W. LEIBNIZ (1646–1716) in den Jahren 1641 bzw. 1671. Im Jahre 1697 wurde vom Letztgenannten das binäre Zahlensystem ‚erfunden‘. Die mechanischen Rechengeräte wurden in der Folgezeit verbessert, unter anderem von P.M. HAHN (1739–1790). Das Rechenwerk bestand aus Walzen und einem beweglichem Schlitten, womit eine Zehnerübertragung bewerkstelligt werden konnte. Der Handantrieb wurde viel später durch elektrischen

Motorantrieb abgelöst, es entstanden halb- und voll**mechanische** Rechenmaschinen beachtlicher Leistung.

Den ersten **elektronischen** Computer baute ab dem Jahre 1934 K. ZUSE (1910–1995), Baustatiker von Beruf [32, 33]. Das erste Gerät, Z1, arbeitete noch mechanisch, allerdings binär. Das zweite Gerät, Z3, 1941 fertig gestellt, arbeitete mit 2300 elektrischen Relais und war tatsächlich die erste programmgesteuerte elektronische Rechenmaschine. Ein 1941 von K. ZUSE angemeldetes Patent wurde nicht anerkannt. Bis 1965 gab es in Deutschland ca. 1650 Rechner, davon 135 der Fa. Zuse. Der Rechner Z22 arbeitete mit Röhrentechnik, der Rechner Z23 mit Transistortechnik. Ein- und Ausgabe erfolgten mittels Fernschreiber und Lochstreifen.

Die Fa. Telefunken entwickelte und baute den TR4-Rechner, gefolgt von der TR440-Anlage. Es waren leistungsstarke Rechner, Eingabe mittels Lochkarte. Eine Weiterentwicklung dieser Rechnerlinie wurde eingestellt, ebenso die Computerentwicklung bei anderen deutschen Firmen.

Parallel zu K. ZUSE war es in den USA der Mathematiker H. AIKEN (1900–1973), der 1944/47 den Rechner Mark I baute, dem (bei IBM) weitere folgten. Dabei war es J. v. NEUMANN (1903–1957), der 1945 die im Prinzip noch heute angewandte Rechner- und Speichertechnik mit binärer Codierung vorschlug und später weiter entwickelte; insofern gilt er als einer der Begründer eines neuen Wissenschaftszweigs, der Informatik. Ein weiterer Pionier, der ,dem Rechner das Rechnen beibrachte', war A. TURING (1912–1954). Gestützt von IBM wurde in den USA die Computersprache FORTRAN favorisiert. In der in Deutschland entwickelten Sprache ALGOL wurden zunächst weltweit die ersten Rechenprogramme der numerischen Mathematik geschrieben. Obwohl ALGOL der vielleicht beste Compiler seiner Zeit war, konnte er sich auf Dauer nicht durchsetzen, weil sich in Deutschland keine wirklich mächtige Computerindustrie entwickelte, eigentlich in ganz Europa nicht. Alles Weitere vollzog sich in den USA, in Japan und in den anderen Ländern des fernen Ostens. Neben der ursprünglichen Zielsetzung, Rechenoperationen durchzuführen und dabei mathematische Algorithmen mit hoher Geschwindigkeit abzuarbeiten, übernahm der Computer in Form des **Personal-Computers** (PC) zunehmend zusätzliche Aufgaben als Schreib-, Zeichen- und Konstruktionsgerät, Internetsurfer und Spielmaschine. Voraussetzung dafür war die Entwicklung leistungsfähiger Betriebs- und Anwendungssoftware.

Großrechner sind in heutiger Zeit in vielfältiger Weise im Einsatz und das inzwischen in nahezu allen Bereichen der Wissenschaft, Technik und Wirtschaft; auch sie wurden immer leistungsfähiger und erreichen inzwischen 80 Petaflops $= 10^{15}$ Rechenoperationen pro Sekunde. Der schnellste Supercomputer wurde im Jahre 2016 in China vorgestellt. – Die Entwicklung des Computers und der zugehörigen Software ist eine insgesamt aufregende Geschichte menschlicher Intelligenz und das innerhalb eines relativ kurzen Zeitraumes von nur wenigen Jahrzehnten. Neben Experiment und Theorie tritt heute in Naturwissenschaft und Technik die numerische Simulation als dritter Erkenntnisweg.

3.5 Mathematiker – Mathematische Disziplinen

3.5.1 Altertum

Wie in Abschn. 3.2 dargestellt, entwickelte sich bereits seit dem 30. Jh. v. Chr. das Rechnen mit Zahlen im sumerisch-babylonischen Raum des Zweistromlandes zwischen Euphrat und Tigris und im ägyptischen im Niltal, später auch in den Landschaften des Gelben Flusses und des Ganges, also im Nahen und Fernen Osten. In den genannten Kulturen gab es daneben bedeutende Kenntnisse in der Geometrie, Stereometrie (Flächen- und Raumberechnung) und in der einfachen Analysis: Theorie der arithmetischen Reihen und geometrischen Folgen, Theorie der Gleichungen, Theorie der Trigonometrie.

Im strengeren Sinne kann man erst ab dem 6. Jh. v. Chr. von Mathematik sprechen, als in ionisch-griechisch-hellenistischer Zeit neben die Anwendung mathematischer Methoden in Bereichen des Vermessungs-, Bau- und Bewässerungswesens, des Münz-, Rechnungs- und Handelswesens, der mathematische **Beweis** hinzu trat, also Mathematik nicht nur ihres praktischen Nutzens willen betrieben wurde. Dieses Nachdenken über mathematische Fragen ging mit jenem über philosophische Probleme einher (Abschn. 1.2.1). Neben anderen sind als bedeutende frühe Mathematiker zu nennen:

- PYTHAGORAS aus SAMOS (580–496 v. Chr.) und sein Bund,
- EUKLID von ALEXANDRIA (360–290) v. Chr.),
- ARCHIMEDES von SYRACUS (287–212 v. Chr.),
- PTOLEMAIOS von ALEXANDRIA (100–160 n. Chr.).

Seine mathematischen Kenntnisse erwarb PYTHGORAS während eines mehr als zehnjährigen Aufenthalts in Babylonien und Ägypten von den dort ansässigen Gelehrten. Von dort übernahm er auch den nach ihm benannten und von ihm bewiesenen Satz für rechtwinklige Dreiecke (Abb. 3.16a). Er übernahm auch weitere Kenntnisse von dort und erweiterte sie, so Reihen- und Mittelwertbildung, wohl auch die sogen. ‚Goldene Proportion'. Insgesamt sahen PYTHAGORAS und später seine Schüler in den Zahlen und ihren Gesetzen den Sinngrund aller Natur

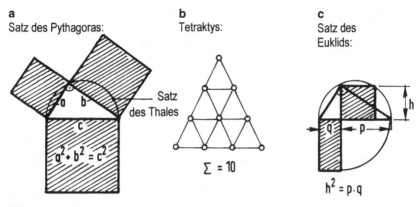

a
Satz des Pythagoras:

b
Tetraktys:

c
Satz des
Euklids:

Satz
des Thales

$a^2 + b^2 = c^2$

$\Sigma = 10$

$h^2 = p \cdot q$

Abb. 3.16

auf Erden und im Himmel, zumal sie erkannten, dass die harmonischen Tonintervalle der Saiteninstrumente einem ganzzahligen Verhältnis der Saitenlängen folgen (Bd. II, Abschn. 2.7.4.2). Hieraus glaubten sie folgern zu können, dass auch der Aufbau der himmlischen Sphären mit Sonne, Mond, den fünf Planeten und den Sternen hinsichtlich Abstand und Größe bestimmten Zahlenverhältnissen folgen müsse. Die Zahl Sieben war ihnen wichtig, besonders wichtig, ja heilig, war ihnen die Zahl Zehn (‚Tetratys‘, Zehnerzahl, Abb. 3.16b).

Wie bei PYTHAGORAS sind Leben und Wirken EUKLIDs nur aus späteren Quellen erschließbar. Das EUKLID zugeschriebene Werk ‚Elemente‘ besteht aus 13 Büchern, in denen vorangegangene Beiträge von HIPPOKRATES von CHIOS (470–410 v. Chr.), THEAITETOS von ATHEN (414–369 v. Chr.) und EUDOXOS von KNIDOS (400–350 v. Chr.) eingearbeitet sind, vom Erstgenannten Beiträge zu den in jener Zeit behandelten Problemen ‚Quadratur des Kreises‘, ‚Verdoppelung des Würfels‘ und ‚Dreiteilung eines Winkels‘, jeweils mittels Lineal und Zirkel, vom Zweitgenannten Beiträge zur Irrationalität gewisser Wurzeln und zur Berechnung der regelmäßigen Polyeder einschl. Oktaeder und Dodekaeder und vom Drittgenannten Beiträge zur Theorie der Kegelschnitte. Die Bücher der ‚Elemente‘ enthalten erstmals in systematischer Form Angaben zur Geometrie und Zahlentheorie (einschl. Primzahlen); in ihnen sind die mathematischen Kenntnisse der damaligen Zeit zusammengefasst. Das Werk wurde in späteren Jahrhunderten von lateinischen und arabischen Mathematikern mehrfach übersetzt und erweitert, hierauf beruht die bis heute gelehrte euklidische Geometrie des Raumes. In der Schule ist der Name EUKLID durch den nach ihm benannten Satz bekannt (Abb. 3.16c), alles ausführlicher in [34].

Früh hatte ARCHIMEDES Kontakt zu Gelehrten, die in der auf EUKLID in Alexandria zurückgehende Schule, dem ‚Museion‘, wirkten, später mit KONON von SAMOS (290–240 v. Chr.) und ERATOSTHENES von KYRENE (284–202 v. Chr.). Erstgenannter hatte Untersuchungen zu den Kegelschnitten, Zweitgenannter zu den Primzahlen vorgelegt: ‚Sieb des Eratosthenes‘. ARCHIMEDES entwickelte die seinerzeitigen Kenntnisse in Geometrie und Arithmetik weiter, seine infinitesimale Betrachtungsweise führte zur Integralrechnung. Seine Ansätze entwickelte er aus der anschaulichen und praktischen Lösung physikalischer Probleme heraus, so in der Mechanik bei der Aufdeckung der Gesetze des Hebels und Flaschenzugs, des Körperschwerpunkts und -auftriebs, also insgesamt des Gleichgewichtsprinzips. Er wird als Begründer der Statik und Hydrostatik gesehen. Das nach ihm benannte Prinzip beinhaltet die Erkenntnis, dass ein in eine Flüssigkeit eintauchender Körper eine Auftriebskraft erfährt, die dem Gewicht des vom Körper verdrängten Flüssigkeitsvolumens entspricht. Das beinhaltet die Idee des spezifischen Gewichts; die Erkenntnis ist ihm, der Legende zufolge, beim Baden aufgegangen, er jubelte ‚Heureka, ich hab's!‘ – Auf ARCHIMEDES folgten APPOLONIOS von PERGE (262–190 v. Chr.), der in seinem achtbändigen Werk ‚Conica‘ die Theorie der Kegelschnitte (Ellipse, Hyperbel, Parabel) zusammenfasste und DIOPHANTOS von ALEXANDRIA (280–360 n. Chr. ?), der in seinem 13-bändigen Werk ‚Arithmetica‘ die Algebra seiner Zeit auf hohem Niveau abhandelte, unter anderem Gleichungen mit mehreren Variablen.

PTOLEMAIOS von ALEXANDRIA (mit Vornamen Claudius) war Astronom und gleichzeitig ein bedeutender Mathematiker. In seinem Werk ‚Almagest‘ fasste er das seinerzeitige Weltbild mit der Erde als Mittelpunkt zusammen. Die Bewegung der äußeren Planeten wurde als Bewegung auf Epizykelbahnen gedeutet. Sein Weltbild wurde von der katholischen Kirche übernommen und von den Klerikern des Mittelalters gelehrt. Es beherrschte damit die fromme Weltsicht jener Zeit.

3.5.2 Mittelalter

Zum Teil zeitgleich, dann eher zeitlich versetzt und später, waren es chinesische, indische und insbesondere ab dem 4. Jh. n. Chr. arabische Gelehrte (ab dem 7. Jh. arabisch-islamische), denen Fortschritte in der Zahlenlehre und Mathematik gelangen, wobei diese vorrangig auf den griechisch-hellenistischen Kenntnissen aufbauten. Sie übersetzten deren Werke vom Griechischen ins Arabische, das in jener Zeit die Sprache der Gelehrten war, und entwickelten die Mathematik eigenständig weiter, so AL-KHWARIZMI (780–850), ABU'L-HASAN (834–901), AL-

BIRUNI (973–1048). Wiederum später gelangten die Kenntnisse ins Abendland, jetzt durch Übersetzung der Werke ins Lateinische, u. a. von A. v. BATH (1070–1176), G. v. CREMONA (1114–1187) und W. v. MOERBEKE (1215–1286). Lateinisch war im Abendland die Sprache der Gelehrten. A.M.S. BOETHIUS (480–525) war einer der wenigen in Italien gewesen, der bereits Jahrhunderte zuvor mathematische Schriften der Griechen ins Lateinische übersetzt hatte, so die ‚Elemente' von EUKLID. – Die im Abendland in den Klöstern geübte Mathematik war eher elementar. Man befasste sich mit dem Zahlenrechnen (auf dem Abakus) und Kalenderfragen, zu nennen sind: ALKUIN v. YORK (735–804), G. v. AURIL-LAE (945–1003), T. BRADWARDINE (1290–1349), N. ORESME (1323–1382). Eigenständige Fortschritte in der Mathematik gelangen L. FIBONACCI v. PISA (1180–1250), GIOTTO di BONDONE (1267–1336). – An den frühen Universitäten, z. B. in Bologna und in Paris, wurde auch Mathematik gelehrt, insbesondere die inzwischen bekannt gewordene und rezipierte griechisch-hellenistische Mathematik, vielfach überlagert von ptolomäischer und aristotelischer Naturphilosophie, dem Inhalt nach mehr Spekulation als Wissenschaft.

3.5.3 Neuzeit bis heute

Der Beginn der Neuzeit wird mit der Zeit um 1450 gleich gesetzt, mit ihr beginnt die Renaissance. In diese Zeit fiel die Entwicklung der Zentralperspektive durch P. de FRANCESCA (1420–1492) und A. DÜRER (1471–1528).

S. de FERRO (1465–1492) und G. CARDANO (1501–1576) gelangen Fortschritte in der Algebra. Auf Letztgenannten geht eine Methode zur Lösung kubischer Gleichungen zurück.

Mit der Erfindung und dem Einsetzen des Buchdrucks waren eine zügige Verbreitung und ein reger Austausch wissenschaftlicher Kenntnisse und Erkenntnisse verbunden, so auch in der Mathematik. Mitte des 16. Jh. wurden die Schriften EUKLIDs und jene von ARCHIMEDES in gedruckter Form veröffentlicht. Es folgten Mathematiker wie F. GREGORY (1637–1675), M. MERCATOR (1619–1687) mit neuen Lösungen in der Algebra. – Der eigentliche Durchbruch zu völlig Neuem setzte mit I. NEWTON (1643–1727) und G.W. LEIBNIZ (1646–1713) ein. Auf sie gehen der Funktionsbegriff und die Infinitesimalrechnung zurück, auf Letztgenannten in der heute gebräuchlichen Notation. Mit J. BERNOULLI (1667–1748) und insbesondere mit L. EULER (1707–1783) wurde die Infinitesimalrechnung zum Standard aller Mathematiker. Verstärkt durch Fortschritte in der instrumentellen und beobachtenden Astronomie waren es J. KEPLER (1571–1630), J.L. LA-

GRANGE (1736–1813), P.S. LAPLACE (1749–1827), A.M. LAGRENDE (1752–1833), später H. POINCARÉ (1854–1912), welche die mathematische Theorie der Himmelsmechanik zu hohem Stand verhalfen. – Daneben war es eine große Zahl weiterer Mathematiker, durch welche ihre Wissenschaft im 18. und insbesondere im 19. Jahrhundert einen wahrhaft stürmischen Aufschwung erfuhr:

R. DESCARTES (1596–1650), P. de FERMAT (1601–1665), B. PASCAL (1623–1662), C.F. GAUSS (1777–1855), A.-L. CAUCHY (1789–1857), A.F. MÖBIUS (1790–1868), N.A. ABEL (1802–1829), C.G.J. JACOBI (1804–1851), P.G.L. DIRICHLET (1805–1859), K.T.W. WEIERSTRASS (1815–1897), P.L. TSCHEBYSCHEW (1821–1894), L. KRONECKER (1823–1891), G.F.R. RIEMANN (1826–1866), J.W.R. DEDEKIND (1831–1916), G.F. KLEIN (1849–1925), D. HILBERT (1862–1943).

Viele weitere Zeitgenossen der Genannten, die an der Entwicklung und weiteren Vervollkommnung der Mathematik beteiligt waren, wären zu erwähnen, viele weitere folgten bis zum heutigen Tage, einschließlich solcher, die zum Ausbau der Numerischen Mathematik beigetragen haben. Es ist insgesamt eine fesselnde Geschichte mit vielen Querbezügen zu den Naturwissenschaften und zur Technik. Ausführlich wird die Geschichte der Mathematik und die Biographie vieler Mathematiker in ihrer Zeit in [35–43] behandelt.

3.5.4 Induktion – Deduktion

Die Begriffe Induktion und Deduktion kommen aus dem Lateinischen. Sie haben in der Philosophie und Logik einerseits und in der Mathematik andererseits eine vergleichbare Bedeutung: ‚Hinführung' vom Einzelnen, vom Besonderen, vom Erfahrenen zum Allgemeinen bzw. ‚Herabführung', Schluss vom Allgemeinen zum Einzelnen, zum Speziellen. In der Mathematik kommt der Induktion besondere Bedeutung zu: Gelingt auf ihrer Basis eine vollständige Beweisführung, spricht man von Vollständiger Induktion. Als Beispiel sei die Formel

$$(a + b)^2 = (a + b) \cdot (a + b) = a^2 + a \cdot b + b \cdot a + b^2 = a^2 + 2ab + b^2$$

betrachtet. Es stellt sich die Frage, wie die binomische Form von $(a + b)^7$ oder allgemeiner, wie sie von $(a + b)^n$ lautet, wenn n eine ganze nichtnegative Zahl ist. Für $n = 7$ ließe sich die Antwort durch Ausmultiplizieren finden, wenn auch mühsam, für n allgemein ist es dagegen nicht möglich. – Folgende Formen sind sicher richtig, wenn man sie mit dem ausmultiplizierten Ergebnis vergleicht:

$$(a + b)^1 = 1 \cdot a + 1 \cdot b$$

$$(a + b)^2 = 1 \cdot a^2 + \frac{2}{1}ab + \frac{2}{1} \cdot \frac{1}{2} \cdot b^2$$

$$(a + b)^3 = 1 \cdot a^3 + \frac{3}{1}a^2b + \frac{3}{1} \cdot \frac{2}{2}ab^2 + \frac{3}{1} \cdot \frac{2}{2} \cdot \frac{1}{3} \cdot b^3$$

$$(a + b)^4 = 1 \cdot a^4 + \frac{4}{1}a^3b + \frac{4}{1} \cdot \frac{3}{2}a^2b^2 + \frac{4}{1} \cdot \frac{3}{2} \cdot \frac{2}{3} \cdot ab^3 + \frac{4}{1} \cdot \frac{3}{2} \cdot \frac{2}{3} \cdot \frac{1}{4} \cdot b^4$$

Die Koeffizienten lassen ein bestimmtes Bildungsgesetz erkennen, man bezeichnet die Vorzahlen rechterseits als Binomialkoeffizienten. Im Falle $(a + b)^n$ ist n die Potenz. Die einzelnen Terme der Binomialentwicklung werden mit k von $k = 0$ bis $k = n$ durchnummeriert. Wie man überprüfen kann, folgen die Binomialkoeffizienten dem Bildungsgesetz:

$$\binom{n}{k} = \frac{n!}{(n - k)!k!}, \quad \binom{n}{0} = 1, \quad \binom{n}{n} = 1$$

$n!$ ist die ‚Fakultät‘ der Zahl n, beispielsweise: $4! = 4 \cdot 3 \cdot 2 \cdot 1$. Die Notation

$$\binom{n}{k}$$

liest man ‚n über k‘. Für $n = 4$ ergibt sich von $k = 0$ bis $k = 4$:

$$\binom{4}{0} = 1, \quad \binom{4}{1} = \frac{4 \cdot 3 \cdot 2 \cdot 1}{3 \cdot 2 \cdot 1 \cdot 1} = 4, \quad \binom{4}{2} = \frac{4 \cdot 3 \cdot 2 \cdot 1}{2 \cdot 1 \cdot 2 \cdot 1} = 6,$$

$$\binom{4}{3} = \frac{4 \cdot 3 \cdot 2 \cdot 1}{1 \cdot 3 \cdot 2 \cdot 1} = 4, \quad \binom{4}{4} = 1$$

Damit ist das Bildungsgesetz der Binomialkoeffizienten für $n = 4$ bestätigt. Von diesem Einzelfall wird auf den Allgemeinfall geschlossen:

$$(a + b)^n = \sum_k^n \binom{n}{k} \cdot a^{n-k} \cdot b^k \quad (0 \leq k \leq n)$$

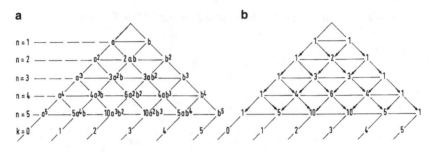

Abb. 3.17

Bei dieser Schlussfolgerung handelt es sich um eine vollständige Induktion. Sie wurde von B. PASCAL um 1654 angegeben und führt auf das nach ihm benannte Pascal'sche Dreieck (Abb. 3.17). Das Gesetz war den arabischen Mathematikern bereits zu Beginn des 11. Jh. bekannt.

Mathematische Beweisführungen, die sich der Induktion bedienen, beinhalten stets einen gewissen Grad der Ungewissheit und Unsicherheit. Sofern es sich um ein Problem physikalischer und technischer Anwendung handelt, ist es i. Allg. möglich, die Richtigkeit der Lösung intuitiv zu beurteilen. Gleichwohl, bei Problemen an Grenzen und Rändern, bei Singularitäten, beim Übergang zum unendlich Kleinen oder zum unendlich Großen, sind intuitive Beweisschlüsse unzulässig. Antwort auf Fragen solcher Art zu finden, ist die eigentliche, die wichtigste und vornehmste Aufgabe der mathematischen Forschung.

3.6 Infinitesimalrechnung

3.6.1 Vorbemerkung

Für jene naturwissenschaftlichen Bereiche, die ihre Grundlage in der Physik haben, so auch in den Technikwissenschaften, hat die Infinitesimalrechnung die allergrößte Bedeutung, gemeint sind Differentialrechnung, Integralrechnung und die hierauf aufbauende Theorie der Differentialgleichungen. Die Infinitesimalrechnung ist für alle theoretischen Untersuchungen das unverzichtbare ‚Handwerkszeug‘: Ist die Lösung eines physikalischen Problems gesucht, wird die Aufgabe zunächst im Infiniten, im unendlich Kleinen, unter Hinzuziehung der das Problem kennzeichnenden Grundgesetze formuliert. Daraus folgt im Ergebnis eine Differentialgleichung. Kann sie gelöst werden, ist das anstehende physikalische Problem gelöst und das im Grundsätzlichen und in größter Allgemeinheit. Für den konkreten Einzelfall bedarf es dann nur noch der Anpassung an die Anfangs- oder/und Randbedingungen. Nun ist es häufig so, dass die analytische Lösung einer speziellen Differentialgleichung mit großen, gar allergrößten Schwierigkeiten verbunden ist, in den wohl meisten Fällen hält die Mathematik gar keine geschlossene, strenge Lösung bereit. Hier nun greifen die Lösungsalgorithmen der numerischen Mathematik. Dank der Verfügbarkeit des Computers lassen sich heutzutage nahezu für alle Differentialgleichungen Lösungen angeben, allerdings handelt es sich dann immer um Näherungslösungen. Für die numerischen Lösungsalgorithmen stehen inzwischen Programmbibliotheken in allen Compilersprachen zur Verfügung, auch mathematische Programmsysteme, wie MATHEMATICA, MATLAB, und zudem graphische Programmsysteme, wie ORIGIN u. a. Viele der in jüngster Zeit auf vielen Gebieten der Naturwissenschaften und Technik erreichten Fortschritte beruhen auf den vorskizzierten Möglichkeiten. Die Formulierung des eigentlichen physikalischen Kernproblems und ihre Darstellung in Form einer Differentialgleichung oder eines simultanen (gekoppelten) Systems solcher Differentialgleichungen, vermag der Computer nicht zu übernehmen. Dieses ist und bleibt ein kreativer Akt menschlicher Intelligenz.

3.6.2 Funktion

Eine Funktion kennzeichnet die Abhängigkeit von Größen untereinander. Beteiligt können zwei oder mehrere Abhängige sein, man nennt sie Veränderliche oder Variable. Abb. 3.18a zeigt den Verlauf des DAX-Kurses in € über den Zeitraum von

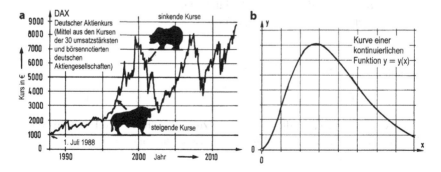

Abb. 3.18

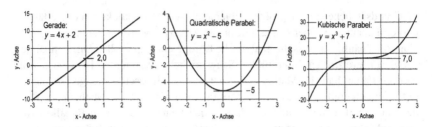

Abb. 3.19

ca. 25 Jahren. Bei der Funktion in Abb. 3.18b mag es sich um die Abhängigkeit einer physikalischen Größe y von der Veränderlichen x handeln, also um ein physikalisches Gesetz. Solche Gesetze sind z. B. Druck als Funktion der Temperatur, Strahlungsleistung als Funktion der Wellenlänge. Man sagt: Zwischen der Größe y und der Größe x besteht der funktionale Zusammenhang:

$$y = y(x)$$

y ist bei dieser Zuordnung die abhängige und x die unabhängige Veränderliche (Variable). Die Zuordnung ist i. Allg. nur innerhalb eines bestimmten Wertebereiches erklärt, das bedeutet, in diesem Bereich ist die Zuordnung eindeutig. Es ist immer zweckmäßig, sich den Verlauf einer Funktion in Form ihres Graphen, also der die Funktion kennzeichnenden Kurve, zu veranschaulichen.

Abb. 3.19 zeigt drei solche Kurven in der x-y-Ebene. Die zugehörigen Funktionen sind in den Bildern als Gleichungen notiert. Gibt man in einer Wertetabelle für die Variable x bestimmte Werte vor, lassen sich hierfür gemäß der vorgelegten Funktion die y-Werte berechnen und gemeinsam mit den x-Werten auftragen, das ergibt die Kurve, also den Graphen der Funktion.

Funktionen lassen sich auch in der Form

$$f(x, y) = 0$$

darstellen, Beispiel:

$$y = a \cdot x^n + b \quad \rightarrow \quad f(x, y) = y - a \cdot x^n - b = 0$$

Alle Wertepaare x, y, die diese Gleichung zu Null erfüllen, sind Funktionswerte. Beispiel: Die Gleichung der **Ellipse** im x-y-Koordinatensystem lautet:

$$\frac{x^2}{a^2} + \frac{y^2}{b^2} = 1 \quad \text{oder} \quad f(x, y) = \frac{x^2}{a^2} + \frac{y^2}{b^2} - 1 = 0$$

Abb. 3.20

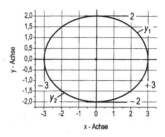

Löst man die Gleichung nach y auf, ergibt sich:

$$\frac{y^2}{b^2} = 1 - \frac{x^2}{a^2} \quad \rightarrow \quad y^2 = b^2\left(1 - \frac{x^2}{a^2}\right) \quad \rightarrow \quad y_{1,2} = \pm b\sqrt{1 - \frac{x^2}{a^2}}$$

a und b sind die Hauptachsen der Ellipse. Die Wurzel ist nur für $x^2/a^2 < 1$ positiv, somit ist die Funktion nur im Bereich von $x = -a$ bis $x = +a$ erklärt.

Abb. 3.20 zeigt die Ellipse für $a = 3$ und $b = 2$. Der obere und untere Kurvenast ist den Teilfunktionen y_1 bzw. y_2 zugeordnet.

Eine Funktion lässt sich auch umkehren, x wird dann zur abhängigen, y zur unabhängigen Variablen. Für die oben angeschriebenen Funktionen findet man beispielsweise:

$$y = a \cdot x^n + b \quad \rightarrow \quad a \cdot x^n = y - b \quad \rightarrow \quad x^n = \frac{y - b}{a}$$

$$\rightarrow \quad x = \pm \sqrt[n]{\frac{y - b}{a}} \quad \rightarrow \quad x = \pm\left(\frac{y - b}{a}\right)^{\frac{1}{n}}$$

$$\frac{x^2}{a^2} + \frac{y^2}{b^2} = 1 \quad \rightarrow \quad x^2 = a^2\left(1 - \frac{y^2}{a^2}\right) \quad \rightarrow \quad x_{1,2} = \pm a\sqrt{1 - \frac{y^2}{b^2}}$$

3.6.3 Stetigkeit – Differenzierbarkeit

Abb. 3.21a zeigt den Graphen einer Funktion mit einer Reihe spezieller Kennzeichen:

1. Die Funktion ist nur für Werte $x \geq 0$ erklärt. An der Stelle $x = 0$, also im Ursprung des x-y-Koordinatensystems, ist der Funktionswert $y(0)$ endlich.
2. Die Funktion weist ein Maximum und ein Minimum auf, es sind Extrema.

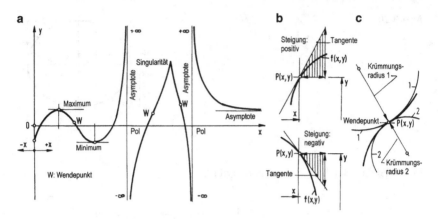

Abb. 3.21

3. Es existieren drei Wendepunkte (W). An diesen Punkten ändert die Kurve ihren Krümmungssinn.
4. Es existieren zwei Pole. An diesen springt die Funktion von $+\infty$ auf $-\infty$ bzw. umgekehrt (∞ ist das Symbol für unendlich).
5. Es existiert eine punktförmige Singularität (vielfach $+\infty$ oder $-\infty$ erreichend).
6. Rechterseits nähert sich der Kurvenverlauf der Funktion einem Festwert, hier $y(\infty) = $ konst.

In Teilabbildung b ist der Begriff der positiven und negativen Steigung im Punkt $P(x, y)$ als Steigung der lokalen Tangente an die Kurve erläutert und in Teilabbildung c der Begriff des Wendepunktes als Übergang einer Krümmung $1/r_1$ in eine Gegenkrümmung $1/r_2$.

Im Rahmen einer Kurvendiskussion wird häufig angestrebt, jene Stellen zu erkennen, an denen der Kurvenverlauf der Funktion spezifische Eigenschaften aufweist. Das gelingt bei den Extrema und Wendepunkten nur, wenn die Funktion in den zugehörigen Bereichen stetig ist.

Der in Abb. 3.18a dargestellte Kurvenverlauf ist extrem unstetig. In den Naturwissenschaften tritt ein solcher Verlauf eher selten auf; wenn, ist er meist nur nach Glättung (Mittelung, ‚Verschmierung‘) einer mathematischen Behandlung näherungsweise zugänglich. Die Funktion in Abb. 3.18b weist dagegen einen stetigen Verlauf auf. Vielfach sind die Verläufe nur bereichsweise stetig und das in unterschiedlicher Weise monoton steigend oder monoton fallend. Wo die Funktion stetig

Abb. 3.22

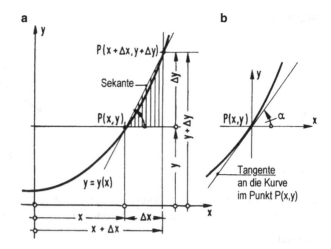

ist, ist sie einfach, fallweise mehrfach, differenzierbar, man spricht dann von ihrer ersten, gegebenenfalls von ihrer zweiten oder von ihrer höheren Ableitung.

3.6.4 Differentiation

Die lokale Steigung einer Kurve im Punkt P(x, y), welche die Funktion $y = y(x)$ zur Grundlage hat, erhält man durch Grenzübergang: Abb. 3.22 zeigt eine solche Kurve. Es werden die Punkte P(x, y) und P($x + \Delta x$, $y + \Delta y$) betrachtet (Teilabbildung a). Deren Orte unterscheiden sich durch die finiten (endlichen) Abstände Δx und Δy. Die Sekante zwischen den Punkten nähert die lokale Steigung der Kurve im Punkt P(x, y) an. Diese Annäherung ist umso genauer, je geringer der Abstand Δx ist. Beim Grenzübergang $\Delta x \rightarrow 0$ fällt die Sekante mit der örtlichen Tangente an die Kurve zusammen. Der zugehörige Steigungswinkel sei α. Der Differenzenquotient $\Delta y / \Delta x$ ist der Tangens dieses Winkels. Wenn Δx beim Grenzübergang infinitesimal, also unendlich klein, wird, geht der Tangens in

$$\tan \alpha = \lim_{\Delta x \to 0} \frac{\Delta y}{\Delta x} = \frac{dy}{dx}$$

über. Diesen Ausdruck nennt man die (erste) Ableitung der Funktion $y = y(x)$ nach x. Es ist der Differentialquotient, den man mit

$$y' = y'(x) = \frac{dy(x)}{dx} = \frac{dy}{dx}$$

Abb. 3.23

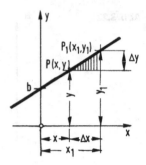

abkürzt. Wird von dieser Funktion erneut die Ableitung gebildet, erhält man die Funktion $y'' = y''(x)$, usf., man spricht dann von der zweiten Ableitung.

Beispiel
Eine in der x-y-Ebene liegende **Gerade** hat die Funktion

$$y = a \cdot x + b$$

zur Grundlage (Abb. 3.23). An der Stelle $x = 0$ ist $y(0) = b$: Die Gerade schneidet die y–Achse an der Stelle $y = b$.
    a kennzeichnet die Steigung. Bildet man die Differenz der Ordinaten y_1 und y an den Stellen x_1 und x, gilt:

$$\Delta y = y_1 - y = (a \cdot x_1 + b) - (a \cdot x + b) = a \cdot (x_1 - x) = a \cdot \Delta x$$

$$\rightarrow \quad \frac{\Delta y}{\Delta x} = \frac{y_1 - y}{x_1 - x} = a \quad \rightarrow \quad \frac{dy}{dx} = \lim_{\Delta x \to 0} \frac{\Delta y}{\Delta x} = a$$

Das bedeutet: Die Ableitung von $y = a \cdot x + b$ nach x ist gleich a.

    $y = b$ kennzeichnet eine zur x-Achse parallele Gerade, sie hat keine Steigung, demgemäß ist die Ableitung von $y = b$, also nach einer Konstanten, gleich Null.
    Handelt es sich um eine **quadratische Parabel** (Abb. 3.19 mittig), lautet die Gleichung:

$$y = a \cdot x^2 + b$$

b kennzeichnet wieder den Achsabschnitt auf der y-Achse. Der Verlauf der Kurve ist zur y-Achse symmetrisch. Es wird gebildet:

$$\frac{\Delta y}{\Delta x} = \frac{y_1 - y}{x_1 - x} = \frac{(a \cdot x_1^2 + b) - (a \cdot x^2 + b)}{x_1 - x} = \frac{a \cdot (x_1^2 - x^2)}{x_1 - x}$$

$$= \frac{a \cdot (x_1 - x) \cdot (x_1 + x)}{x_1 - x} \quad \rightarrow \quad \frac{\Delta y}{\Delta x} = a \cdot (x_1 + x)$$

Geht $\Delta x \to 0$, geht x_1 in x über und es folgt:

$$\lim_{\Delta x \to 0} \frac{\Delta y}{\Delta x} = a \cdot 2x \quad \to \quad \frac{dy}{dx} = a \cdot 2x$$

Das bedeutet (mit entsprechender Erweiterung, wie sich beweisen lässt):

$$y(x) = a \cdot x^2 + b \quad \to \quad y'(x) = a \cdot 2x; \quad (y(x) = b \to y'(x) = 0)$$
$$y(x) = a \cdot x^3 + b \quad \to \quad y'(x) = a \cdot 3x^2$$
$$y(x) = a \cdot x^4 + b \quad \to \quad y'(x) = a \cdot 4x^3$$

Differentiationsvorschrift für algebraische Funktionen anhand von Beispielen:

$$y(x) = x^n \quad \to \quad y'(x) = n \cdot x^{n-1}$$
$$y(x) = x^{-n} \quad \to \quad y'(x) = -n \cdot x^{-n-1} = -n \cdot x^{-(n+1)} = -n \cdot \frac{1}{x^{n+1}}$$
$$y = \sqrt{x} = x^{\frac{1}{2}} \quad \to \quad y' = \frac{1}{2}x^{+\frac{1}{2}-1} = \frac{1}{2}x^{-\frac{1}{2}} = \frac{1}{2}\frac{1}{\sqrt{x}}$$
$$y = \sqrt[n]{x} = x^{\frac{1}{n}} \quad \to \quad y' = \frac{1}{n}x^{\frac{1}{n}-1} = \frac{1}{n}x^{\frac{1-n}{n}} = \frac{1}{n}x^{-\frac{n-1}{n}} = \frac{1}{n}\frac{1}{x^{\frac{n-1}{n}}}$$
$$= \frac{1}{n}\frac{1}{\sqrt[n]{x^{n-1}}}$$

Die vorstehende Herleitung eines Differentialquotienten lässt sich auch auf andere Funktionen übertragen. Günstiger ist es indes, zunächst jene Formeln herzuleiten, mittels derer der Differenzialquotient eines Produkts und eines Quotienten zweier Funktionen gebildet werden kann und hiervon ausgehend die weiteren Differentiationsvorschriften abzuleiten. Das sei im Folgenden gezeigt:

Die Einzelfunktionen seien $u = u(x)$ und $v = v(x)$; das Produkt ist:

$$y(x) = u(x) \cdot v(x)$$

Es wird gebildet:

$$y' = \frac{dy}{dx} = \lim_{\Delta x \to 0} \frac{\Delta y}{\Delta x} = \lim_{\Delta x \to 0} \frac{u(x + \Delta x) \cdot v(x + \Delta x) - u(x) \cdot v(x)}{\Delta x}$$

Indem im Zähler die Nullidentität $u(x + \Delta x) \cdot v(x) - u(x + \Delta x) \cdot v(x)$ hinzugefügt wird, lässt sich der vorstehende Ausdruck weiter entwickeln:

$$y' = \lim_{\Delta x \to 0} \frac{u(x + \Delta x) \cdot [v(x + \Delta x) - v(x)] + v(x) \cdot [u(x + \Delta x) - u(x)]}{\Delta x}$$

$$= \lim_{\Delta x \to 0} \frac{u(x + \Delta x) \cdot \Delta v(x) + v(x) \cdot \Delta u(x)}{\Delta x}$$

$$= \lim_{\Delta x \to 0} \left[u(x) \cdot \frac{\Delta v(x)}{\Delta x} + v(x) \cdot \frac{\Delta u(x)}{\Delta x} \right] = u(x) \cdot \frac{dv(x)}{dx} + v(x) \cdot \frac{du(x)}{dx}$$

Zusammengefasst lautet die ‚Produktregel‘:

$$y'(x) = u(x) \cdot v'(x) + v(x) \cdot u'(x),$$

Abgekürzt geschrieben, lautet sie:

$$y' = u \cdot v' + v \cdot u'$$

Für die Differentiation des Quotienten

$$y(x) = \frac{u(x)}{v(x)}$$

lässt sich die ‚Quotientenregel‘

$$y' = \frac{u' \cdot v - v' \cdot u}{v^2}$$

entsprechend herleiten. – Mit Hilfe der vorstehenden Differentiationsregeln lassen sich die obigen Differentiationsformeln unschwer bestätigen.

3.6.5 Integration

Unter einer polygonal verlaufenden Kurve lässt sich der Flächeninhalt A exakt berechnen, die einzelnen Teilflächen sind Trapeze oder (weiter unterteilt) Dreiecke, Abb. 3.24a. Ist der Flächeninhalt unter einer beliebig gekrümmten Kurve gesucht, findet man eine Näherung, indem die Kurve durch ein Polygon angenähert wird. Es ist einsichtig, dass die Kurve umso genauer angenähert werden kann, je enger die Teilung ist (Abb. 3.24b/c). Von ARCHIMEDES (287–212 v. Chr.) wurde auf diese Weise die Fläche unter einer Kreislinie und unter einer Parabel durch fortschreitende Verfeinerung berechnet, das wird im folgenden Abschnitt gezeigt.

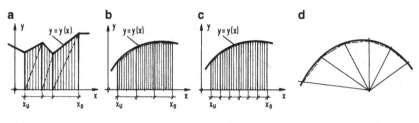

Abb. 3.24

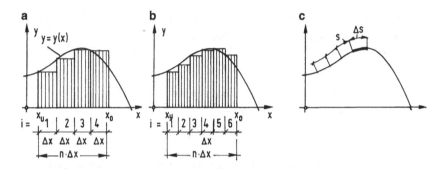

Abb. 3.25

So wie das Differential einer Funktion $y = y(x)$, also $y'(x) = dy/dx$, als Steigung der die Funktion kennzeichnenden Kurve an der Stelle x geometrisch gedeutet werden kann, kann das Integral einer Funktion als Fläche unter einer Kurve geometrisch gedeutet werden, quasi als Summe S (oder Altgriechisch Σ) der unter der Kurve liegenden schmalen Rechtecke der Breite Δx und das zwischen der unteren Grenze x_u und der oberen Grenze x_o, wie in Abb. 3.25a/b gezeigt.

Lässt man die finite Breite Δx infinitesimal werden, also unendlich schmal, und die Anzahl n der Rechtecke gleichzeitig über alle Grenzen wachsen, lässt sich die Fläche zu

$$A = \lim_{\Delta x \to 0} \sum_{i=1}^{n} y(x_i) \cdot \Delta x \quad \to \quad A = \int_{x_u}^{x_o} y(x)\, dx$$

anschreiben. i ist die Laufvariable von $i = 1$ bis $i = n$. Im Grenzfall $n \to \infty$ und gleichzeitig $\Delta x \to dx$ folgt die Fläche exakt. $- \int \ldots$ ist das Symbol für das Integral, ein stilisiertes S. – In vorstehender Form spricht man von einem bestimmten

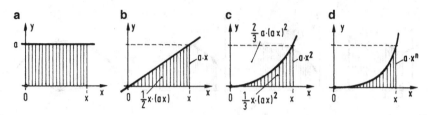

Abb. 3.26

Integral über $y = y(x)$ in den Grenzen x_u und x_o. Im Falle ohne Grenzen spricht man von einem unbestimmten Integral über $y = y(x)$:

$$I = \int y(x)\,dx.$$

I ist in dieser Form selbst wieder eine Funktion von x: $I = I(x)$. –
Man kennt auch das Linienintegral

$$I = \oint y(s)\,ds$$

Hierbei ist $y = y(s)$ als Funktion der Linienkoordinate s erklärt. Solche Linienintegrale treten dann auf, wenn nicht eine Fläche unter einer Kurve, sondern die Länge einer Kurve entlang der Linienkoordinate s berechnet werden soll (Abb. 3.25c).
Für die elementaren algebraischen Funktionen lassen sich die Integrale über die Flächeninhalte ableiten (vgl. Abb. 3.26):

$$y(x) = a: \quad I(x) = \int_0^x a\,dx = x \cdot a = a \cdot \frac{x}{1}$$

$$\rightarrow \quad \frac{dI(x)}{dx} = a$$

$$y(x) = a \cdot x: \quad I(x) = \int_0^x a \cdot x\,dx = \frac{1}{2}x \cdot (a \cdot x) = a \cdot \frac{x^2}{2}$$

$$\rightarrow \quad \frac{dI(x)}{dx} = a \cdot x$$

$$y(x) = a \cdot x^2: \quad I(x) = \int_0^x a \cdot x^2\,dx = \frac{1}{3}x \cdot (a \cdot x^2) = a \cdot \frac{x^3}{3}$$

$$\rightarrow \quad \frac{dI(x)}{dx} = a \cdot x^2$$

Aus der letzten Integration lässt sich der Flächeninhalt unter einer quadratischen Parabel zu $1/3$ mal Basis mal Höhe folgern. – Verallgemeinernd wird geschlossen:

$$y(x) = a \cdot x^n: \quad I(x) = \int a \cdot x^n \, dx = a \cdot \frac{x^{n+1}}{n+1} + C \quad \rightarrow \quad \frac{d\,I(x)}{dx} = a \cdot x^n$$

C ist ein konstanter Freiwert, über den, je nach Aufgabenstellung, verfügt werden kann.

Zur strengen Darstellung des Integralbegriffs und zur Herleitung der Integrationsvorschriften wird auf die Fachbücher der Mathematik verwiesen.

3.7 Funktionen

In den folgenden Abschnitten werden die elementaren Funktionen der Mathematik kurz vorgestellt. Es handelt sich ausschließlich um Funktionen von einer Variablen. Wie ausgeführt, wird bei der Funktion $y = y(x)$ durch der Größe x (das ist die unabhängig Veränderliche) der Größe y (das ist die abhängige Variable) ein bestimmter (Zahlen-)Wert zugeordnet. Vielfach ist diese Zuordnung (abhängig vom Funktionstyp) nicht für alle Werte von x eindeutig.

Im Falle der Umkehrung vertauschen sich die Abhängigen: Zur Funktion $f(x)$ gehört die Umkehrfunktion $g(x)$. Hierzu zwei Beispiele:

1. Die Funktion $y = a \cdot x$ stellt als Graph eine Gerade dar. Die Gerade verläuft durch den Nullpunkt mit der Steigung a. Die Umkehrfunktion erhält man, indem die Funktionsgleichung nach x frei gestellt wird und anschließend x und y ausgetauscht werden:

$$y = a \cdot x \quad \rightarrow \quad x = \frac{y}{a} \quad \rightarrow \quad y = \frac{x}{a}$$

2. Die Funktion $y = a \cdot x^2$ ist eine Parabel, die durch den Nullpunkt verläuft. Die Umkehrfunktion folgt gemäß:

$$y = a \cdot x^2 \quad \rightarrow \quad x^2 = \frac{y}{a} \quad \rightarrow \quad x = \pm\sqrt{\frac{y}{a}} \quad \rightarrow \quad y = \pm\sqrt{\frac{x}{a}}$$

In Abb. 3.27 sind für beide Beispiele die Graphen von $f(x)$ und $g(x)$ wiedergegeben, sie spiegeln sich an der Winkelhalbierenden $y = x$. Die Vorgehensweise setzt

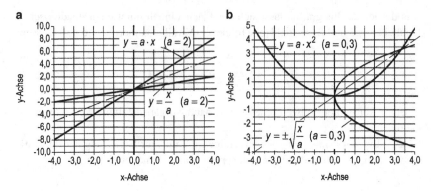

Abb. 3.27

eine eindeutige Umkehrfunktion voraus. Wo das nicht der Fall ist, ist die Umkehrung nur bereichsweise möglich. Man spricht bei der Umkehrfunktion auch von
der Inversen der Funktion. –

Neben den im Folgenden behandelten ‚elementaren' Funktionen gibt es ‚höhe-
re', wie die Γ- und ϑ-Funktion, die Bessel-Funktionen, die Elliptischen Integrale
und viele weitere.

3.7.1 Funktionen in kartesischen Koordinaten

3.7.1.1 Polynome und Rationale Funktionen

Polynome vom Grade n sind Funktionen vom Typ:

$$y(x) = a_0 + a_1 \cdot x + a_2 \cdot x^2 + a_3 \cdot x^3 + \ldots + a_n \cdot x^n = \sum_{j=1}^{n} a_j \cdot x^j$$

Die Exponenten $j = 1$ bis $j = n$ sind ganzzahlig. Beispiele:

- Polynom vom 1. Grade (Gerade): $y = a_0 + a_1 \cdot x$
- Polynom vom 2. Grade (Quadratische Parabel): $y = a_0 + a_1 \cdot x + a_2 \cdot x^2$
- Polynom vom 3. Grade (Kubische Parabel): $y = a_0 + a_1 \cdot x + a_2 \cdot x^2 + a_3 \cdot x^3$

Die Koeffizienten $a_0, a_1, a_2, \ldots$ bestimmen den Verlauf der zugehörigen Kurve.

Abb. 3.28

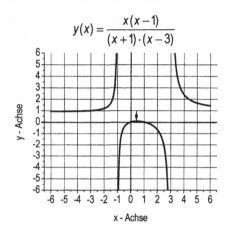

$$y(x) = \frac{x(x-1)}{(x+1)\cdot(x-3)}$$

Im Falle der Geraden schneidet die Gerade die y-Achse im Abstand a_0 mit der Steigung a_1. Die Bildung der ersten und höheren Ableitungen nach x ist unschwierig (vgl. oben).

Bei einer Funktion vom Typ

$$y(x) = \frac{a_0 + a_1 \cdot x + a_2 \cdot x^2 + a_3 \cdot x^3 + \ldots + a_n \cdot x^n}{b_0 + b_1 \cdot x + b_2 \cdot x^2 + b_3 \cdot x^3 + \ldots + b_m \cdot x^m} = \frac{\sum_{j=1}^{n} a_j \cdot x^j}{\sum_{k=1}^{m} a_k \cdot x^k}$$

spricht man von einer rationalen Funktion: Zähler und Nenner sind vom Grade n bzw. m. Abb. 3.28 zeigt ein Beispiel:

$$y(x) = \frac{x \cdot (x-1)}{(x+1) \cdot (x-3)} = \frac{x^2 - x}{x^2 - 2x - 3}$$

An den Stellen $x = -1$ und $x = +3$ wird der Nenner zu Null. Da der Zähler für diese Werte endlich bleibt, ist $y(x)$ an diesen Stellen singulär, der Graph hat hier Pole, wie die Abbildung zeigt.

Die Ableitung Rationaler Funktionen nach x ist i. Allg. schwierig. Für das Beispiel ergibt sich:

$$y'(x) = -\frac{x^2 + 6x - 3}{(x^2 - 2x - 3)^2}$$

Wird der Zähler dieser Ableitung Null gesetzt, liefert die sich auf diese Weise ergebende quadratische Gleichung die Lösungen $x_{1,2} = +0{,}464 / -6{,}464$. An der

Stelle $+0{,}464$ hat die Funktion ein Maximum, hier ist die Steigung (also die erste Ableitung) Null, vgl. mit Abb. 3.28, der Nenner ist an dieser Stelle $\neq 0$. Für $x \to \pm\infty$ nimmt die Funktion den Wert $+1$ an.

Im Fall der Funktion

$$y(x) = \frac{x^2 - 1}{x - 1}$$

ergibt sich an der Stelle $x = +1$ für $y(x)$ ein unbestimmter Ausdruck ($0/0 \neq 0$). Formt man die Funktion in

$$y(x) = \frac{(x + 1)(x - 1)}{(x - 1)} = x + 1$$

um, erkennt man, das die Funktion für $x = 1$ den Wert 2 annimmt.

3.7.1.2 Exponential- und Logarithmusfunktion
Die Funktion

$$y(x) = e^x \quad (e = 2{,}7182818\ldots)$$

heißt Exponentialfunktion, allgemeiner:

$$y(x) = a^x \quad (a > 0)$$

Die Exponentialfunktion zur Basis a ist für jeden Wert von x erklärt, sie ist überall positiv. Abb. 3.29 zeigt Beispiele.

Abb. 3.29

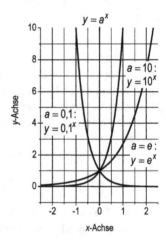

Abb. 3.30

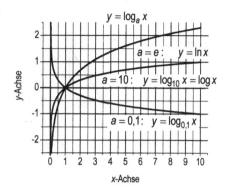

Für die Ableitung der Exponentialfunktion gilt (ohne Nachweis):

$$y(x) = e^x \quad \rightarrow \quad y'(x) = e^x$$
$$y(x) = a^x \quad \rightarrow \quad y'(x) = a^x \cdot \ln a$$

Funktionen der Art

$$y(x) = \log_a x$$

sind Logarithmusfunktionen (Logarithmus zur Basis a, vgl. Abschn. 3.3.3). In Abb. 3.30 sind die Graphen dreier unterschiedlicher Funktionen wiedergegeben:

$$y(x) = \log_e x = \ln x$$
$$y(x) = \log_{10} x \equiv \log x = \frac{\ln x}{\ln 10} = \frac{\ln x}{2{,}30258509}$$
$$y(x) = \log_{0,1} x = \frac{\ln x}{\ln 0{,}1} = \frac{\ln x}{-2{,}30258509}$$

In den Taschencomputern ist die Berechnung des natürlichen Logarithmus $\ln x$ i. Allg. fest ‚verdrahtet' (zur Umrechnung der Logarithmen mit unterschiedlicher Basis vgl. Abschn. 3.3.3).

Für die Ableitung nach x gelten folgende Formeln (ohne Nachweis):

$$y(x) = \ln x \quad \rightarrow \quad y'(x) = \frac{1}{x}, \quad y(x) = \log_a x \quad \rightarrow \quad y'(x) = \frac{1}{x \cdot \ln a}$$

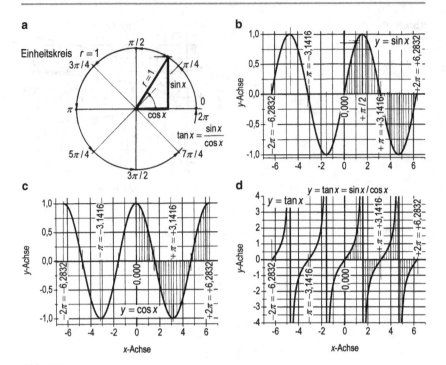

Abb. 3.31

3.7.1.3 Trigonometrische Funktionen (Winkelfunktionen)

Bei praktischen Anwendungen kommt den Trigonometrischen Funktionen große Bedeutung zu. Mit Hilfe jeden Taschenrechners sind ihre Werte einfach zu bestimmen; ehemals bedurfte es dazu umfangreicher Tabellenwerke. Die erste Tabelle dieser Art geht auf HIPPARCH (190–125 v. Chr.) zurück, viel später wurden Rechentafeln mit zunehmend größerer Genauigkeit von G. v. PEURBACH (1423–1461), G.J. RHAETICUS (1514–1576), V. OTHO (1550–1605) und B. PITISCUS (1561–1613) erarbeitet.

Schlägt man einen Kreis mit dem Radius r und misst den umlaufenden Winkel φ von der Horizontalen aus gegen den Uhrzeigersinn (Abb. 3.31a), sind die Winkelfunktionen mit $r = \sqrt{a^2 + b^2}$ als Hypotenuse wie folgt definiert:

$$\sin\varphi = \frac{\text{Gegenkathete}}{\text{Hypotenuse}} = \frac{a}{r} \text{ (Sinus)} \qquad \cos\varphi = \frac{\text{Ankathete}}{\text{Hypotenuse}} = \frac{b}{r} \text{ (Cosinus)}$$

$$\tan\varphi = \frac{\text{Gegenkathete}}{\text{Ankathete}} = \frac{a}{b} \text{ (Tangens)} \qquad \cot\varphi = \frac{\text{Ankathete}}{\text{Gegenkathete}} = \frac{b}{a} \text{ (Cotangens)}$$

Setzt man den Radius des Kreises gleich ‚Eins', entsteht der Einheitskreis. In diesem Kreis durchläuft der Winkel φ bei einem vollen Umlauf die Werte $\varphi° = 0°$ bis $\varphi° = 360°$ (Altgrad). Der Umfang des Einheitskreises beträgt: $U = 2\pi \cdot 1 = 2\pi$. Gleichwertig mit der Zählung in Altgrad ($\varphi°$) ist die Zählung in Bogenmaß ($\widehat{\varphi}$) von $\widehat{\varphi} = 0$ bis $\widehat{\varphi} = 2\pi$, vgl. Abb. 3.31a:

$$\widehat{\varphi}/2\pi = \varphi°/180° \quad \rightarrow \quad \widehat{\varphi} = (2\pi/180°) \cdot \varphi°.$$

Mathematische Formelsammlungen geben Auskunft, wie die Winkelfunktionen ineinander überführt werden können.

Setzt man im Einheitskreis den Winkel φ gleich x (als unabhängige Variable), können die Winkelfunktionen in kartesischen Koordinaten aufgetragen werden: Winkelfunktionen $y(x)$ über x. In Abb. 3.31b/c/d sind $y(x) = \sin x$, $y(x) = \cos x$ und $y(x) = \tan x$ als Kurvenzüge dargestellt.

Numerisch werden die Winkelfunktionen mittels Reihenentwicklungen berechnet. In dieser Form sind sie in jedem Computer fest einprogrammiert, z. B.:

$$\sin x = \frac{1}{1!} - \frac{x^3}{3!} + \frac{x^5}{5!} - \frac{x^7}{7!} + \dots \quad (-\infty < x < \infty),$$

$$\tan x = x + \frac{x^3}{3} + \frac{2x^5}{15} + \frac{17x^7}{315} + \dots \quad \left(-\frac{\pi}{2} < x < \frac{\pi}{2}\right)$$

Die Ableitungen sind besonders einfach zu bilden:

$$y(x) = \sin x \quad \rightarrow \quad y'(x) = \cos x; \quad y(x) = \cos x \quad \rightarrow \quad y'(x) = -\sin x;$$

$$y(x) = \tan x \quad \rightarrow \quad y'(x) = \frac{1}{\cos^2 x}; \quad y(x) = \cot x \quad \rightarrow \quad y'(x) = -\frac{1}{\sin^2 x}$$

Zu den Umkehrfunktionen ($\arcsin x$ etc.) vgl. das Schrifttum.

3.7.1.4 Hyperbolische Funktionen

Weitere wichtige Funktionen, die bei diversen Anwendungen auftreten (z. B. der Lösung von Differentialgleichungen), sind die Hyperbolischen Funktionen. Sie sind wie folgt definiert (sinh, gesprochen *Sinus hyperbolicus*):

$$y(x) = \sinh x = \frac{1}{2}(e^x - e^{-x}) = x + \frac{x^3}{3!} + \frac{x^5}{5!} + \dots,$$

$$y(x) = \cosh x = \frac{1}{2}(e^x + e^{-x}) = 1 + \frac{x^2}{2!} + \frac{x^4}{4!} + \dots$$

$$y(x) = \tanh x = \frac{(e^x - e^{-x})}{(e^x + e^{-x})}, \quad y(x) = \coth x = \frac{(e^x + e^{-x})}{(e^x - e^{-x})}$$

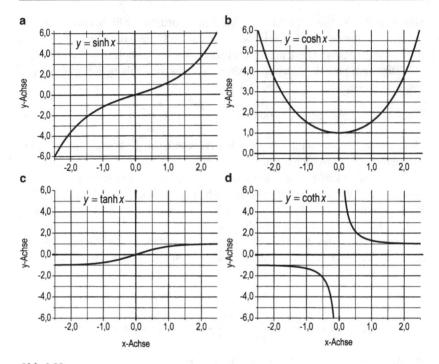

Abb. 3.32

In höherwertigen Taschenrechnern sind die Funktionen einprogrammiert, anderenfalls sind die Funktionswerte gemäß der obigen Definitionsbeziehungen über die e-Funktion zu berechnen. Abb. 3.32 vermittelt einen Überblick über den Verlauf der Funktionen. Hinsichtlich der mannigfachen Verknüpfungen der hyperbolischen Funktionen untereinander wird auf das Schrifttum verwiesen, auch bezüglich der Umkehrfunktionen (Area-Funktionen). –

Die Ableitungen sind den trigonometrischen Funktionen ähnlich:

$$y(x) = \sinh x \quad \rightarrow \quad y'(x) = \cosh x;$$
$$y(x) = \cosh x \quad \rightarrow \quad y'(x) = \sinh x;$$
$$y(x) = \tanh x \quad \rightarrow \quad y'(x) = \frac{1}{\cosh^2 x};$$
$$y(x) = \cot x \quad \rightarrow \quad y'(x) = -\frac{1}{\sinh^2 x}$$

Abb. 3.33

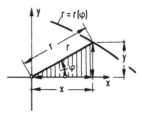

3.7.2 Funktionen in Polarkoordinaten

Den Spiralen wohnt eine besondere Ästhetik inne. Sie werden zweckmäßig in Polarkoordinaten $r = r(\varphi)$ dargestellt. r ist der Radius ($r > 0$) und φ die Phase (Umlaufkoordinate). Der Winkelbereich von $\varphi = 0$ bis $\varphi = 2\pi (= 360°)$ umfasst einen vollen Umlauf. – Der Bezug zum kartesischen Koordinatensystem (Abb. 3.33) ist einfach zu überblicken:

$$x = r \cdot \cos\varphi, \quad y = r \cdot \sin\varphi$$

Die sogen. **algebraische Spirale** gehorcht der Gleichung:

$$r(\varphi) = a \cdot \varphi^b$$

Die einfachste Spirale dieses Typs mit $b = 1$ wurde von ARCHIMEDES (287–212 v. Chr.) angegeben, Abb. 3.34. Der gegenseitige Abstand der Spiralarme in radialer Richtung ist konstant. – Die Abb. 3.34b und c zeigen die Spiralformen für die Exponenten $b = 1/2$ und $b = 2$.

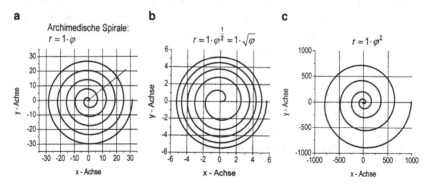

Abb. 3.34

Abb. 3.35

Interessant sind die **logarithmischen Spiralen**. Die ‚Goldene Spirale' gehört als Sonderfall zu diesem Typ. Es scheint so zu sein, dass viele spiralige Formen in der Pflanzenwelt den Verlauf einer ‚Goldenen Spirale' haben (Abb. 3.35). Die Funktion der logarithmischen Spirale lautet:

$$r(\varphi) = a \cdot e^{\frac{b}{2\pi}\varphi}$$

Jeder Radiusstrahl schneidet die Spiralarme unter dem gleichen Winkel α. Dieser folgt aus: $\cot\alpha = b/2\pi$. Abb. 3.36a zeigt ein Beispiel.

Ein weiterer Typ ist die **hyperbolische Spirale** (Abb. 3.36b):

$$r(\varphi) = \frac{a}{\varphi} = a \cdot \varphi^{-1}$$

Abb. 3.36

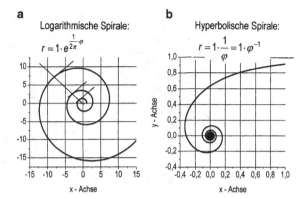

a Logarithmische Spirale:
$$r = 1 \cdot e^{\frac{1}{2\pi} \cdot \varphi}$$

b Hyperbolische Spirale:
$$r = 1 \cdot \frac{1}{\varphi} = 1 \cdot \varphi^{-1}$$

Abb. 3.37

Lituus:

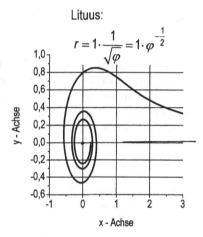

$$r = 1 \cdot \frac{1}{\sqrt{\varphi}} = 1 \cdot \varphi^{-\frac{1}{2}}$$

Sie hat die Asymptote $y = +1$. – Die Form

$$r(\varphi) = \frac{a}{\sqrt{\varphi}} = a \cdot \varphi^{-1/2}$$

wird **Lituus** genannt (aus dem lat.: Krummstab), Abb. 3.37.

Von praktischer Bedeutung ist die **Klothoide**. Nach ihr werden im Straßen- und Bahnbau die Fahrbahnen im Übergangsbereich von der Geraden in den Kreisbogen (und umgekehrt) trassiert, um einen sprunghaften Krümmungswechsel zu vermeiden. Die Klothoide gehört zu den Pseudospiralen der Form $\rho = a \cdot s^b$, wobei ρ der örtliche Krümmungsradius und s die Bogenlänge ist.

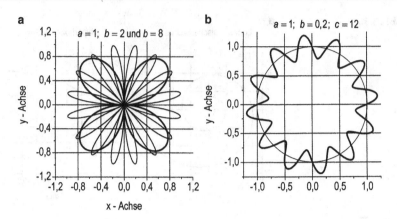

Abb. 3.38

Neben den Spiralen gibt es weitere Kurven, deren Darstellung in Polarkoordinaten vorteilhaft ist: Konchoide, Zissoide, Strophoide, Kardioide u. a.

Ein Spezialfall der Cassinischen Kurven ist die **Lemniskate**. Gute Formelsammlungen geben Auskunft.

Kurven in **Blütenform** lassen sich mittels der Gleichung

$$r(\varphi) = a \cdot \sin b\varphi$$

gewinnen, vgl. Abb. 3.38a und solche in Kreisform mit überlagerter Sinuslinie nach der Gleichung:

$$r(\varphi) = a + b \cdot \sin c\varphi$$

a, b und c sind Konstante, über die frei verfügt werden kann (Abb. 3.38b).

3.7.3   Funktionen in Parameterdarstellung – Zykloiden

Neben der Darstellung einer Funktion bzw. einer Kurve in kartesischen oder polaren Koordinaten ist vielfach eine solche in Parameterstellung zweckmäßig. Das sei am Beispiel der **Zykloide** gezeigt. Bei der Zykloide wird verfolgt, welche Kurve ein fester Punkt auf der Umfangslinie eines Rades beschreibt, welches auf einer geraden Linie abrollt. Ist r der Radius des Rades, wird die Ausgangsstellung nach einer Abrolllänge $2\pi r$ (das ist der volle Radumfang) wieder erreicht (Abb. 3.39a).

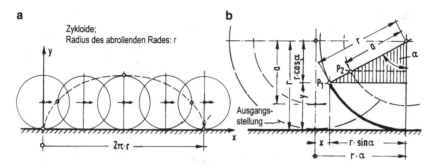

Abb. 3.39

Teilabbildung b zeigt einen Zwischenzustand. Der Abrollwinkel werde mit α abgekürzt. Aus der Figur liest man ab (α in Bogenmaß):

$$x = r \cdot \alpha - r \cdot \sin\alpha = r \cdot (\alpha - \sin\alpha), \quad y = r - r \cdot \cos\alpha = r \cdot (1 - \cos\alpha)$$

α ist in diesem Falle der Parameter (vielfach mit t abgekürzt). Das Abrollen von $\alpha = 0$ bis $\alpha = 2\pi$ bedeutet eine Raddrehung. – Betrachtet man anstelle des auf der Umfangslinie liegenden Punktes P_1 den innerhalb des Rades liegenden Punkt P_2 im Abstand a vom Radmittelpunkt, folgt aus Abb. 3.39b wiederum unmittelbar:

$$x = r \cdot (\alpha - \sin\alpha) + (r - a) \cdot \sin\alpha = r \cdot \alpha - a \cdot \sin\alpha,$$

$$y = r \cdot (\alpha - \cos\alpha) + (r - a) \cdot \cos\alpha = r - a \cdot \cos\alpha$$

Abb. 3.40 zeigt drei Zykloidenverläufe für $a = 0$, $a = 0{,}5 \cdot r$ und $a = 1{,}5 \cdot r$. Dargestellt sind jeweils zwei Umläufe.

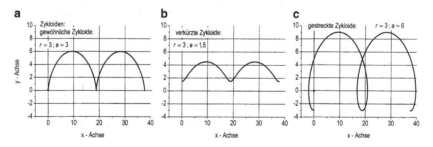

Abb. 3.40

Abb. 3.41

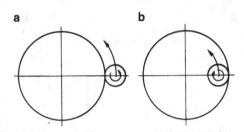

a   b

Eine weitere interessante Kurve ist die **Epizykloide**. Hierbei rollt das Rad nicht auf einer geraden Linie ab, sondern auf einer Kreislinie. Dabei sind zwei Fälle zu unterscheiden: Das Rad rollt außenseitig oder innenseitig ab, der Drehsinn des Rades ist in den beiden Fällen gegenläufig (Abb. 3.41).

Abb. 3.42 zeigt einen Momentanzustand. Der Radius der Kreislinie sei R, jener des Rades r. Eine beliebige Stellung des Rades ist durch die Winkel α und β gegeben, die abgerollten Wege betragen $\alpha \cdot R$ bzw. $\beta \cdot r$. Die Wege sind gleich lang. Werden sie gleich gesetzt, folgt:

$$\alpha \cdot R = \beta \cdot r \quad \rightarrow \quad \beta = \frac{R}{r} \cdot \alpha$$

Der in der Figur eingeführte Hilfswinkel γ lässt sich zu

$$\gamma = \beta - \left(\frac{\pi}{2} - \alpha\right) = \frac{R}{r}\alpha - \frac{\pi}{2} + \alpha = \left(1 + \frac{R}{r}\right)\alpha - \frac{\pi}{2}$$

Abb. 3.42

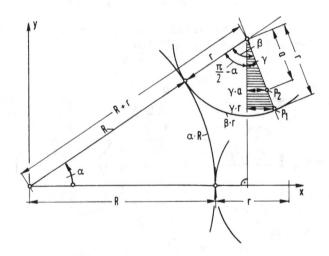

angeben. Die Lage des Punktes P_1 liest man aus der Figur ab:

$$x = (R + r) \cdot \cos\alpha + r \cdot \sin\gamma, \quad y = (R + r) \cdot \sin\alpha - r \cdot \cos\gamma$$

Für einen Punkt P_2 im Abstand a vom Radmittelpunkt folgt wiederum unmittelbar aus der Abbildung:

$$x = (R + r) \cdot \cos\alpha + a \cdot \sin\gamma = \left(1 + \frac{R}{r}\right) \cdot r \cdot \cos\alpha - a \cdot \cos\left[\left(1 + \frac{R}{r}\right)\alpha\right]$$

$$y = (R + r) \cdot \sin\alpha - a \cdot \cos\gamma = \left(1 + \frac{R}{r}\right) \cdot r \cdot \sin\alpha - a \cdot \sin\left[\left(1 + \frac{R}{r}\right)\alpha\right]$$

Die Abb. 3.43 und 3.44 zeigen Beispiele. Unterschieden werden gewöhnliche, verkürzte und verlängerte Epizykloiden.

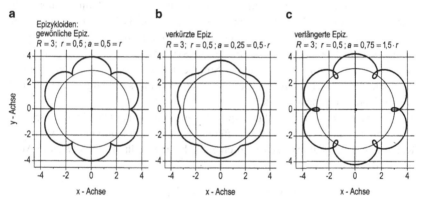

Abb. 3.43

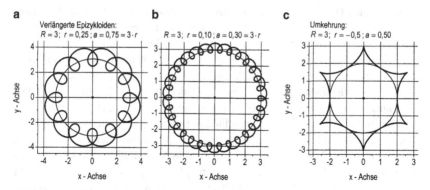

Abb. 3.44

3.8 Differentialgleichungen

3.8.1 Vorbemerkungen

Die Theorie der Differentialgleichungen hat für die Natur- und Ingenieurwissenschaften die allergrößte Bedeutung, beispielsweise bei der Lösung von Statik- und Stabilitätsaufgaben, bei der Klärung von Schwingungsproblemen und Wellenausbreitungen, bei der Analyse von Planeten- und Satellitenbahnen, bei der Untersuchung von Druck- und Temperaturzuständen, bei der Berechnung von Wärme- und Fluidströmungen, beim Entwurf elektrischer Netze, bei der Berechnung chemischer Reaktionen und radioaktiver Prozesse, bei der Deutung biologischer Populationsentwicklungen, bei der Vorhersage des Wetters und des künftigen Klimas, bei der Simulation von Sterngeburten usw., usf. – Das jeweilige Problem wird im ‚Kleinen‘ innerhalb eines infinitesimalen Raum- oder/und Zeitintervalls unter Verwendung der das Problem kennzeichnenden physikalischen, chemischen oder biologischen Gesetze formuliert. Kann anschließend die derart abgeleitete Differentialgleichung oder das derart abgeleitete System solcher Gleichungen gelöst werden, ist das Problem innerhalb der Strenge der Ausgangsvoraussetzungen ein für allemal beschrieben! An die konkrete Situation muss die allgemeine Lösung dann nur noch angepasst werden.

Von einer Differentialgleichung spricht man, wenn in der Gleichung neben der Funktion deren Ableitungen (also Differentiale, Differentialquotienten) auftreten. Kürzt man die Ableitung nach x durch einen hoch gestellten Strich ab, sind Ausdrücke des Typs

$$y'' + a \cdot y = 0, \quad y''' + a \cdot y'' + b \cdot y = f(x)$$

Differentialgleichungen. $y = y(x)$ ist die gesuchte Funktion, x die unabhängige Veränderliche. Die Lösungsfunktion bezeichnet man auch als Integral der Differentialgleichung. – Die höchste in der Differentialgleichung auftretende Ableitung kennzeichnet ihre Ordnung: $y'' + a \cdot y = 0$ ist eine Differentialgleichung 2. Ordnung. Treten die Ableitungen und Funktionen nicht potenziert auf, so handelt es sich um eine lineare, im anderen Falle um eine nicht-lineare Differentialgleichung, $y'' + a \cdot y = 0$ ist linear, $y''^2 + a \cdot \sqrt{y} = 0$ ist nichtlinear. Für lineare Differentialgleichungen lassen sich i. Allg. analytische Lösungen herleiten, etwa in Form einer der in Abschn. 3.7.1 angeschriebenen Funktionen, allerdings nur, wenn die Koeffizienten (in obigen Beispielen a, b) Konstante sind. Sind sie ihrerseits Funktionen der unabhängigen Veränderlichen, gelingt nur in Sonderfällen eine Lösung, das gilt insbesondere für nicht-lineare Differentialgleichungen. Bei der Untersuchung von physikalischen (auch astronomischen) Problemen wurden ehemals spezielle Lösungsfunktionen für die zugehörigen Differentialgleichungen ausgearbeitet;

sie werden nach den Entdeckern benannt, z. B. Legendre'sche Polynome nach A. LEGENDRE (1752–1833) und Bessel'sche Funktionen nach F. W. BESSEL (1784–1846).

Die Lösungsfunktion besteht im allgemeinsten Falle aus einem homogenen, einem partikulären und einem singulären Teil, sowie aus Freiwerten, mit denen den Rand- oder/und Anfangsbedingungen des Problems genügt werden kann. Unterschieden werden Gewöhnliche und Partielle Differentialgleichungen. Beim erstgenannten Typ ist die gesuchte Lösung eine Funktion von *einer* Veränderlichen, beim zweitgenanten Typ eine Funktion von *zwei* unabhängigen Veränderlichen, z. B. von *x* (Weg) und *t* (Zeit). – Schließlich gibt es gekoppelte (simultane) Differentialgleichungssysteme. Solche Systeme bestehen aus so vielen Gleichungen, wie linear unabhängige Veränderliche vorhanden sind.

Die Integration (Lösung) von Differentialgleichungen gehörte ehemals zu den schwierigen bis sehr schwierigen Aufgaben der Mathematik, vielfach gelangen nur Näherungslösungen und das fallweise auch nur innerhalb gewisser Bereiche.

Für diverse Differentialgleichungen gelang überhaupt keine analytische Lösung, dann blieb das Problem ungeklärt. Ausgehend von den aufbereiteten Rechenverfahren der Numerischen Mathematik und dank der Computertechnik sind heute mit einer geeigneten Compiler- und Grafiksoftware nahezu alle Probleme lösbar geworden. Um bei numerischen Lösungen einen Überblick über die mannigfaltigen Abhängigkeiten der beteiligten Einflussgrößen zu gewinnen, sind bei diesem Vorgehen Parameterstudien (Simulationen) zweckmäßig und notwendig. Aus der Sicht der Mathematik mag diese Vorgehensweise wenig elegant sein, aus Sicht der Praxis ist sie außerordentlich effizient und nützlich.

3.8.2 Beispiele

An drei Beispielen sei die Aufstellung und Lösung einer Differentialgleichung gezeigt. Auf die dabei gefundenen Lösungen wird an späteren Stellen zurückgegriffen.

Bei der folgenden Aufstellung der Gleichungen wird auf Sachverhalte Bezug genommen, die erst später behandelt werden. Wegen ihres elementaren Charakters, erscheint das vertretbar. – Im ersten Beispiel werden an einem kurzen (infinitesimalen = unendlich kleinen) Element eines durchhängenden Seiles die Gleichgewichtsgleichungen formuliert und mittels dieser die Durchhanglinie eines schlaffen Seiles abgeleitet. Im zweiten Beispiel wird, jetzt ausgehend von einem infinitesimal kurzen Zeitabschnitt, der Bewegungsablauf eines frei schwingenden Systems bestimmt, im dritten Beispiel wird das Gesetz des exponentiellen Wachstums bzw. Zerfalls behandelt.

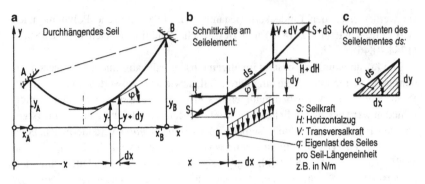

a Durchhängendes Seil

b Schnittkräfte am Seilelement:

c Komponenten des Seilelementes ds:

S: Seilkraft
H: Horizontalzug
V: Transversalkraft
q: Eigenlast des Seiles
pro Seil-Längeneinheit
z.B. in N/m

Abb. 3.45

3.8.2.1 Erstes Beispiel: Durchhanglinie eines Seiles

Abb. 3.45a zeigt die Durchhanglinie eines Seiles (eines Kabels, einer Kette). Das Seil sei biegeweich und dehnstarr. Zur Kennzeichnung der Seillinie wird das Koordinatensystem x-y vereinbart. Die Aufhängepunkte des Seiles seien $A(x_A, y_A)$ und $B(x_B, y_B)$. An den Stellen x und $x + dx$ wird das Seil ‚durchschnitten' (im Sinne einer fiktiven Hilfsvorstellung). An der Schnittstelle x sei der Steigungswinkel φ. Bei Fortschreiten um die infinitesimale Wegstrecke dx ändert sich die Ordinate y um dy in $y + dy$. – In Teilabbildung b ist das herausgeschnittene Seilelement vergrößert dargestellt. Am linken Schnittufer beträgt die Seilkraft S, am rechten ist sie um dS angewachsen, demnach beträgt sie hier: $S + dS$. Die Kräfte werden in ihre horizontale und vertikale Komponente vektoriell zerlegt, das sind H und V, bzw. $H + dH$ und $V + dV$. Die Eigenlast des Seiles werde mit q abgekürzt, sie wirkt lotrecht. Die Eigenlast ist von der Seilmachart abhängig. – Die Durchhanglinie stellt sich so ein, dass die Gleichgewichtsbedingungen in jedem Schnitt, an jedem Seilelement, erfüllt sind, hier stellvertretend an dem frei gewählten Element der Länge ds. Die Gleichgewichtsgleichungen lauten: Summe aller horizontalen Kräfte ist Null ($\sum H = 0$), Summe aller vertikalen Kräfte ist Null ($\sum V = 0$), Summe aller Momente ist Null ($\sum M = 0$). Im Einzelnen:

① $\sum H = 0$:

$$H - (H + dH) = 0 \quad \rightarrow \quad dH = 0 \quad \rightarrow \quad H = \text{konst.}$$

Wenn die Änderung (dH) Null ist, muss H konstant sein. Das bedeutet: Die Horizontalkomponente der Seilkraft ist über die ganze Länge des durchhängenden Seiles unveränderlich, man spricht vom Horizontalzug H.

② $\sum V = 0$:

$$V - (V + dV) + q \cdot ds = 0 \quad \to \quad -dV + q \cdot ds = 0 \quad \to \quad dV = q \cdot ds$$

Die Länge des Seilelementes (ds) baut sich aus deren Komponenten (dx und dy) vektoriell auf. Der pythagoreische Satz ergibt:

$$ds^2 = dx^2 + dy^2 \quad \to \quad ds = \sqrt{dx^2 + dy^2} = dx\sqrt{1 + (dy/dx)^2}$$
$$= dx\sqrt{1 + y'^2}$$

Hiermit lautet die zweite Gleichgewichtsgleichung ②:

$$dV = q \cdot dx\sqrt{1 + y'^2} \quad \to \quad \frac{dV}{dx} = q \cdot \sqrt{1 + y'^2} \quad \to \quad V' = q \cdot \sqrt{1 + y'^2}$$

③ $\sum M = 0$ (bezogen auf das rechte Schnittufer):

$$V \cdot dx + q \cdot ds \cdot \frac{dx}{2} - H \cdot dy = 0$$

Der zweite Term ist eine Größenordnung kleiner als der erste und dritte und kann zu Null vernachlässigt werden. Das ergibt:

$$V = H\frac{dy}{dx} \quad \to \quad V = H \cdot y'$$

Diese Gleichung wird nach x differenziert. Da H wie gezeigt konstant ist, ergibt sich:

$$V' = H \cdot y''$$

Die Gleichsetzung von V' mit V' aus der zweiten Gleichgewichtsgleichung liefert die gesuchte Differentialgleichung (DGL). **In ihr sind alle drei Gleichgewichtsbedingungen vereinigt, das gilt dann auch für die Lösung dieser Gleichung!** Die Gleichung lautet:

$$q \cdot \sqrt{1 + y'^2} = H \cdot y'' \quad \to \quad y'' - \frac{q}{H}\sqrt{1 + y'^2} = 0$$
$$\to \quad y'' - \frac{1}{H/q}\sqrt{1 + y'^2} = 0$$

Die Lösung der Differentialgleichung ist schwierig. Unter Verweis auf das mathematische Schrifttum wird auf die Angabe des Lösungsweges hier verzichtet. Im Sonderfall eines Seiles mit gleichhohen Aufhängepunkten und bei Verlage-

Abb. 3.46

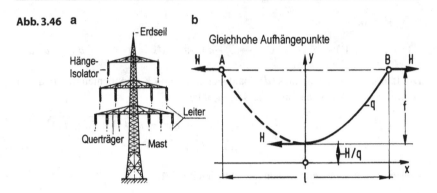

rung des Nullpunktes des Koordinatensystems in die Symmetrieachse der Seillinie
(Abb. 3.46), lautet die Lösung:

$$y = \frac{H}{q} \cdot \cosh \frac{x}{H/q}$$

Auf Abschn. 3.7.1.4 wird verwiesen. Indem von y die zweite Ableitung gebildet wird und y und y'' in die Differentialgleichung eingesetzt werden, bestätigt man die Richtigkeit der Lösung. Das bedeutet: Die DGL wird für jeden Wert von x zu Null erfüllt! Mit $y = y(x)$ ist die Seillinie gefunden, man nennt sie auch Kettenlinie oder Katenoide. Die Funktion kann nur ausgewertet und graphisch aufgetragen werden, wenn der Horizontalzug (H) bekannt ist. Seine Bestimmung ist wiederum keine so einfache Aufgabe. In der Praxis wird der Horizontalzug entweder mit Hilfe eines Kraftmessgerätes eingestellt, dann stellt sich ein bestimmter Durchhang f ein, oder es werden für H solange unterschiedliche Schätzwerte angenommen, bis sich der gewünschte Durchhang ergibt. – Aufgaben dieser Art treten im Freileitungs- oder Seilbahnbau auf. – Ist das Durchhangverhältnis f/l kleiner 0,1 ($\leq 10\,\%$, bezogen auf die Spannweite), kann die Seillinie durch eine quadratische Parabel angenähert werden, was die Rechnung bedeutend vereinfacht. Das läuft auf eine Vernachlässigung des Terms y'^2 gegenüber 1 unter der Wurzel der Differentialgleichung hinaus, sie lautet dann:

$$y'' - \frac{q}{H} = 0$$

Im Falle gleich hoher Aufhängepunkte beträgt der Horizontalzug bei dieser Näherung:

$$H = \frac{q \cdot l^2}{8 \cdot f}$$

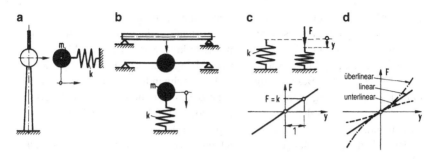

Abb. 3.47

3.8.2.2 Zweites Beispiel: Bewegung eines Einmassenschwingers

Die Abb. 3.47a, b zeigt Beispiele, wie ein Einmassenschwinger bei praktischen Aufgabestellungen als Ersatz (als Modell) für die Realität gewählt wird: In Teilabbildung a wird ein Turm durch einen Schwinger angenähert, in Teilabbildung b ist es eine Brücke: Für das reale Tragwerk wird eine (Ersatz-)Masse m und eine Feder mit der Federkonstanten k bestimmt. Sie vermögen die Realität (in der Grundschwingungsform) ausreichend genau anzunähern. Der Turm schwingt horizontal, die Brücke vertikal. Entsprechend wird das Ersatzmodell gewählt. – Eine Feder senkt sich (oder längt sich) unter einer Kraft F um den Weg y, wie in Teilabbildung c veranschaulicht. Jene Kraft, die die Feder um die Einheit 1 eindrückt (oder längt), ist ihre Federkonstante, z. B. in der Einheit N/m (Newton/Meter) gemessen.

Die Federeigenschaft kann linear sein, progressiv (überlinear) oder degressiv (unterlinear), wie in Teilabbildung d angedeutet.

Losgelöst von einer konkreten Aufgabestellung wird im Folgenden das Problem der freien Schwingung eines Einmassenschwingers gelöst. Abb. 3.48a/b zeigt nochmals die Aufgabestellung: $y = y(t)$ sei der Schwingweg, t die Zeit. Gesucht ist die Differentialgleichung, die das Problem beschreibt. Um sie herzulei-

Abb. 3.48

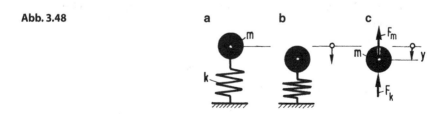

ten, werden Masse und Feder durch einen Schnitt getrennt und das zu einem frei gewählten Zeitpunkt t im schwingenden Zustand. Teilabbildung c zeigt die frei geschnittene Masse m. Mit F_k werde die Federkraft und mit F_m die Massenkraft (Trägheitskraft) abgekürzt. Nach NEWTON berechnet sich die Trägheitskraft als Produkt ‚Masse mal Beschleunigung'. Die Geschwindigkeit ist die erste Ableitung des Schwingweges nach der Zeit, die Beschleunigung die zweite Ableitung nach der Zeit. Sie werden hier durch einen hoch gestellten Punkt gekennzeichnet: Geschwindigkeit: $\dot{y}(t) = \dot{y}$, Beschleunigung: $\ddot{y}(t) = \ddot{y}$.

Die (kinetische) Gleichgewichtsgleichung in dem betrachteten Zeitpunkt lautet (Abb. 3.48c):

$$F_m + F_k = 0$$

Mit

$$F_m = m \cdot \ddot{y} \quad \text{und} \quad F_k = k \cdot y$$

für die Massenkraft (F_m) bzw. Federkraft (F_k) folgt aus der Gleichgewichtsgleichung die **Bewegungsgleichung** des anstehenden Problems:

$$m \cdot \ddot{y} + k \cdot y = 0$$

Das ist die gesuchte Differentialgleichung! Es ist eine lineare Differentialgleichung (DGL) 2.Ordnung mit konstanten Koeffizienten. Hätte die Feder nichtlineare Eigenschaften, würde die Differentialgleichung den folgenden Aufbau haben:

$$m \cdot \ddot{y} + k_1 \cdot y + k_3 \cdot y^3 + k_5 \cdot y^5 = 0$$

Diese DGL ist nichtlinear. Hierfür eine analytische Lösung zu finden, ist sehr schwierig, sie gelingt geschlossen nur für Sonderfälle. – Im Folgenden wird das lineare Problem gelöst. Dazu wird die abgeleitete Gleichung zunächst umgeformt, indem die Gleichung durch m dividiert wird:

$$\ddot{y} + \frac{k}{m} \cdot y = 0 \quad \rightarrow \quad \ddot{y} + \omega^2 \cdot y = 0$$

ω^2 ist eine Abkürzung. In ω sind die Größen k und m, die das System kennzeichnen, vereinigt:

$$\omega^2 = \frac{k}{m} \quad \rightarrow \quad \omega = \sqrt{\frac{k}{m}} \quad [\omega] = \frac{1}{s}$$

ω nennt man ‚Kreiseigenfrequenz', kurz ‚Kreisfrequenz'.

Die Lösung der Differentialgleichung lautet:

$$y = y(t) = C_1 \cdot \sin \omega t + C_2 \cdot \cos \omega t$$

C_1 und C_2 sind konstante Freiwerte. Mit ihrer Hilfe kann den speziellen Anfangs-bedingungen im Zeitpunkt $t = 0$ genügt werden.

Von der Richtigkeit der Lösung überzeugt man sich, indem die zweite Ableitung von y nach der Zeit, also $\ddot{y}$, gebildet wird und diese neben y in die DGL einsetzt wird. Die erste Ableitung von $\sin \omega t$ nach t lautet $\omega \cdot \cos \omega t$, die zweite Ableitung $-\omega^2 \cdot \sin \omega t$. Man bestätigt: Die angeschriebene Lösung erfüllt die Differentialglei-chung für jeden Wert von t. Die Bewegung verläuft demnach sinus-cosinus-förmig (harmonisch) um die Nulllage. Die Nulllage ist die statische Gleichgewichtslage der Masse auf der Feder.

Als Zahlenbeispiel seien folgende Systemparameter angesetzt:

$$m = 1000 \, \text{kg}, \quad k = 3{,}95 \cdot 10^4 \, \text{N/m}$$

Dafür ergibt sich die Kreisfrequenz zu:

$$\omega = \sqrt{\frac{k}{m}} = \sqrt{\frac{3{,}95 \cdot 10^4}{1000}} = 6{,}283 \, 1/\text{s}$$

Hieraus folgen Schwingfrequenz und Schwingungsperiode (wie in Bd. II, Ab-schn. 2.5.2 noch ausführlicher zu zeigen sein wird) zu:

$$f = \frac{\omega}{2\pi} = \frac{6{,}283}{2\pi} = 1{,}0 \, \text{Hz}; \quad T = \frac{1}{f} = 1{,}0 \, \text{s}$$

Da das Schwingungssystem als dämpfungsfrei betrachtet wird, schwingt es über alle Grenzen hinweg gleichbleibend mit der Amplitude $\hat{y} = y_0$. –

In Abb. 3.49a ist veranschaulicht, wie im Falle der ungedämpften freien Schwingung gemäß $y = y_0 \cdot \cos \omega t$ ein voller Zyklus von $\omega t = 0$ über $\omega t = \pi/2$, π, $3\pi/2$ bis 2π gedeutet werden kann. Anschließend setzt sich die Bewegung entsprechend fort. Ein voller Zyklus ist nach $\omega T = 2\pi$ beendet, $T = 2\pi/\omega$ ist die Periode, ihr Kehrwert ist die Frequenz (Anzahl der Schwingungen in der Zeiteinheit, z. B. pro Sekunde).

Abb. 3.50a zeigt den cosinusförmigen Verlauf des Schwingweges (y), wenn der Schwinger von der Anfangsauslenkung $y_0 = 0{,}1 \, \text{m}$ aus frei gesetzt wird. Darun-ter ist in Teilabbildung c (als Beispiel ohne Herleitung) der Schwingungsverlauf

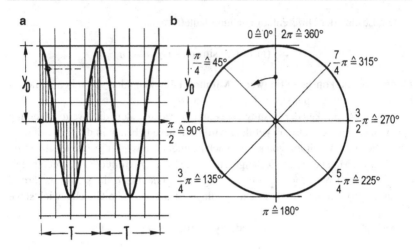

Abb. 3.49

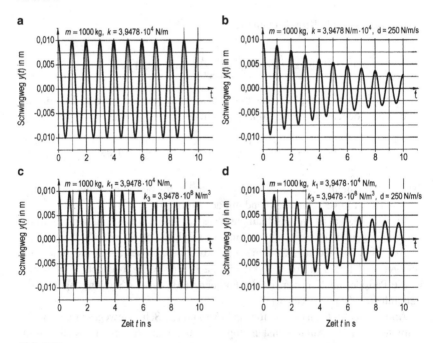

Abb. 3.50

Abb. 3.51

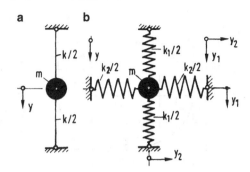

für einen nichtlinearen Schwinger mit den Federwerten k_1 und k_3 wiedergegeben, die Federwerte sind in der Abbildung notiert. Jeweils rechts der Teilabbildungen a und c sind die Schwingungsverläufe des Beispiels (wieder ohne Herleitung) bei Vorhandensein einer Dämpfung wieder gegeben, in solchen Fällen klingt die Bewegung mit der Zeit ab. Durch die Dämpfung wird die anfängliche Energie zerstreut.

Ist die Masse m, wie in Abb. 3.51a skizziert, durch zwei Federn mit den Federkonstanten $k/2$ ‚gefesselt', entspricht dieser Fall dem vorangegangenen mit den Federkonstanten: $k = k/2 + k/2 = k$. – Teilabbildung b zeigt die Situation, dass die Masse durch zwei zueinander orthogonal liegende (zueinander senkrecht liegende) Federn mit den Federkonstanten k_1 und k_2 gehalten wird. Sind die Bewegungen ‚klein', wird die Aufgabe von zwei entkoppelten Differentialgleichungen beherrscht. Der Bewegungsverlauf setzt sich aus den Lösungen $y_1 = y_1(t)$ und $y_2 = y_2(t)$ vektoriell zusammen.

Abb. 3.52a zeigt den Verlauf für den Fall, dass die Federkonstanten k_1 und k_2 gleich sind. Das System wird aus der Lage $y_1 = y_{10}$ (Anfangsauslenkung in Richtung 1) sowie $y_2 = 0$ und $\dot{y}_2 = \dot{y}_{20}$ (Anfangsgeschwindigkeit in Richtung 2) frei gesetzt.

Das System bewegt sich kreisförmig (in der Figur erscheint die Bewegung wegen der unterschiedlichen Achsen-Skalierung elliptisch).

Sind die Federsteifigkeiten unterschiedlich, findet man beispielhaft für $k_2/k_1 = 3$ eine Schwingungsfigur wie sie in Teilabbildung b skizziert ist. Wird in Richtung 1 und 2 eine Dämpfung einbezogen, stellen sich spiralige Verläufe ein. Die Teilabbildungen b und d zeigen Beispiele.

Eine Schwingungsfigur gemäß Abb. 3.52b trägt den Namen Lissajous-Figur, benannt nach J.A. LISSAJOUS (1822–1880).

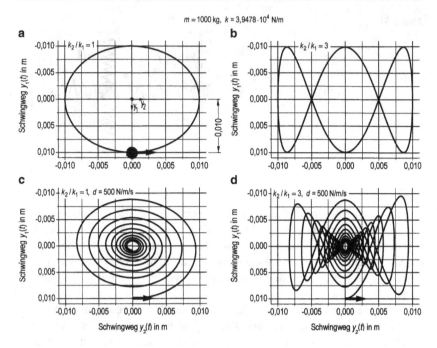

Abb. 3.52

Abb. 3.53 zeigt weitere Schwingungsverläufe dieses Typs. (Die Figuren schließen sich nur, wenn das Verhältnis der Frequenzen rational ist.)

Soll im Falle des in Abb. 3.54a dargestellten Systems die Schwingung in lotechter Richtung untersucht werden, muss die Federkonstante in dieser Richtung bekannt sein. Die Einzelfederkonstanten seien k. Bei einer Verschiebung des Verbindungspunktes um y (,kleine' Verschiebung im Verhältnis zu den Systemabmessungen) werden folgende Kräfte geweckt: In Verschiebungsrichtung: $y \cdot k$, in Richtung der unter dem Winkel 30° liegenden Federn: $k \cdot y \cdot \sin 30°$. Damit beträgt die Summe der Kräfte in lotrechter Bewegungsrichtung:

$$k \cdot y + 2(k \cdot y \cdot \sin 30°) \cdot \sin 30° = k(1 + 2 \cdot \sin^2 30°) \cdot y$$
$$= k(1 + 2 \cdot 0,5^2) \cdot y = 1,5k \cdot y$$

Zu Erinnerung: Als Federkonstante ist jene Kraft definiert, die eine Verschiebung gleich ,Eins', z. B. 1m, bewirkt. Die Federkonstante beträgt im vorliegenden Fall demnach: $1,5 \cdot k$.

Abb. 3.53

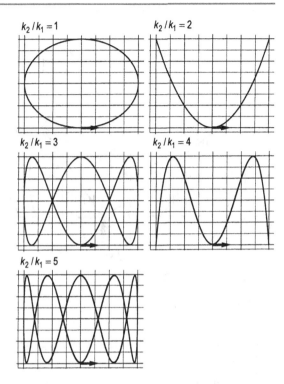

$k_2 / k_1 = 1$ $k_2 / k_1 = 2$

$k_2 / k_1 = 3$ $k_2 / k_1 = 4$

$k_2 / k_1 = 5$

Als nochmalige Erweiterung der Aufgabenstellung wird die vorangegangene Analyse auf ‚große' Bewegungen ausgedehnt. Das Schwingungsproblem wird dadurch sprunghaft schwieriger. – Es werde das in Abb. 3.55a skizzierte System für *große* Bewegungen untersucht. Die Verschiebungskomponenten in vertikaler und horizontaler Richtung seien y_1 und y_2. Die Charakteristik der Einzelfedern sei nach wie vor linear, die Federkonstanten seien jeweils einzeln gleich k. In Teilabbildung a ist ein frei gewählter momentaner Bewegungszustand dargestellt. Für

Abb. 3.54   **a**   **b**

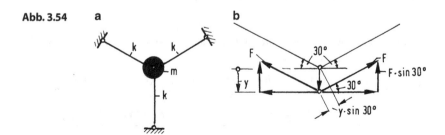

a   b

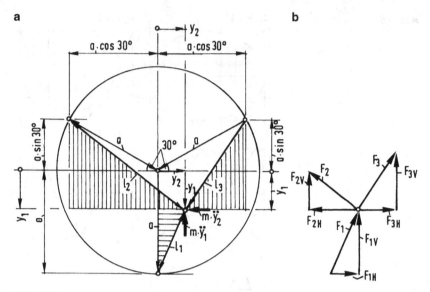

Abb. 3.55

diesen werden die kinetischen Gleichgewichtsgleichungen angeschrieben (Teilabbildung b):

In Richtung y_1: $m \cdot \ddot{y}_1 + F_{1V} + F_{2V} + F_{3V} = 0$

In Richtung y_2: $m \cdot \ddot{y}_2 - F_{1H} + F_{2H} - F_{3H} = 0$

In Richtung der Federn werden die Federkräfte F_1, F_2 und F_3 geweckt:

$$F_1 = (a - l_1) \cdot k, \quad F_2 = (l_2 - a) \cdot k, \quad F_3 = (l_3 - a) \cdot k$$

l_1, l_2 und l_3 sind die Längen der ausgelenkten Federn. Sie lassen sich in Abhän-
gigkeit von y_1 und y_2 geometrisch darstellen. Das gilt auch für die Vertikal- und
Horizontalkomponenten der Federkräfte. Führt man noch die auf die ursprüngliche
Länge der Federn (a), bezogenen Verschiebungen

$$\eta_1 = y_1/a \quad \text{und} \quad \eta_2 = y_2/a$$

ein, findet man nach einigen Umformungen das zu lösende, in η_1 und η_2 gekoppelte, Differentialgleichungssystem

$$\ddot{\eta}_1 - \frac{(A-1) \cdot (1 - \eta_1)}{A} \omega^2 + \frac{(B-1) \cdot (\frac{1}{2} + \eta_1)}{B} \omega^2 + \frac{(C-1) \cdot (\frac{1}{2} + \eta_1)}{C} \omega^2 = 0$$

$$\ddot{\eta}_2 + \frac{(A-1) \cdot \eta_2}{A} \omega^2 + \frac{(B-1) \cdot (\frac{1}{2}\sqrt{3} + \eta_2)}{B} \omega^2 - \frac{(C-1) \cdot (\frac{1}{2}\sqrt{3} - \eta_2)}{C} \omega^2 = 0$$

Abb. 3.56

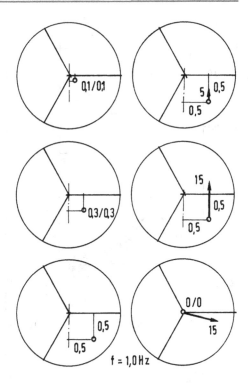

mit den Abkürzungen:

$$A = A(\eta_1, \eta_2) = \sqrt{(1 - \eta_1)^2 + \eta_2^2}$$

$$B = B(\eta_1, \eta_2) = \sqrt{\left(\frac{1}{2} + \eta_1\right)^2 + \left(\frac{1}{2}\sqrt{3} + \eta_2\right)^2}$$

$$C = C(\eta_1, \eta_2) = \sqrt{\left(\frac{1}{2} + \eta_1\right)^2 + \left(\frac{1}{2}\sqrt{3} - \eta_2\right)^2}$$

Das Differentialgleichungssystem ist hochgradig nichtlinear. Es entzieht sich einer analytischen Lösung. Numerische Lösungen sind z. B. mit Hilfe des Verfahrens von Runge-Kutta möglich, nach C.O.T. RUNGE (1856–1927) und K.W. KUTTA (1867–1944). Von diesem Verfahren gibt es verschiedene Varianten unterschiedlichen Genauigkeitsgrades. –

Für die in Abb. 3.56 dargestellten sechs Lastfälle enthält Abb. 3.57 die zugehörigen Lösungen. Dargestellt sind die auf die Länge der Federn bezogenen

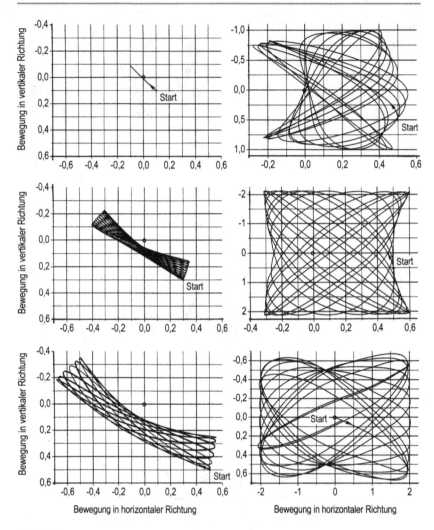

Abb. 3.57

Bewegungen in vertikaler und horizontaler Richtung. Die links wiedergegebenen Verläufe zeigen Schwingungen (η_1, η_2) von einem exzentrischen Startpunkt aus. In den rechtsseitig im Bild dargestellten Fällen startet das System zusätzlich mit einer Anfangsgeschwindigkeit.

Dem System wohnt eine potentielle Anfangsenergie (bei Einprägung einer bestimmten Anfangsauslenkung) bzw. eine kinetische Anfangsenergie (bei Ingangsetzung mit einer bestimmten Anfangsgeschwindigkeit) inne. Nach Freisetzung setzt sich diese in Bewegungsenergie um. Daher schwingt das System innerhalb eines bestimmten, die Bewegungen begrenzenden Rahmens. Es handelt sich um deterministische Chaosschwingungen eines nichtlinearen Systems.

3.8.2.3 Drittes Beispiel: Wachstums- und Zerfallsprozesse

Die in der Natur auftretenden Prozesse zeigen häufig Wachstums- und Zerfallseigenschaften, die wegen ihres Charakters **exponentiell** genannt werden (Abb. 3.58).

Beispiele für solche Prozesse sind das Anwachsen von Populationen oder die Ausbreitung von Epidemien auf der einen Seite oder der Abbau biologischer Substanzen (Verrottung, Verwesung), der Kriechvorgang in Materialien oder der radioaktive Zerfall instabiler Elemente auf der anderen Seite. Letzteres hat praktische Bedeutung für die Altersbestimmung von Fossilien.

Der Prozess heißt expotentiell anwachsend, wenn die kennzeichnende Größe durch eine von der Zeit abhängige Funktion $f = f(t)$ beschrieben werden kann, die **in jeweils gleichen Abständen um dasselbe Vielfache anwächst**. Für einen exponentiellen Zerfall gilt das Entsprechende.

Man betrachte beispielsweise einen Prozess, der im Zeitpunkt $t = k \cdot \Delta t$ durch die exponentielle Funktion

$$f(t) = f_0 \cdot a^{\lambda t} = f_0 \cdot a^{\lambda \cdot k \cdot \Delta t}$$

gekennzeichnet werden kann. Der Anfangswert des Prozesses sei: $f_0 = f(t = 0)$. a ist die Basis der Exponentialfunktion und λ der Wachstumsfaktor (in der Dimen-

Abb. 3.58

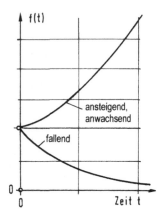

ansteigend, anwachsend

fallend

sion 1/Zeit). k ist eine Laufvariable von $k = 1$ bis $k = n$ und Δt die Zeit-Schrittweite.

Beispiel
Es sei gegeben:

$$f_0 = 2{,}5, \quad a = 3{,}0, \quad \lambda = 1{,}5\,\mathrm{s}^{-1}.$$

Der Prozess folgt der Funktion

$$f(t) = f(k \cdot \Delta t) = 2{,}5 \cdot 3{,}0^{1{,}5 \cdot k \cdot \Delta t}.$$

Die Funktionswerte seien für den Zeitraum von $t = 0$ bis $t = 2\,\mathrm{s}$, stetig fortschreitend mit der Schrittweite $\Delta t = 0{,}2\,\mathrm{s}$, gesucht. Dazu muss k die Werte $k = 0$ bis $k = n = 10$ durchlaufen. In Abb. 3.59a ist der Graph der Funktion dargestellt. Der exponentielle Anstieg wird daraus deutlich.

Ergänzend werde von dem Verlauf der Logarithmus bestimmt. Teilabbildung b zeigt den zugehörigen Verlauf. Er ist geradlinig. Mit einem Taschenrechner mit Exponential-/Logarithmusfunktion sind die Rechnungen einfach zu bewerkstelligen.

Die Logarithmierung von $f(t)$ ergibt (vgl. Abschn. 3.7.1.2)

$$\log f(t) = \log(f_0 \cdot a^{\lambda \cdot k \cdot \Delta t}) = \log f_0 + \log(a^{\lambda \cdot k \cdot \Delta t}) = \log f_0 + \lambda \cdot k \cdot \Delta t \cdot \log a$$

Mit den Zahlenwerten folgt:

$$\log f(k \cdot \Delta t) = 0{,}398 + 1{,}5 \cdot k \cdot 0{,}2 \cdot 0{,}477 = 0{,}398 + 0{,}143 \cdot k.$$

Abb. 3.59

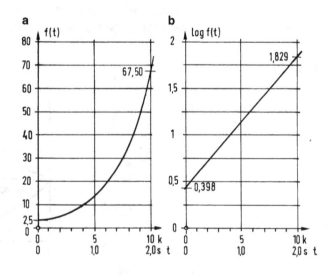

Das ist die Gleichung einer Geraden ($\log 2{,}5 = 0{,}398$, $\log 3{,}0 = 0{,}477$), Abb. 3.59b. Für $k = 10$: $t = 10 \cdot 0{,}2 = 2{,}0\,\text{s}$ ergibt sich:

$$\log f(t = 2{,}0\,\text{s}) = 1{,}829.$$

Um den Funktionstyp der exponentiellen Wachstums- bzw. Zerfallsfunktion zu finden, wird von der Ausgangsdefinition ausgegangen: Die kennzeichnende Funktion wächst mit jedem konstanten Zeitschritt Δt um den Betrag $\lambda \cdot \Delta t \cdot f(t)$, also, bezogen auf den momentanen Wert $f(t)$ im Zeitpunkt t, um das $\lambda \cdot \Delta t$-Vielfache. Die Zeit werde von $t = 0$ bis t in n Intervalle zerlegt (von $k = 0$ bis $k = n$). Das bedeutet: $\Delta t = t/n$, vgl. Abb. 3.60. Im Anfangszeitpunkt gelte $f_0 = f(t_0)$. Für den Wert zum Zeitpunkt $t_n = n \cdot \Delta t$ gilt gemäß Definition, bezogen auf die vorangegangenen Zeitpunkte t_{n-1}, t_{n-2} usw.:

$$f(t_n) = \left(1 + \lambda\frac{t}{n}\right) \cdot f(t_{n-1}) = \left(1 + \lambda\frac{t}{n}\right) \cdot \left(1 + \lambda\frac{t}{n}\right) \cdot f(t_{n-2}) = \cdots$$
$$= \left(1 + \lambda\frac{t}{n}\right)^n \cdot f(t_0) \qquad .$$

Lässt man n gegen unendlich und damit Δt gleichzeitig gegen Null gehen, geht $f(t_n) = f(t)$ in den Grenzwert

$$f(t) = f_0 \cdot \lim_{n \to \infty} \left(1 + \lambda\frac{t}{n}\right)^n$$

Abb. 3.60

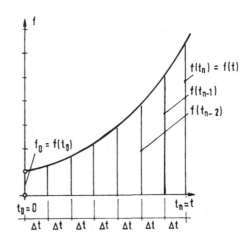

über. Dieser Grenzwert wurde von L. EULER (1707–1783) angegeben:

$$f(t) = f_0 \cdot e^{\lambda t}$$

wobei e die Euler'sche Zahl $e = 2{,}71828$ ist (Abschn. 3.3.4). e^x berechnet sich nach der Reihenformel:

$$e^x = 1 + x + \frac{x^2}{2!} + \frac{x^3}{3!} + \cdots \quad (-\infty < x < \infty)$$

Damit ist das exponentielle **Wachstumsgesetz** abgeleitet. λ ist der Wachstumsfaktor. Im Falle eines **Zerfallsprozesses** ist λ negativ, bzw. man schreibt (λ ist dann positiv):

$$f(t) = f_0 \cdot e^{-\lambda t}.$$

Eine modifizierte Betrachtung ist im Falle des Zerfallsprozesses folgende: Die vorhandene Funktion fällt vom Zeitpunkt t aus im folgenden Zeitintervall Δt um den Bruchteil $\lambda \cdot \Delta t$ ab:

$$\Delta f = -\lambda \cdot \Delta t \cdot f(t) \quad \rightarrow \quad df = -\lambda \cdot f(t)\, dt$$

Eine Division durch dt führt auf die Differentialgleichung:

$$\dot{f} + \lambda \cdot f = 0$$

Der hochgestellte Punkt bedeutet die Ableitung nach der Zeit. Die Lösung der Differentialgleichung lautet, wenn sie und ihre Ableitung in die DLG eingesetzt wird:

$$f(t) = C \cdot e^{-\lambda t}$$

Im Anfangszeitpunkt $t = 0$ gelte $f(t = 0) = f_0$. Das liefert für den Freiwert C den Wert: $C = f_0$. Damit lautet die Lösung der Differentialgleichung:

$$f(t) = f_0 \cdot e^{-\lambda t}$$

Hinweis
Die Ableitung von e^{ax} nach x lautet: $a \cdot e^{ax}$, vgl. Abschn. 3.7.1.2.

Wird der Logarithmus von $f(t)$ gebildet, ergibt sich:

$$\log f = \log(f_0 \cdot e^{-\lambda t}) = \log f_0 + \log e^{-\lambda t}$$

$$\rightarrow \quad \log f - \log f_0 = \frac{\ln e^{-\lambda t}}{\ln 10} = -\frac{\lambda \cdot t}{2{,}3025}$$

Die weitere Umformung ergibt:

$$\log \frac{f_0}{f} = \frac{\lambda \cdot t}{2{,}302}$$

Von besonderem Interesse ist vielfach jene Zeitspanne τ, innerhalb derer der Wert der Funktion $f(t)$ auf die **Hälfte sinkt**. Das bedeutet: $f_0/f = 1/\frac{1}{2} = 2$. Der vorstehende Ausdruck liefert:

$$\log 2 = \frac{\lambda \cdot \tau}{2{,}303} \quad \rightarrow \quad \lambda \cdot \tau = \log 2 \cdot 2{,}302 = 0{,}301 \cdot 2{,}302 = 0{,}693$$

τ nennt man die **Halbwertszeit** des Prozesses:

$$\tau = \frac{0{,}693}{\lambda}$$

Ist τ durch Messung bekannt, folgt der Anklingfaktor zu:

$$\lambda = \frac{0{,}693}{\tau}$$

Hiermit lautet das Zerfallsgesetz alternativ:

$$f(t) = f_0 \cdot e^{-\frac{0{,}693}{\tau}t} = f_0 \cdot \left(\frac{1}{2}\right)^{\frac{t}{\tau}}$$

In Bd. IV, Abschn. 1.2.3 (Radioaktiver Zerfall) finden vorstehende Ableitungen ihre Anwendung.

Die Abhängigkeit der Geschwindigkeit chemischer Reaktionen von der Temperatur wird auch nach einem von S.A. ARRHENIUS (1859–1927; Nobelpreis 1903) angegebenen Exponentialgesetz beschrieben, sie lässt sich entsprechend obiger Beweisführung herleiten. – In der Theorie der Elektrizität stößt man auf weitere Anwendungen: Ladung und Entladung von Kondensatoren und die Induktivität in Spulen verlaufen zeitlich exponentiell.

3.9 Statistik – Wahrscheinlichkeitstheorie

3.9.1 Vorbemerkungen

Ein gewisses Grundverständnis, was unter Wahrscheinlichkeit zu verstehen ist, hat wohl jedermann. Das gilt insbesondere für Spieler, die bei der Lotterie oder am Roulette im Casino ihr Glück versuchen. Aus dem Glücksspiel heraus hat sich die Wahrscheinlichkeitstheorie entwickelt, etwa ab dem Jahre 1650; Namen wie B. PASCAL (1623–1662) und P. FERMAT (1601–1665) sind hier zu nennen. – Die Frage, *müssen wir erneut mit Hochwasser rechnen?*, geht von der Annahme aus, dass dem zufälligen Ereignis (abermaliges Eintreten eines Hochwassers) eine Gesetzmäßigkeit innewohnt, das ist so: Nach aller Erfahrung unterscheiden sich die Ereignisse in der zeitlichen Abfolge, in ihrer Häufigkeit und Intensität. Der Zufall gehorcht einem Gesetz, jedes Zufallsereignis einem eigenen. – Fragen nach dem Eintreffen eines solchen Ereignisses lassen sich auf der Grundlage der Wahrscheinlichkeitstheorie beantworten, wenn sie auf einem möglichst umfassenden Datenfundus bisher aufgetretener Ereignisse derselben Art hinsichtlich Dauer und Stärke basieren. Auch die bei Experimenten aller Art gewonnenen Ergebnisse und aufgedeckten Gesetzmäßigkeiten sind umso sicherer, je größer die Anzahl der Erhebungen und Versuchswerte ist. Ist mit Änderungen der Randbedingungen zu rechnen (gesellschaftliche Umbrüche, wirtschaftliche Krisen, Klimawandel), ist Vorsicht bei Prognosen geboten.

Die Wahrscheinlichkeitstheorie lässt sich aus logischen Kombinationen zufälliger Ereignisse heraus entwickeln, aus der Häufigkeit ihres Auftretens und der Verteilung ihrer Merkmale. Als solche begründet die Wahrscheinlichkeitstheorie die Statistik. In ihr geht es zunächst um das Sammeln von Daten. Sie betreffen eine oder mehrere **Zufallsvariable** in einem **definierten Ereignisraum und Zeitrahmen**. Vielfach ist die Verknüpfung der Variablen untereinander gesucht, ihre Korrelation. Dank des Computers sind die ehemals mühsamen Zahlenrechnungen heute vergleichsweise einfach zu bewerkstelligen, zweckmäßig in der Weise, dass die erhobenen Daten direkt in eine Datei zur sofortigen Prüfung und Auswertung eingelesen werden.

3.9.2 Beschreibende Statistik

3.9.2.1 Zufallsvariable – Häufigkeit und Streuung

Zufallsvariable können Merkmale aller Art sein: Körpergröße, Windgeschwindigkeit, Intelligenzquotient. Es werden diskrete und kontinuierliche Merkmale unterschieden. Zu den diskreten zählen die beim Münzwurf, beim Würfelwurf oder bei

Abb. 3.61

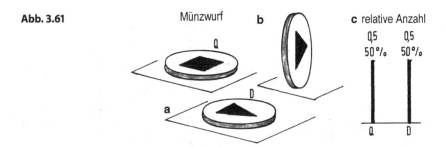

der Lottoziehung erzielten Ergebnisse, zu den kontinuierlichen Merkmalen zählen Eigenschaften aller Art, also solche, die Gegenstände, Systeme oder Prozesse kennzeichnen. Sie sind vielfach innerhalb eines bestimmten Wertebereiches positiv definit verteilt (Beispiel: Die Körpergröße ist ein kontinuierliches Merkmal, eine negative Körpergröße gibt es nicht). – Im Folgenden werden die Begriffe Häufigkeit und Streuung anhand von Zufallsexperimenten beispielhaft diskutiert.

1. Beispiel: Münzwurf (Abb. 3.61)

Wird eine Münze auf eine ebene Unterlage geworfen, z. B. 1000-mal, wird man erwarten, dass jede Seite gleichhäufig oben liegt, also beide Seiten je $1000/2 = 500$-mal. Wird das Ergebnis auf die Anzahl der Würfe bezogen, hier auf 1000, beträgt die **relative Häufigkeit** der beiden Merkmale (Teilabbildung b): $500/1000 = 0{,}5 \cong 50\,\%$.

Führt man eine Wurfserie durch, kommt es vor, dass die Münze auf der Kante stehen bleibt (Abb. 3.61b). Ein solcher Wurf ist irregulär, er ist zu wiederholen. Es handelt sich um einen sogen. ,Ausreißer', also um ein nicht gesuchtes Merkmal. Der Fall wird sich umso häufiger einstellen, je dicker die Münze ist. Wäre sie unendlich dünn, käme der Fall nicht zustande.

2. Beispiel: Würfelwurf (Abb. 3.62)

Wird regulär aus einem Becher heraus gewürfelt, beispielsweise 300-mal, wird man plausibler Weise erwarten, dass die Augenzahlen 1 bis 6, also die Ereignisse $E_1 = \{1\}$ bis $E_6 = \{6\}$, gleichhäufig auftreten, also je $300/6 = 50$-mal. – Ein Versuch mit fünf augenscheinlich gleichen Würfeln lieferte nach 30 bzw. 60 Würfen aus dem Becher, also nach 150 bzw. 300 Einzelwürfen, das in Abb. 3.62 dargestellte Ergebnis! Die Augenzahlen 1, 2, 3, 4, 5 und 6 wurden im Mittel nicht $150/6 = 25$-mal bzw. $300/60 = 50$-mal geworfen, sondern die Augenzahlen 6 und 1 (die sich bei allen Würfeln gegenüberliegen) öfter, die Zahlen 3 und 4 deutlich weniger oft. Von einer Gleichverteilung, die man erwarten würde, ist das Ergebnis weit entfernt. Eine Vermessung der Würfel ergab, dass der Abstand der Flächen 3 und 4 bei vier Würfeln um 0,05 mm größer war als jener der Flächen 1 und 6. Die vier Würfel waren in dieser Richtung geringfügig flacher. Offensichtlich genügt eine derart geringe Abweichung von der perfekten Form, um einen Würfel zu manipulieren. Einen solchen Würfel nennt man unfair: Folgerung: Immer den- oder dieselben Würfel für alle Spieler verwenden!

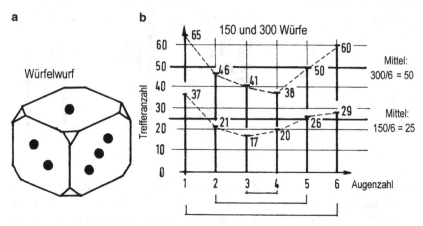

Abb. 3.62

Bei vielen Experimenten sind Mängel der gezeigten Art nicht von vornherein erkennbar. Dann kommt es zu Fehlschlüssen. *Ein Versuch ist kein Versuch*, sagt man. Bei Fragen grundsätzlicher Art sind unabhängige Versuche von zwei oder mehr Seiten mit anderen Geräten und Ansätzen zwingend, nur dann handelt es sich um seriöse Wissenschaft.

3. Beispiel: Treffer beim Schießen (Abb. 3.63)

Bei einer statistischen Erhebung werden Klassen vereinbart. Die Ringflächen einer Zielscheibe können als Klassen gedeutet werden. Bei Trefferergebnissen, wie in den Fällen a) und b), handelt es sich offenbar (zumindest vermutlich) um zufällige Fehler. Allerdings schossen die Schützen mit sehr unterschiedlicher Präzision. Die Fehltreffer im Fall c) können nicht zufallsbedingt sein, es muss ein systematischer Fehler in der Visiereinrichtung vorliegen. Der Mangel ist offensichtlich. Indessen, vielleicht beruhen die Fehltreffer auf einem Sehfehler des Schützen? Das Beispiel steht stellvertretend für die bei vielen Experimenten auftauchende Frage: Beruhen die Streuungen ursächlich auf den Zufallseigenschaften des zu untersuchenden Merkmals oder auf Unzulänglichkeiten der Versuchsanordnung und/oder -durchführung.

Abb. 3.63   Schießscheibe

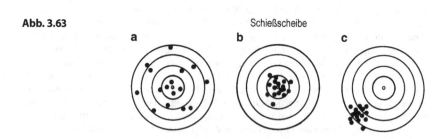

4. Beispiel: Statistische Auswertung einer Messung
Von der Zufallsvariablen X seien n Versuchswerte x_i ($i = 1$ bis $i = n$) bekannt. Die Zahl i dient hier als Laufvariable. Die wichtigsten statistischen Kennwerte sind: (Arithmetischer) Mittelwert $\bar{x}$, Standardabweichung s, berechnet aus der Varianz s^2, und Variationskoeffizient $v = s/\bar{x}$. Die Kennwerte werden nach folgenden Formeln bestimmt, wobei das Symbol $\sum$ für die Summe von $i = 1$ bis $i = n$ steht:

Mittelwert: $$x = \frac{1}{n}\sum x_i$$

Varianz/Standardabweichung: $$s^2 = \frac{1}{n-1}\sum (x_i - \bar{x})^2$$

$$\rightarrow \quad s = \sqrt{\frac{1}{n-1}\sum (x_i - \bar{x})^2}$$

Die Standardabweichung erfasst die **Summe der auf den Mittelwert bezogenen Abstandsquadrate** und als solche die Streuung der (Zufalls-)Werte um den Mittelwert.

Zahlenbeispiel
Für die in der Tabelle der Abb. 3.64 eingetragenen zehn Versuchswerte seien $\bar{x}$, s und v gesucht: Zunächst wird die Summe aller zehn Werte x_i gebildet und durch $n = 10$ dividiert. Der Mittelwert ergibt sich zu: $\bar{x} = 177{,}4$. Als nächstes werden die Abstände der einzelnen x_i-Werte gegenüber dem Mittelwert bestimmt und quadriert. Diese Werte werden summiert und durch $n - 1 = 9$ dividiert, also nicht durch $n = 10$. Dann ergibt sich eine sogen. erwartungstreue Schätzung. Wird noch die Wurzel gezogen, folgt die Standardabweichung, hier zu: $s = 13{,}5661$. Variationskoeffizient: $v = \bar{x}/s = 13{,}5661/177{,}4 = 0{,}0765 \,\hat{=}\, 7{,}65\,\%$.

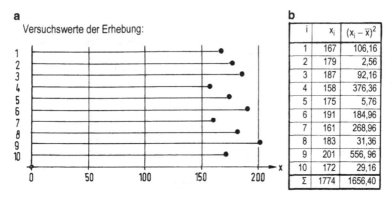

a

Versuchswerte der Erhebung:

b

i	x_i	$(x_i - \bar{x})^2$
1	167	106,16
2	179	2,56
3	187	92,16
4	158	376,36
5	175	5,76
6	191	184,96
7	161	268,96
8	183	31,36
9	201	556,96
10	172	29,16
Σ	1774	1656,40

Abb. 3.64

Abb. 3.65

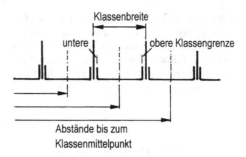

5. **Beispiel: Statistische Auswertung einer Messung über die Klassenhäufigkeit**
Bei großen Versuchszahlen empfiehlt sich eine Versuchsauswertung über die Klassenhäufigkeit. Das vorangegangene Beispiel mit 10 Versuchswerten ist dafür nicht geeignet, die Anzahl der Versuchswerte ist zu gering. – Abb. 3.65 zeigt, wie innerhalb des Wertebereiches gleichbreite Klassen mit unterer und oberer Klassengrenze vereinbart werden. Die n_i Zufallswerte von $i = 1$ bis $i = n_i = n$ verteilen sich auf die n_k Klassen von $k = 1$ bis $k = n_k$; n_k ist die Anzahl der Klassen. Die Werte pro Klasse (x_{kj}) werden von $j = 1$ bis $j = n_j$ gezählt, ihre Häufigkeit pro Klasse ist h_k. Es gilt: $n_k \cdot n_j = n$. Die Werte in der Klasse k werden quasi auf den Mittelpunkt m_k der Klasse zusammen gezogen. Wie leicht einzusehen, wird gerechnet:

Mittelwert:
$$\bar{x} = \frac{1}{n} \sum h_k \cdot m_k$$

Standardabweichung:
$$s = \sqrt{\frac{1}{n-1} \sum h_k \cdot (m_k - \bar{x})^2}$$

Das Symbol $\sum$ steht hier für die Summe über alle Klassen von $k = 1$ bis $k = n_k$.

Zahlenbeispiel
In Abb. 3.66a sind in $n_k = 13$ Klassen $n = 400$ Versuchswerte eingetragen. In der jeweiligen Klasse sind die Häufigkeiten h_k notiert. Teilabbildung b zeigt die Auswertung: Die Summe über die Produkte $h_k \cdot m_k$ beträgt 71.590,00, dividiert durch $n = 400$ ergibt sich der Mittelwert zu:

$$\bar{x} = 178,975.$$

Summiert über $h_k \cdot (m_k - \bar{x})^2$ findet man 58.379,975, dividiert durch $400 - 1 = 399$ ergibt sich die Varianz zu 146,3152 und nach Ziehen der Wurzel die Standardabweichung zu:

$$s = 12,0961.$$

Variationskoeffizient: $v = 0{,}076 \triangleq 7{,}6\,\%$.

a

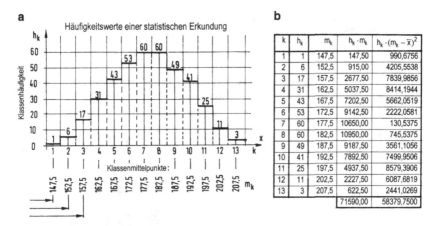

b

k	h_k	m_k	$h_k \cdot m_k$	$h_k \cdot (m_k - \bar{x})^2$
1	1	147,5	147,50	990,6756
2	6	152,5	915,00	4205,5538
3	17	157,5	2677,50	7839,9856
4	31	162,5	5037,50	8414,1944
5	43	167,5	7202,50	5662,0519
6	53	172,5	9142,50	2222,0581
7	60	177,5	10650,00	130,5375
8	60	182,5	10950,00	745,5375
9	49	187,5	9187,50	3561,1056
10	41	192,5	7892,50	7499,9506
11	25	197,5	4937,50	8579,3906
12	11	202,5	2227,50	6087,6819
13	3	207,5	622,50	2441,0269
			71590,00	58379,7500

Abb. 3.66

6. Beispiel: Sieblinie einer Körnermischung (Abb. 3.67)

Um den Massenanteil ausgewählter Korndurchmesser innerhalb eines Kieskonglomerats zu bestimmen, bedarf es einer Siebung. Abb. 3.67 zeigt ein Rüttelsieb mit fünf Löchern unterschiedlicher Korndurchmesser in schematischer Form. Die separierten Anteile können jeweils einzeln gewogen werden. Teilabbildung b gebe das Ergebnis einer Messung von 29 Tonnen trockenem Kies wieder. Das Stabdiagramm kann als **Häufigkeitsverteilung** ge-

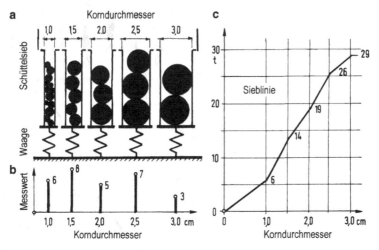

Abb. 3.67

deutet werden. Werden die Messwerte von links nach rechts aufsummiert, erhält man die Sieblinie, die **Summenhäufigkeit**:

$$0 + 6 = 6 + 8 = 14 + 5 = 19 + 7 = 26 + 3 = 29$$

Das Anmischen eines Betons hoher Güte setzt die Einhaltung einer bestimmten Sieblinie voraus. Nur so ist ein dichtes Kies-Sand-Zement-Gerüst hoher Festigkeit zu erzielen.

Abb. 3.68

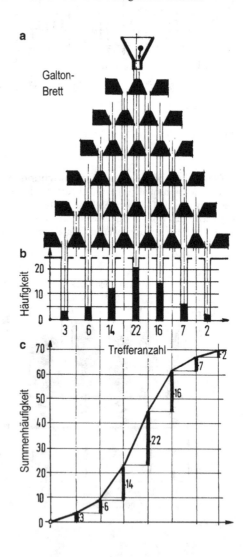

Abb. 3.69

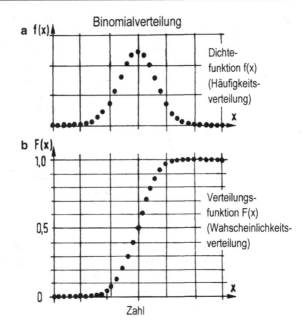

7. Beispiel: Galton-Brett

Abb. 3.68a zeigt ein sogen. Galton-Brett (nach F. GALTON (1822–1911)): Kleine Kügelchen, die bei schwach geneigter Lage des Brettes herab rollen, werden sich gehäuft im zentralen Bereich ansammeln, an den Rändern nur wenige. Teilabbildung b zeigt eine mögliche Häufigkeitsverteilung, hier beispielhaft für 70 Kugeln. Darunter ist die Summenhäufigkeit dargestellt. Werden alle Ergebnisse durch die Anzahl der Kugeln geteilt, also durch die Anzahl der Einzelversuche, hier 70, gewinnt man aus der absoluten Häufigkeit die **relative Häufigkeit**. Werden deren Werte von links nach rechts aufsummiert, erreicht die **relative Summenhäufigkeit** den Wert $70/70 = 1,00$. –

Bei einer sehr großer Anzahl von Einzelversuchen, also Kugeln (und einem idealen Galton-Brett) stellt sich eine sogen. **Binomialverteilung** ein. Sie ist die wichtigste symmetrische Verteilung diskreter (unabhängiger) Zufallsvariabler.

Abb. 3.69 zeigt eine solche Verteilung. Ein Sonderfall davon ist die Bernoulli-Verteilung (nach J.I. BERNOULLI (1654–1705)) und im Übergang zu sehr großen Versuchszahlen die Normal- oder Gauß-Verteilung (nach C.F. GAUSS (1777–1855)): Die Häufigkeitsverteilung geht in die **Dichtefunktion** $f(x)$ und die Summenhäufigkeit in die **Verteilungsfunktion** $F(x)$ über, wobei x für das Merkmal der Zufallsgröße steht, also z. B. für irgendeine physische Größe. – Bei der vorliegenden Dichtefunktion spricht man auch von der ‚Glockenkurve‘. Sie weist um den Mittelwert eine hohe Häufigkeitskonzentration auf. Unzählige Vorgänge gehorchen diesem Gesetz.

Abb. 3.70   Normalverteilung

z	0	0,5	1	1,5	2	2,5	3	∞
$\varphi(z)$	0,3989	0,3321	0,2420	0,1295	0,0540	0,0175	0,0044	0,0000
$\Phi(z)$	0,0000	0,1915	0,3413	0,4342	0,4772	0,4938	0,4987	0,5000

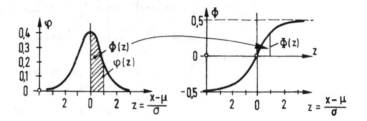

3.9.2.2 Normalverteilung eindimensionaler Zufallsvariabler

Wie bereits ausgeführt, hat die Normal- oder Gauß-Verteilung große Bedeutung.
Sie kommt durch eine große Zahl gleichwahrscheinlicher Vorgänge zustande (Zen-
traler Grenzwertsatz). Die Verteilung ist symmetrisch. Dichtefunktion $f(x)$ und
Verteilungsfunktion $F(x)$ lauten:

$$f(x) = \frac{1}{\sqrt{2\pi} \cdot \sigma} \cdot e^{-\frac{1}{2}\left(\frac{x-\mu}{\sigma}\right)^2},$$

$$F(x) = \frac{1}{\sqrt{2\pi} \cdot \sigma} \cdot \int_{-\infty}^{x} e^{-\frac{1}{2}\left(\frac{\xi-\mu}{\sigma}\right)^2} d\xi \quad (\xi\text{: Integrationsvariable})$$

Es gibt verschiedene Wege, um μ (Mittelwert) und σ (Standardabweichung) zu
schätzen: Entweder durch eine Berechnung von

$$\mu = \bar{x}, \quad \sigma = s$$

nach obigen Formeln oder durch Eintragung der Stichprobenwerte in ein speziell
skaliertes Häufigkeitspapier. Aus diesem lässt sich σ abgreifen.

Um das Arbeiten mit der Normalverteilung zu erleichtern, stehen Tafeln zur
Verfügung. Aus diesen können die gesuchten Funktionswerte entnommen werden.
Sie gehen von der normierten Variablen

$$Z = (X - \mu)/\sigma.$$

aus. Hiermit lauten Dichte- und Verteilungsfunktion:

$$\varphi(z) = \frac{1}{\sqrt{2\pi}} \cdot e^{-\frac{1}{2}z^2}, \quad \Phi(z) = \frac{1}{\sqrt{2\pi}} \cdot \int_0^z e^{-\frac{1}{2}\zeta^2} \, d\zeta$$

ζ dient als Integrationsvariable. Man beachte: Die untere Integrationsgrenze ist nicht zu $-\infty$, sondern zu Null vereinbart.

In Abb. 3.70 unten ist die Definition dieser $(0, 1)$-normierten Normalverteilung erläutert, im oberen Bildteil sind einige wenige Funktionswerte tabelliert.

Zahlenbeispiel
Für das im vorangegangenen Abschnitt behandelte 5. Beispiel soll geprüft werden, ob die statistische Erhebung gaußverteilt ist. Hierbei wird von den Schätzwerten $\mu = \bar{x} = 178,975$ und $\sigma = s = 12,0961$ ausgegangen. Die rechtsseitige Tabelle in Abb. 3.71 zeigt die absolute (H_{ka}) und die auf $n = 400$ bezogene relative Summenhäufigkeit (H_{kr}) der Versuchswerte.

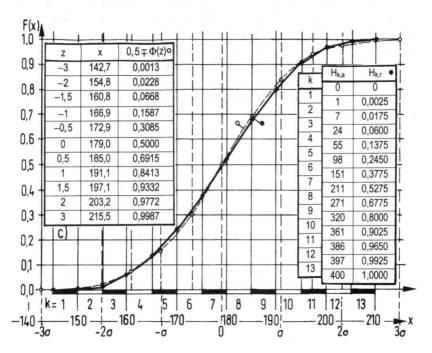

Abb. 3.71

Letztere ist jeweils über der rechten Klassengrenze aufgetragen. – Für ausgewählte z-Werte berechnen sich die x-Werte nach Umstellung zu:

$$z = \frac{x - \mu}{\sigma} \quad \rightarrow \quad x = \sigma \cdot z + \mu \quad \rightarrow \quad x = 12,0961 \cdot z + 178,995 = 12,1 \cdot z + 179,0$$

Abb. 3.71 zeigt linkerseits die tabellarische Auswertung: Für eine Reihe von z-Werten sind die zugehörigen x-Werte eingetragen. Ausgehend vom Mittelwert können die $[0,5 \mp \Phi(z)]$-Werte nunmehr mit Hilfe der Tabelle in Abb. 3.70 bestimmt und ebenfalls im Diagramm eingezeichnet werden. Dem Augenschein nach sind die erhobenen Daten normalverteilt. Indes, diese Art der Überprüfung ist nicht voll befriedigend. Günstiger ist es, die normierten Werte in das Häufigkeits-Papier der Normalverteilung einzutragen. Dieses ist so normiert, dass die Summenhäufigkeitswerte auf einer Geraden liegen, wenn sie normalverteilt sind. Oder (und das ist Standard in der praktischen Statistik) es ist von den diversen Prüfverfahren der höheren Statistik auszugehen.

Vielfach sind die Merkmalswerte nicht symmetrisch um den Mittelwert verteilt, wie in Abb. 3.72a dargestellt, sondern unsymmetrisch, man spricht dann von einer schiefen Verteilung (Teilabbildung b). In einem solchen Falle werden zwei weitere statistische Kennwerte berechnet: Der Median und der Modus. Der Median $\breve{x}$ teilt die Werte in zwei gleichgroße Hälften: 50 % aller Stichprobenwerte sind kleiner, 50 % sind größer als $\breve{x}$. Der Modus $\hat{x}$ ist der am häufigsten auftretende Zufallswert: Eine eingipfelige Dichtefunktion hat an der Stelle $\hat{x}$ ihr Maximum.

Neben der hier behandelten Normalverteilung können Stichprobenerhebungen auf der Grundlage der einseitig oder beidseitig beschränkten Lognormal-Verteilung ausgewertet werden, seltene Ereignisse nach der Poisson-Verteilung und sehr seltene Extremereignisse eines stochastischen (Zeit-)Prozesses nach der Fisher-Tippet-(Gumbel-)Verteilung. – Um die Güte solcher Auswertungen zu beurteilen,

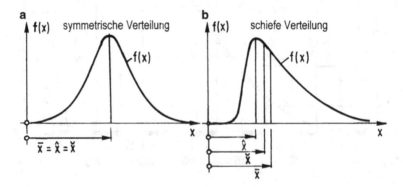

Abb. 3.72

ist von der mathematischen Statistik auszugehen, in welcher Rechenverfahren für diesen Zweck zur Verfügung stehen. Schließlich lassen sich auch mehrdimensionale (multivariate) Zufallsvariable auswerten und hierfür Regressions- und Korrelationsanalysen erstellen. Auf das Fachschrifttum und die inzwischen zur Verfügung stehenden kommerziellen Software-Programme (z. T. als Freeware) wird an dieser Stelle verwiesen.

3.9.3 Wahrscheinlichkeitstheorie – Ereignis – Ereignisraum

In der Mathematik wird die Wahrscheinlichkeitstheorie als Basisdisziplin der Stochastik (griech., στοχαστικὴ τέχνη, ‚Ratekunst‘, ‚das Vermutete‘) axiomatisch entwickelt: Graphentheorie, Mengenlehre, Kombinatorik bieten unterschiedliche Zugänge. Ein Axiom (griech., σάξιωματα, ‚der anerkannte, würdige Satz‘) ist ein nicht beweisbarer, gleichwohl nicht unbegründeter, einsichtiger Grundsatz, der sich nicht aus anderen Sätzen (Annahmen) ableiten lässt. – Wie ausgeführt, werden Zufallsvariable mit diskreten und kontinuierlichen Merkmalen unterschieden. Werden letztere in Klassen ‚gesammelt‘ und ihr Wert auf die jeweilige Klassenmitte zusammengezogen, können sie als diskrete Variable behandelt werden, allerdings setzt eine solche Häufigkeitserhebung eine breite Datenbasis als Grundlage für wahrscheinlichkeitstheoretische Prognosen voraus.

Wird aus Stoffen definierter Molmenge ein neuer Stoff synthetisiert oder Farben bestimmter Kilomenge zu einer neuen Farbe gemischt, handelt es sich um deterministische Vorgänge eindeutiger Bestimmtheit. Man hantiert zwar mit Häufigkeiten, es handelt sich indessen nicht um probabilistische (wahrscheinliche) Vorgänge. Wahrscheinlichkeit heißt im Englischen probability und im Französischen probabilité. Die Wahrscheinlichkeit für das Eintreten eines Ereignisses E wird daher mit $P(E)$ abgekürzt. P liegt zwischen 0 und 1. $P = 0$ steht für das Eintreten eines unmöglichen Ereignisses, $P = 1$ für das Eintreten eines sicheren. Die Wahrscheinlichkeit $P(E)$ für das Eintreten des Ereignisses E ist das Verhältnis der für diesen Fall günstigen Anzahl (g) zur möglichen Anzahl (m), oder anders, der Quotient aus der günstigen Anzahl (g) der Versuchsausgänge (Treffer) zur möglichen Anzahl (m) der Versuche, wobei als Grenzfall eine gegen unendlich gehende Anzahl m unterstellt ist: $P(E) = g/m$. Letztlich wird die Wahrscheinlichkeit mit der relativen Häufigkeit gleich gesetzt, man spricht dann von statistischer Wahrscheinlichkeit.

Beispiel: Würfelwurf – Zufallsexperiment

Ist die Anzahl der Würfe eines perfekten Würfels sehr hoch, beträgt sie etwa 10.000, wird sich eine **Gleichverteilung** der Augenzahlen einstellen (Abb. 3.73a). Diese Aussage hat den

Abb. 3.73   **a**   Gleichverteilung   **b**   Ungleichverteilung
                        (Würfelwurf)   (Zufallsexperiment)

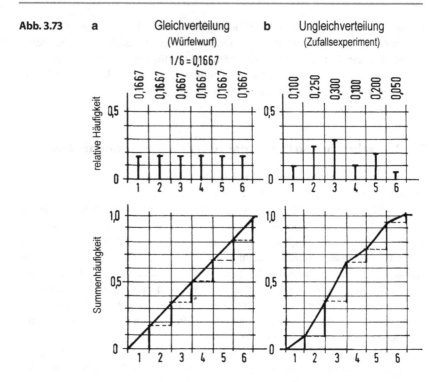

Charakter eines Axioms. Bezogen auf die Anzahl der Würfe tritt jede Augenzahl mit derselben relativen Häufigkeit $h = 1/6$ auf, die Wahrscheinlichkeit für das Eintreten dieses Falles
ist einsichtiger Weise $P = 1/6$. Der einmalige Wurf des Würfels kann als Zufallsexperiment
gedeutet werden.

Aus dem Ergebnisraum $\Omega = \{1, 2, 3, 4, 5, 6\}$, also aus der Menge der Augenzahlen 1 bis
6, können Teilmengen als mögliches Ergebnis (Ereignis E) eines Wurfes vereinbart werden,
wobei die Benennung der Ereignisse freigestellt ist, z. B. A, B, C, ... oder E_1, E_2, E_3, ...,
Beispiele:

$A = \{6\}$: $P(x = 6) = 1/6$

$B = \{1, 2, 3\}$: $P(x = 1 \text{ oder } x = 2 \text{ oder } x = 3) = 1/6 + 1/6 + 1/6 = 3/6 = 1/2$

$C = \{4, 5, 6\}$: $P(x = 4 \text{ oder } x = 5 \text{ oder } x = 6) = 1/6 + 1/6 + 1/6 = 3/6 = 1/2$

$D = \{\geq 5\}$: $P(x \geq 5) = P(x = 5 \text{ oder } x = 6) = 1/6 + 1/6 = 2/6 = 1/3$

$E = \{1, 2, 3, 4, 5, 6\}$: $P(x = 1 \text{ oder } x = 2 \text{ oder } x = 3 \text{ oder } x = 4 \text{ oder } x = 5 \text{ oder } x = 6)$
                          $= 6 \cdot (1/6) = 1$

$F = \{7\}$: $P(x = 7) = 0$

x ist die Augenzahl, sie fungiert als Zufallsvariable, als Zufallsmerkmal. Ergebnis A und alle solche, bei denen nur ein Element auftritt, bezeichnet man als **Elementarereignis**. B bis E sind aus Elementarereignissen zusammengesetzte Ereignisse. – Die Wahrscheinlichkeit für das Eintreten der Ereignisse kann, wie oben ausgeführt, zu

$$P(A) = 1/6, \quad P(B) = 1/2, \quad P(C) = 1/2, \quad P(D) = 1/3, \quad P(E) = 1, \quad P(F) = 0$$

angeschrieben werden.

Je mehr Elementarereignisse in einem Ereignis als mögliches Wurfergebnis vereinigt sind, umso höher ist die Wahrscheinlichkeit, dass das Ereignis eintritt, und zwar als Summe der Einzelwahrscheinlichkeiten.

Diese Annahme ist einsichtig, man spricht vom Additionsgesetz der Wahrscheinlichkeitsrechnung. –

Das Gegenereignis zu B ist C; entsprechend ist $P(C)$ die Gegenwahrscheinlichkeit zu $P(B)$, symbolisch: $P(C) = P(\Omega \setminus B) = 1 - P(B)$. – In obiger Reihenfolge ist E ein sicheres und F ein unmögliches Ereignis.

Man beachte: Die vorangegangenen Betrachtungen gelten für die Wahrscheinlichkeit des Eintretens eines Elementarereignisses und eines aus Elementarereignissen gefügten Ereignisses bei einem einmaligen Wurf des Würfels. Die relative Häufigkeit für das Eintreten eines Elementarereignisses ist beim Würfeln für alle Augenzahlen mit $1/6$ gleich groß. Wird hieraus auf die Wahrscheinlichkeit des Elementarereignisses geschlossen, spricht man von klassischer Wahrscheinlichkeit.

Liegt eine **Ungleichverteilung** vor, wie in Abb. 3.73b dargestellt, können aus den Elementarereignissen ebenfalls weitere Ereignisse (wie zuvor) vereinbart und die Wahrscheinlichkeiten für deren Eintreten auf gleiche Weise berechnet werden. Ausgehend von den in Abb. 3.73b eingetragenen relativen Häufigkeiten ($\rightarrow$ Einzelwahrscheinlichkeiten) der Elementarereignisse, ergeben sich die Wahrscheinlichkeiten für das Eintreten der vereinbarten Ereignisse zu:

$A = \{6\}$: $P(A) = P(x = 6) = 0{,}050$

$B = \{1, 2, 3\}$: $P(B) = P(x = 1 \text{ oder } x = 2 \text{ oder } x = 3)$

$\qquad\qquad\qquad\qquad = 0{,}100 + 0{,}250 + 0{,}300 = 0{,}650$

$C = \{4, 5, 6\}$: $P(C) = P(x = 4 \text{ oder } x = 5 \text{ oder } x = 6)$

$\qquad\qquad\qquad\qquad = 0{,}100 + 0{,}200 + 0{,}050 = 0{,}350$

$D = \{\geq 5\}$: $P(D) = P(x \geq 5) = P(x = 5 \text{ oder } x = 6) = 0{,}200 + 0{,}050$

$\qquad\qquad\qquad\qquad = 0{,}250$

$E = \{1, 2, 3, 4, 5, 6\}$: $P(E) = P(x = 1 \text{ oder } x = 2 \text{ oder } x = 3 \text{ oder } x = 4 \text{ oder } x = 5$

$\qquad\qquad\qquad\qquad \text{oder } x = 6)$

$\qquad\qquad\qquad\qquad = 0{,}100 + 0{,}250 + 0{,}300 + 0{,}100 + 0{,}200 + 0{,}050 = 1$

$F = \{7\}$: $P(F) = P(x = 7) = 0$

Kontrolle:

$$P(C) = P(\Omega \setminus B) = 1 - 0{,}650 = 0{,}350$$

Mit den vorangegangenen Betrachtungen sind die Grundlagen der Wahrscheinlichkeitstheorie dargestellt, selbstredend nicht das vollständige Axiomsystem. Dieses wurde im Jahre 1933 von A.N. KOLMOGOROW (1903–1987) postuliert. Einige wichtige Sätze seien zusammengefasst:

1. Die Wahrscheinlichkeit für das Eintreten des Ereignisses E wird mit dem
   Grenzwert der relativen Häufigkeit dieses Falles gleich gesetzt:

$$P(E) = \lim_{m \to \infty} \frac{g}{m}$$

   g: Anzahl der günstigen, m: Anzahl der möglichen Fälle. Ihre Bestimmung gelingt vielfach nur über kombinatorische Berechnungen. Bei einem Versuch ist
   m der Stichprobenumfang und g die Anzahl der Treffer. Wahrscheinlichkeiten
   können als Bruch, als Dezimalbruch oder in Prozent angegeben werden.
2. $P(E)$ liegt zwischen $P(E) = 0$ (unmögliches Ereignis) und $P(E) = 1$ (sicheres Ereignis): $0 \leq P(E) \leq 1$.
3. Die Wahrscheinlichkeit für das Nichteintreten des Ereignisses E ist $1 - P(E)$.
4. Die Wahrscheinlichkeit für das Eintreten der Ereignisse A *oder* B ist gleich der
   Summe der Einzelwahrscheinlichkeiten:

$$P(A \cup B) = P(A) + P(B).$$

Das gilt unter der Voraussetzung, dass A und B unvereinbare Ereignisse sind:
Additionsgesetz der Wahrscheinlichkeitslehre. $A \cup B$ kann als Vereinigungs-
menge der unvereinbaren Ereignisse gedeutet werden. Sind sie vereinbar, muss
die Wahrscheinlichkeit für das Auftreten der Schnittmenge in Abzug gebracht
werden:

$$P(A \cup B) = P(A) + P(B) - P(A \cap B).$$

5. Können die Ereignisse A und B gleichzeitig oder nacheinander eintreten, ohne
   dass sie sich gegenseitig beeinflussen, das bedeutet, sie können sich unabhängig voneinander einstellen, kann auf diesen Fall der **Multiplikationssatz der
   Wahrscheinlichkeitslehre** angewandt werden, die gesuchte Wahrscheinlichkeit ist das Produkt aus den Einzelwahrscheinlichkeiten:

$$P(A \cap B) = P(A) \cdot P(B).$$

Sind A und B voneinander abhängige Ereignisse, berechnet sich die bedingte
Wahrscheinlichkeit von A unter Bedingung B zu:

$$P_B(A) = P(A \cap B)/P(B); \quad P(B) \neq 0$$

Beispiele zum Multiplikationssatz

1. Mit einem perfekten Würfel wird die Augenzahl 2 geworfen. Für dieses Ereignis (A) war das Ergebnis mit der Wahrscheinlichkeit $P(A) = 1/6$ zu erwarten. Die Wahrscheinlichkeit dafür, dass beim nächsten Wurf, Ereignis B, wieder ein 2 gewürfelt wird, ist abermals $P(B) = 1/6$. Die Wahrscheinlichkeit vom Anfang her, dass zweimal hintereinander eine 2 geworfen wird, muss kleiner sein als beim Einzelwurf: $P(A \cap B) = (1/6) \cdot (1/6) = 1/36 = 0,0278 \cong 2,78\,\%$.

2. Liegen in einer Urne sechs Kugeln mit den Ziffern 1 bis 6 und wird nach jeder Ziehung die gezogene Kugel **zurückgelegt**, liegt dieselbe Situation wie beim Werfen eines Würfels vor, die möglichen Ergebnisse der Ziehungen (=Ereignisse) sind jeweils unabhängig voneinander, im Vorfeld von drei Ziehungen beträgt die Wahrscheinlichkeit dafür, dass dreimal eine 2 gezogen wird: $P(A \cap B \cap C) = (1/6) \cdot (1/6) \cdot (1/6) = 1/216 = 0,00463 \cong 4,63\,\%_0$. – Werden die gezogenen Kugeln **nicht zurückgelegt**, liegen die Verhältnisse anders, eine gezogene Ziffer kann nicht nochmals gezogen werden, die Anzahl der möglichen Ergebnisse sinkt mit jeder Ziehung um eins. Aufgaben dieser Art können nur kombinatorisch gelöst werden. – Ein Beispiel hierfür ist ‚Lotto 6 aus 49 plus Superzahl‘. Beim Ankreuzen der sechs Felder ist die Wahrscheinlichkeit, dass die erste gezogene Zahl der späteren Ziehung mit der Einzelwahrscheinlichkeit (1/49) richtig angekreuzt wird: 6-mal (1/49), dass die zweite gezogene Zahl mit der Einzelwahrscheinlichkeit (1/48) richtig angekreuzt wird: 5-mal (1/48), usf. Es handelt sich um die 6- bzw. 5-fache Anwendung des Additionssatzes, usf. Die Wahrscheinlichkeiten für den richtigen Tipp jeder einzelnen Zahl werden nach dem Multiplikationssatz überlagert. Die Wahrscheinlichkeit, dass bei der unabhängigen Ziehung der Superzahl (0 bis 9) diese richtig getippt wird, ist (1/10). Somit beträgt die Wahrscheinlichkeit, dass alle sechs Zahlen und die Superzahl richtig getippt werden können:

$$P = \left(\frac{1}{49} + \frac{1}{49} + \frac{1}{49} + \frac{1}{49} + \frac{1}{49} + \frac{1}{49}\right) \cdot \left(\frac{1}{48} + \frac{1}{48} + \frac{1}{48} + \frac{1}{48} + \frac{1}{48}\right)$$

$$\cdot \left(\frac{1}{47} + \frac{1}{47} + \frac{1}{47} + \frac{1}{47}\right) \cdot \left(\frac{1}{46} + \frac{1}{46} + \frac{1}{46}\right) \cdot \left(\frac{1}{45} + \frac{1}{45}\right) \cdot \left(\frac{1}{44}\right) \cdot \left(\frac{1}{10}\right)$$

$$= \left(\frac{6}{49} \cdot \frac{5}{48} \cdot \frac{4}{47} \cdot \frac{3}{46} \cdot \frac{2}{45} \cdot \frac{1}{44}\right) \cdot \left(\frac{1}{10}\right)$$

$$= \frac{1}{13.983.816} \cdot \frac{1}{10} = \frac{1}{139.838.160}$$

Die Wahrscheinlichkeit, den Jackpot zu knacken ist wahrlich gering. Hinweis: Mit Hilfe der Kombinatorik lassen sich Formeln für die verschiedenen Gewinnklassen entwickeln.

Sowohl in den Gesellschaftswissenschaften, Wirtschaftswissenschaften, wie in allen Sparten der Naturwissenschaften, spielt die Erhebung von Daten und ihre statistische Auswertung eine zentrale Rolle. Das gilt insbesondere für ihre Bewertung und Verallgemeinerung zu Gesetzen, um hieraus Schlüsse ziehen und Handlungsanweisungen geben zu können. Man denke an die Medizin und Psychologie, wo es darauf ankommt, Aussagen auf der Grundlage möglichst großer Kollektive zu machen. Je größer sie sind, umso größer ist das Vertrauen in den Befund. Man denke weiter an die Versicherungs- und Finanzmathematik, an die Wahl- und Meinungsforschung, an Sicherheits- und Zuverlässigkeitsfragen, an Prüf- und Qualitätskontrollen. Nochmals anders sind die Fragen in der Gas- und Vielteilchentheorie der Physik oder die Aufgaben der Vererbungs- und Populationswissenschaft innerhalb der Biologie, usw., usf.

Aus alledem folgt immer wieder: **Mathematik lohnt sich!**

Will man tiefer und systematischer in die Mathematik einsteigen, als es in dem vorstehenden Abriss versucht wurde, bedarf es des Studiums guter Schul- und Hochschulbücher. Davon gibt es viele, sehr viele. Bei der Auswahl ist die Frage wichtig: Will ich Mathematik als künftiger Mathematiker, Informatiker oder theoretischer Physiker studieren oder benötige ich Mathematik als ‚Werkzeugkiste‘ für meinen Beruf als angewandter Naturwissenschaftler oder Ingenieur? Als Basisbuch für einen Einstieg ins Studium und ins mathematischen Denken empfiehlt sich vielleicht [44], für den Laien ist die Mathematik in [45] anschaulich und schön aufbereitet.

Literatur

1. SINGH, S.: Fermats letzter Satz – Die abenteuerliche Geschichte eines mathematischen Rätsels. Frankfurt a. M.: Harri Deutsch Verlag 1996

2. KONFOROWITSCH, A.: Fermats letzter Satz – Die abenteuerliche Geschichte eines mathematischen Rätsels. München: Hanser 1998

3. SZPIRO, G.G.: Das Poincaré Abenteuer – Ein mathematisches Welträtsel wird gelöst, 2. Aufl. München: Piper 2008

4. IFRAH, G.: Die Zahlen – Die Geschichte einer großen Erfindung. Frankfurt a. M.: Campus-Verlag 1998

5. KAPLAN, R.: Die Geschichte der Null. Frankfurt a. M.: Campus-Verlag 2000

6. SEIFE, C.: Zwilling der Unendlichkeit – Eine Biographie der Null. Berlin: Berlin-Verlag 2000

7. RISEN, A.: Rechenbuch/auff Linien und Ziphren/in allerley Hand, Nachdruck der Ausgabe 1574. Frankfurt a. M.: Christian Egenolffs Erben 1992

8. KEMPERMANN, T.: Zahlentheoretische Kostproben, 2. Aufl. Frankfurt a. M.: Harri Deutsch Verlag 2005

9. KUBA, G. u. GÖTZ, S.: Zahlen. Frankfurt a. M.: Fischer 2004

10. HAARMANN, H.: Weltgeschichte der Zahlen. München: Beck 2008

11. ZIEGLER, G.H.: Darf ich Zahlen? – Geschichten aus der Mathematik: München. Piper 2010

12. BEUTELSPACHER, A.: Zahlen – Geschichte, Gesetze, Geheimnisse. München: Beck 2015

13. PARKER, M.: Auch Zahlen haben Gefühle. Reinbek: Rowohlt 2015

14. BASIEUX, P.: Abenteuer Mathematik – Brücken zwischen Wirklichkeit und Fiktion, 4. Aufl. Reinbek: Rowohlt Taschenbuch Verlag 2005

15. ALSINA, C. u. NELSON, R.B.: Bezaubernde Beweise – Eine Reise durch die Eleganz der Mathematik. Berlin: Springer Spektrum 2013

16. CLEGG, B.: Eine kleine Geschichte der Unendlichkeit. Reinbek: Rowohlt 2015

17. WELLS, D.: Das Lexikon der Zahlen. Nachrichten von $\sqrt{17}$ bis 33. Frankfurt a. M.: Fischer 1991

18. ARNDT, J. u. HAENEL, C.: π – Algorithmen, Computer, Arithmetik. Berlin: Springer 1998

19. BLATTER, D.: π – Magie einer Zahl, 2. Aufl. Reinbek: Rowohlt 2004

20. STRATHERN, P.: Archimedes und der Hebel – Leben und Werk des größten Mathematikers der Antik. Frankfurt a. M.: Fischer Verlag

21. SCHNEIDER, I.: Archimedes – Ingenieur, Naturwissenschaftler, Mathematiker, 2. Aufl. Berlin: Springer Spektrum 2016

22. BEUTELSPACHER, A. u. PETRI, B.: Der Goldene Schnitt, 2. Aufl. Heidelberg: Spektrum Akad. Verlag 1996

23. WALSER, H.: Der Goldene Schnitt. Leipzig: Edition Gutenbergplatz 2004

24. SCHOTT, A. v.d.: Die Geschichte des Goldenen Schnitts. Stuttgart: Frommann-Holzboog 2005

25. HAVIL, J.: Gamma – Eulers Konstante, Primzahlstrände und die Riemannsche Vermutung. Berlin: Springer Spektrum 2013

26. TAMMET, D.: Die Poesie der Primzahlen. München: Hanser 2014

27. SCHARK, R.: Konstanten in der Mathematik – variabel betrachtet. Frankfurt a. M.: Harri Deutsch Verlag 1992

28. BEWERSDORFF, J.: Glück, Logik und Bluff. Mathematik im Spiel – Methoden, Ergebnisse und Grenzen. Wiesbaden: Vieweg 1998

29. GLAESER, C.: Der mathematische Werkzeugkasten, 3. Aufl. Berlin: Springer Spektrum 2008

30. BEUTELSPACHER, A.: Mathematik für die Westentasche – Vom Abakus bis Zufall. München: Piper 2001

31. BEUTELSPACHER, A.: Kryptologie – Eine Einführung in die Wissenschaft der Verschlüsselung, 10. Aufl. Berlin: Springer Spektrum 2014

32. ROJAS, R. (Hrsg.): Die Rechenmaschine von Konrad Zuse. Berlin: Springer 1998

33. BRUDERER, H.: Konrad Zuse und die Schweiz – Wer hat den Computer erfunden? München: Oldenbourg Verlag 2012

34. SCHÖNBECK, J.: Euklid – Um 300 v. Chr. Basel: Birkhäuser 2003

35. GERICKE, H.: Mathematik in Antike und Orient. Berlin: Springer 1984

36. HERRMANN, D.: Die antike Mathematik. Berlin: Springer Spektrum 2014

37. SCRIBA, C.J. u. SCHREIBER, P.: 5000 Jahre Geometrie – Geschichte, Kulturen, Menschen. Springer 2003

38. ALTEN, H.-W. et.al.: 4000 Jahre Algebra – Geschichte, Kulturen, Menschen. Berlin: Springer Spektrum 2014

39. WUSSING, H. et.al.: 6000 Jahre Mathematik, 2 Bände. Berlin: Springer 2008/2009

40. WUSSING, H. u. ARNOLD, W. (Hrsg.): Biographien bedeutender Mathematiker. Berlin: Aulis Deubner Verlag: 1992

41. FRÖBA, S. u. WASSERMANN, A.: Die bedeutendsten Mathematiker. Wiesbaden: Marix Verlag 2007

42. Lexikon der Mathematik, 6 Bände. Heidelberg: Spektrum Akad. Verlag 2001

43. REINHARDT, F. u. SOEDER, H.: dtv-Atlas Mathematik, 2 Bände. München: Deutscher Taschenbuch Verlag 2001

44. LANGEMANN, D. u. SOMMER, V.: So einfach ist Mathematik – Basiswissen für Studienanfänger aller Disziplinen. Berlin: Springer Spektrum 2016

45. BRÜCK J.: Mathematik für Jedermann. München: Compact Verlag 2009

Personenverzeichnis

A

ABÄLARD, P., 18
ABEL, N.A., 130
ABU'L-HASAN, 128
ACRICOLA, G., 20
AIKEN, H., 125
ALBERTUS MAGNUS, 18
AL-BIRUNI, 129
ALEXANDER d. G., 5, 6, 15
AL-KHWARIZMI, 128
ALKUIN v. YORK, 129
AMENOPHIS IV, 7
AMONTONS, G., 72
AMPÈRE, A.M., 27
ANAXIMANDROS von MILET, 9
ANAXIMENES von MILET, 9
APPOLONIOS von PERGE, 128
AQUIN, Th. v., 14, 18
ARCHIMEDES, 101, 116, 126, 140
ARISTARCHOS von SAMOS, 14
ARISTOTELES, 12, 69
ARRHENIUS, S.A., 177
AUGUSTINUS, 17
AURILLAE, G. v., 129
AVOGADRO, A., 74

B

BATH, A. v., 129
BERNOULLI, D., 26
BERNOULLI, J., 129
BERNOULLI, J.I., 185
BERZELIUS, J.J., 71
BESSEL, F.W., 159

BOETHIUS, A.M.S., 129
BOHR, N.H.D., 81
BOLTZMANN, L., 26, 80
BOLYAI, J., 102
BOYLE, R., 69
BRADWARDINE, T., 129
BRAGG, W.H., 82
BRAGG, W.L., 82
BRAHE, T. de, 21
BRIGGS, J., 114
BROWN, R., 81
BRUNO, G., 23
BÜRGI, J., 113

C

CARDANO, G., 129
CAUCHY, A.-L., 102, 130
CICERO, M.T., 16
CLAUSIUS, R.J.E., 26, 80
COLUMBUS, C., 20
COPERNICUS, N., 20
COULOMB, C.A., 27
CREMONA, G. v., 129
CRUTZEN, P., 32

D

DALTON, J., 28, 70
DARWIN, C., 13
DEDEKIND, J.W.R., 130
DEMOKRITOS von ABDERA, 10, 69
DESCARTES, R., 25, 102, 108, 130
DIDEROT, D., 25
DIOPHANTOS von ALEXANDRIA, 128

© Springer Fachmedien Wiesbaden GmbH 2017
C. Petersen, *Naturwissenschaften im Fokus I*, DOI 10.1007/978-3-658-15190-4

Sachverzeichnis

Printed in the United States
By Bookmasters